웹기반 멀티캘린더 'J-NWC'

■ J-NWC란?

공정표에 적용되는 멀티캘린더의 비작업일수 기준은 법정 공휴일, 지역기반의 기상악화 데이터기준 기후 불능일 그리고 중복일수 등을 고려하여 산출되어야 하기에 굉장히 복잡하고 어렵습니다. 기상악화로 인한 작업불능일 기준도 착수시점, 분석기간 등 여러 가지 조건을 고려해야 합니다. 이런 모든 요소를 쉽게 해결할 수 있도록 만든 솔루션이 ㈜제호바가 개발한 'J-NWC' 프로그램입니다.

■ 사용매뉴얼

- http://www.jhvc.co.kr/ ▶ 홍보센터 ▶ 자료실 ▶ [제이빌딩] J-NWC 사용자 매뉴얼 파일참조

PIN Code

프리마베라(PRIMAVERA P6)! 나랑 공정표 만들자!

기본편

김규형 **지음**

진인진

프리마베라(PRIMAVERA P6)! 나랑 공정표 만들자! - 기본편

초판 1쇄 발행 | 2024년 12월 1일

지은이 | 김규형
편　집 | 배원일, 김민경
발행인 | 김태진
발행처 | 진인진
등　록 | 제25100-2005-000003호
주　소 | 경기도 과천시 관문로92, 101-1818
전　화 | 02-507-3077-8
팩　스 | 02-507-3079
홈페이지 | http://www.zininzin.co.kr
이메일 | pub@zininzin.co.kr

ⓒ 김규형 2024
ISBN 978-89-6347-618-6 93540

* 책값은 표지 뒤에 있습니다.

목차

PART 1. 안녕! 프리마베라 ·· 6

1. 건설공정관리 개요 ·· 7
   - 1.1 건설공정관리란? ·· 7
   - 1.2 공정관리 프로그램 ·· 8

2. 공정표에 대한 이해 ·· 11
   - 2.1 공정표의 종류 ··· 11
   - 2.2 기타 공정표 ··· 17

PART 2. 같이 만들자! 네트워크 공정표 ··· 20

1. Project 분석 ·· 21
   - 1.1 개요 분석 ·· 21
   - 1.2 도면 분석 ·· 22
   - 1.3 내역서 분석 ··· 24

2. Primavera 세팅하기 ··· 31
   - 2.1 화면구성 ·· 31
   - 2.2 Admin Preferences ·· 45
   - 2.3 User Preferences ·· 54

3. OBS 생성하기 ·· 62
   - 3.1 OBS란? ··· 63
   - 3.2 OBS 생성하기 ·· 64
   - 3.3 실전 적용하기 ·· 65

4. EPS 생성하기 ·· 66
   - 4.1 EPS란? ··· 67
   - 4.2 EPS 생성하기 ·· 68

4.3 실전 적용하기 ·· 70

5. Project 생성하기 ·· 71
    5.1 Project란? ·· 72
    5.2 Project 생성하기 ··· 73
    5.3 실전 적용하기 ··· 77

6. WBS 생성하기 ··· 78
    6.1 WBS란? ··· 79
    6.2 WBS 생성하기 ··· 80
    6.3 실전 적용하기 ··· 82

7. Activity 생성하기 ·· 91
    7.1 Activity란? ·· 92
    7.2 Activity 생성하기 ·· 95
    7.3 실전 적용하기 ··· 104

8. Multi-Calendar 생성하기 ·· 117
    8.1 Multi-Calendar란? ·· 118
    8.2 Multi-Calendar 생성하기 ·· 119
    8.3 기후불능일 분석하기 ··· 124
    8.4 Activity 적용하기 ··· 133

9. O/D 산정하기 ·· 142
    9.1 O/D란? ·· 143
    9.2 O/D 생성하기 ··· 144
    9.3 실전 적용하기 ··· 146

10. LND 작성하기 ··· 152
    10.1 LND란? ·· 153
    10.2 LND 생성하기 ··· 155
    10.3 실전 적용하기 ··· 159

11. Relationship 생성하기 ·· 163
    11.1 Relationship이란? ··· 164
    11.2 Relationship 생성하기 ·· 167
    11.3 실전 적용하기 ··· 171

12. 공정표 출력하기 ·· 179
    12.1 Primavera P6 공정표 출력 ·· 180
    12.2 출력물 속성 지정 및 출력하기 ·· 180
    12.3 출력물 확인하기 ·· 192

PART 3. 폭 넓게~ 활용하기! ··· 194

1. Resource 생성하기 ··· 195
    1.1 Resource란? ·· 196
    1.2 Resource 생성하기 ·· 198
    1.3 실전 적용하기 ··· 201

2. S-Curve 작성하기 ·· 208
    2.1 S-Curve란? ··· 209
    2.2 S-Curve 생성하기 ··· 210

부록 ·· 216
    #1. 제이빌딩 도면 ·· 217
    #2. 제이빌딩 내역서 ·· 224
    #3. 예정공정표 ·· 228

PART 01 안녕! 프리마베라

1 건설공정관리 개요

1.1 건설공정관리란?

■ **건설공정관리 정의**

건설현장에서 특정한 Project를 일정한 시간 안에 가장 효율적으로 완공하기 위해 현장의 모든 활동을 총괄적으로 관리하는 행위를 의미하는 것으로 Project 모든 단계에서 발생하는 다양한 작업과 공정을 효율적으로 계획, 조정, 이행합니다. 이는 설계부터 시공, 준공까지의 모든 과정을 포함하는 것으로 공정관리는 모든 이해관계자들이 원활하게 협력하여 Project를 성공적으로 완수할 수 있도록 합니다.

■ **건설공정관리의 필요성**

건설사업관리에는 3대 공정관리, 원가 관리, 품질 관리가 있습니다. 그중에서도 공정관리는 건설사업관리에서 요구하는 항목으로 Project의 효율성과 안정성을 유지하는 데 필수적인 사항입니다. 특히 5M(Money, Material, Method, Man, Machine)의 관리가 중요한데, 이를 경제적으로 운영해야 주어진 공사기간 내에 빠르고 안전하게 합리적으로 구조물을 완성할 수 있습니다.

건설공정관리는 단순히 공정표를 위한 일정 진도관리가 아닌, 건설 Project 기획 단계에서 시설물 준공까지에 이르는 모든 건설 활동의 계획, 통제 및 관리에 필요한 제반 사항을 운영하는 것을 원활하게 해줍니다. 따라서, 건설공정관리 건설사업관리에서 굉장히 필수적인 요소라고 할 수 있습니다.

▼ 그림 1-1

① 생산 시간이 오래 걸림　② 인간이 직접 수행 및 관리 필요함　③ 작업 환경이 외부에 흩어짐

④ 하도급 의존도가 높음　⑤ 날씨 및 계절 영향을 받음

1.2 공정관리 프로그램

■ 공정관리 프로그램 종류

공정관리 Project를 다루는 데에는 Primavera P6 이외에도 Microsoft Project, Asta Powerproject, TILOS, Ez-PERT, Open Plan 등이 있습니다. 이처럼 공정관리를 위한 다양한 소프트웨어가 있지만, 대규모 및 복잡한 Project를 체계적으로 관리하고 시각화하는데 가장 뛰어난 성능을 보이는 것은 Primavera P6입니다. 따라서 이 교재에서는 'Primavera P6'를 사용하여 Project 관리를 진행하는 과정을 보여드리겠습니다.

■ Primavera P6 소개

다양한 Project 및 Portfolio를 관리하는 Primavera P6는 1983년 Primavera Systems 사에서 DOS(Disk Operating System) 버전으로 P3(Primavera Project Planner)라는 제품명을 거쳐 P6로 발전했습니다. 초기 DOS 버전에서 현재는 Data Base 형태의 프로그램으로 바뀌어 사용되고 있습니다. Primavera P6는 Architecture, Engineering, Construction 분야에서 가장 많이 사용되고 있으며, 전 세계적으로 제조, 석유/가스, 항공 우주 및 방위 산업 분야 등에서도 사용되고 있습니다.

▼ 그림 1-2

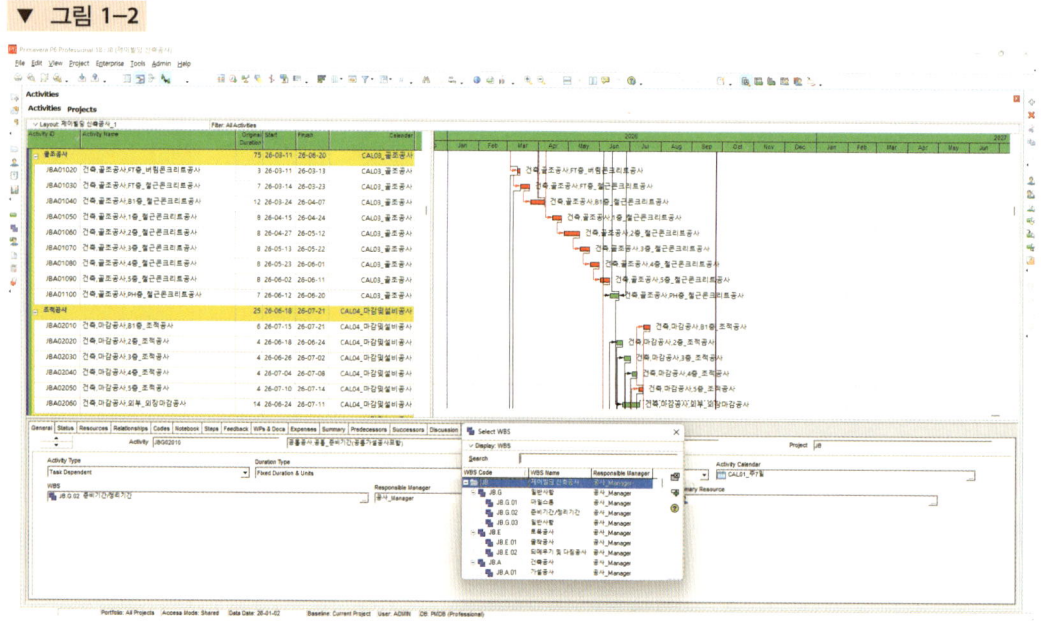

■ Primavera P6의 효용성

▼ 표 1-1

PERT/CPM 이론적 목적	
구 분	목 적
PERT(Program Evaluation & Review Technique)	공기최적화
CPM(Critical Path Method)	원가절감

Project를 계획 및 관리하면서 Project에서 고려되어야 하는 수많은 사항들이 존재합니다. 일반적으로 그 사항들은 비용, 일정, 자원 등 무수히 많은 사항으로 분류되고 그 사항들은 Project 계획 및 관리에 막대한 영향을 미칩니다. 예를 들어 자원이라는 항목에서 한 개의 변경사항이 발생하면 이는 비용, 일정 등에 영향을 미치고 더 나아가서는 Project 전반에 영향을 미칩니다. 그런데 현재 우리가 일반적으로 쓰고 있는 기존 Software로는 많은 시간과 노력을 들여야만 이 영향을 분석할 수 있습니다. 또한, 분석이 된다 하여도 그 분석이 과연 완벽하게 이루어졌는지 확신할 수 없습니다. 따라서, 이 모든 사항을 고려할 수 있는 Project 관리 Software가 필요한데 그에 부합하는 프로그램이 Primavera P6입니다.

이러한 Primavera P6의 효용성 때문에 해외 Project의 경우 발주처의 입찰 안내서에 'PERT/CPM이론을 활용한 Software인 Primavera P6를 사용해서 공정관리를 하라'라고 명시됩니다. 국내 Project에서는 법적으로 특정 Software의 이름을 명기하는 것이 위법이기 때문에 'PERT/CPM 이론을 활용 또는 Tool을 사용하여 관리하라'라고 명기되지만 실제로 인정하는 Tool이 바로 Primavera P6입니다.

■ Project 생애주기와 Primavera P6 프로세스

Primavera P6가 전 세계적으로 가장 건설공정관리에서 많이 사용되고 있는 이유는 Project Management 분야의 대표 기관인 PMI(Project Management Institute)의 PMBOK(Project Man-

▼ 그림 1-3

▶ PMI와 PMBOK

agement Body of Knowledge)에서 프로젝트 관리 프로그램으로 Primavera P6를 제시하고 있기 때문입니다.

이렇게 PMI가 Primavera P6를 관리 프로그램으로 제시하고 있는 이유는 Primavera P6의 프로세스는 PMBOK에서 제시하는 Project 생애주기 과정을 대부분 포함하고 있기 때문입니다.

Project 생애주기는 '착수(Initiating) - 계획(Planning) - 실행(Executing) - 통제(Controlling) - 종료(Closing)'의 5단계로 구성됩니다. 이때, Primavera P6는 앞선 프로세스를 포함하는 프로그램으로 아래 표 1-2와 같습니다.

▼ 표 1-2

구분	Project 생애주기	Primavera P6 프로세스
1단계 : 착수	• Project 정보 수집 • Project 팀 구성 • 조직적 공감대 형성	• Project Methodology • OBS • Wps & Docs 등
2단계 : 계획	• 작업 범위와 Project 목표 설정 • 작업 규정 • 일정 계획 • 자원 설정 • 비용 예산 산정 • 베이스라인 작성 및 평가 • 최적화 • Wps & Docs등	• Project • WBS • Activity • Resource • Resource Assignment • Resource & Activity Usage Profile • Activity code • Wps & Docs
3단계 : 실행	• 정보 분배 • 프로세스 내 작업과 실적 추적	• WBS • Activity • Resource • Resource & Activity Usage Profile • Wps & Docs
4단계 : 통제	• 평가 및 분석 • 권고 조치 • Update • Forecasting • 의사소통	• Earned Value • WBS • Activity • Wps & Docs • issue
5단계 : 종료	• lessen learn • Methodology • 인도물 전달 • 기록 및 백업관리	• Issue • Report • Wps & Docs • Methodology

2 공정표에 대한 이해

2.1 공정표의 종류

■ 공정관리 기법의 역사

공정관리 기법의 변천 과정은 아래 그림 1-4와 같습니다.

▼ 그림 1-4

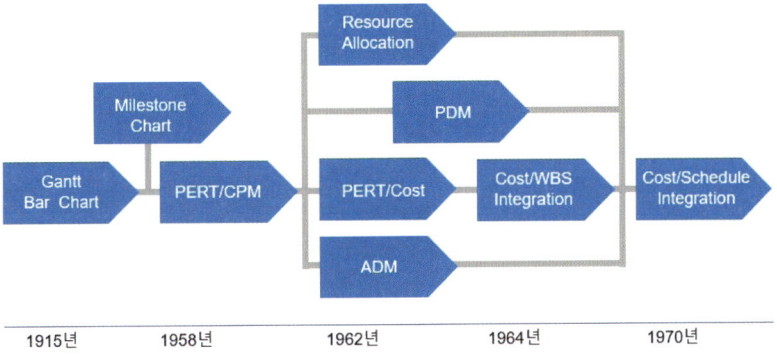

■ Gantt Chart

20세기 초반부터 과학적 접근에 근거한 관리 개념이 도입되면서, 1915년 Herry Gantt에 의해 Gantt Chart가 만들어졌습니다. Gantt Chart는 각 Activity의 현재 시점 진행 상태는 알 수 있으나, 실제 착수/ 종료일을 확인할 수 없습니다. 따라서, 초기에는 활용되었으나 각 작업에 필요한 일수 및 영향을 주는 원인은 파악이 불분명하여 이를 보완하는 Bar Chart의 개발 배경이 되었습니다.

▼ 그림 1-5

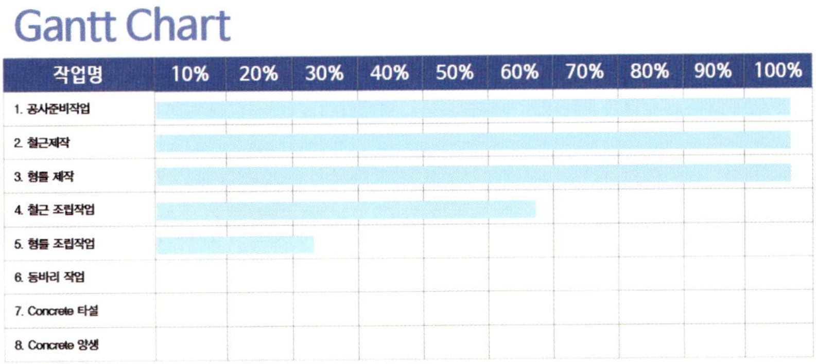

■ Bar Chart

Bar Chart는 Gantt Chart에서 확인할 수 없던 각 작업의 일수와 시작/종료일을 확인할 수 있게 되었습니다. 그러나, 이 공정표는 각 작업 간의 관계를 표현할 수 없다는 한계가 있어서 공기 지연 문제 혹은 여러 가지 복합적인 사항에 직면한 Project에서는 사용하기가 어려운 단점이 있습니다.

▼ 그림 1-6

■ Milestone Chart

Bar chart 이후에 Milestone Chart가 나오게 되는데, Milestone이란 Project의 중요한 이정표를 의미합니다. 이 공정표는 특정한 Event나 일정을 관리하기 위한 공정표입니다. 해당 기법에는 기성 관리용 Payment Milestone, 강제적 Milestone(계약적 조건), 관리용 Milestone(공사수행용) 등이 있습니다.

▼ 그림 1-7

■ PERT 공정표

PERT(Program Evaluation and Review Technique) 기법

PERT 공정기법은 확률적인 추정치를 기초로 하는 공정기법으로 경험이 없는 신규사업이나 비반복적 사업에 적용하여 사용하기 좋은 공정기법입니다. 이를 계산하는 방법은 낙관적, 비관적, 개연적 시간을 정의하고 이 시간의 추정치로 공정 일수를 산정하는 것을 의미합니다.

- 낙관적 시간(Optimistic Duration) : 한 작업이 비교적 짧은 시간에 완료될 수 있다고 추정한 시간
- 비관적 시간(Pessimistic Duration) : 한 작업이 상당히 긴 시간에 완료될 수 있다고 추정한 시간
- 개연적 시간(Most Likely Duration) : 실제 시간에 가장 가까운 시간의 추정치

이렇게 3가지 시간을 가중평균하여 작업의 예상 시간을 작업시간으로 설정합니다.

▼ 그림 1-8

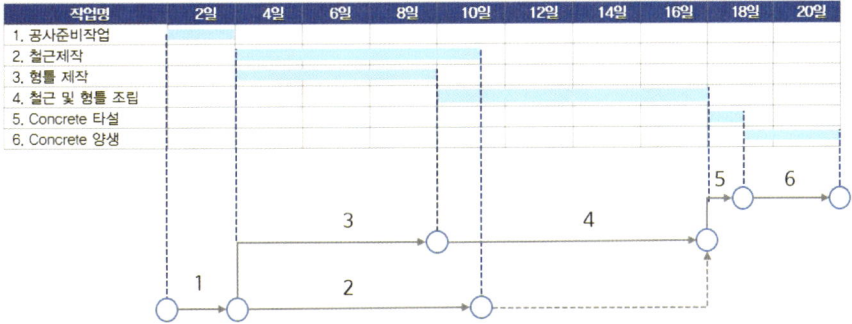

PERT 공정표는 예시와 같습니다. Bar Chart의 공정표를 PERT 공정표 형태로 가져오면, 각 노드는 절점의 의미만 가지므로 선행작업이 끝나고 후행 작업이 시작할 수 있는 관계를 표현할 수 있습니다. 이는 Gantt Chart와 Bar Chart가 작업의 선/후행 관계가 분명하지 않은 단점을 보완할 수 있으며, 공정의 선/후행을 확인할 수 있는 공정표입니다.

■ PERT/CPM(Critical Path Method) 기법

CPM 기법은 신규 설비투자의 효율적인 통제를 목적을 기반하여 개발된 기법으로 과거 실적 자료 또는 경험을 기초로 하여 Activity 중심으로 작성합니다. 또한, 목표일의 단축, 비용의 최소화를 목표로 하며 공사 기간 설정에 있어 최소비용의 조건으로 최적의 공사 기간을 구하는 MCX[1] 이론을 포함합니다.

▼ 그림 1-9

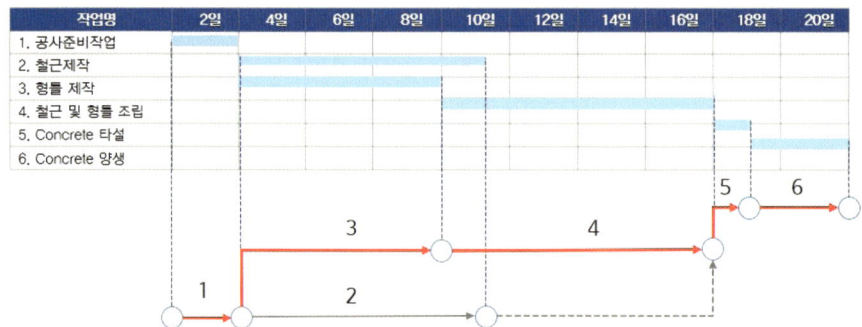

PERT 공정표에 CPM기법을 적용하여 붉은색으로 나타낼 수 있으며 이러한 공정표를 PERT/CPM 기법이라고 합니다. 일반적으로 CPM(Critical Path Method)은 Project 상의 최초 시작하는 작업에서 최종 작업에 이르는 경로 중 가장 긴 시간을 소요하는 경로를 붉은색으로 나타냅니다.

PERT/CPM 개발 이후, WBS(Work Breakdown Structure)의 개념이 개발됨에 따라 Cost/WBS Integration의 개념이 출현하고, 이후로 비용과 일정을 결합한 Cost/Schedule Integration 즉, 비용 일정 통합시스템이 출현합니다.

■ ADM 기법

ADM 기법은 Arrow Diagram Method의 약자로 화살표 상단에 작업명, 하단에 작업기간을 표시합니다. 점과 화살표로 구성하며, 점은 공정의 착수 시점인 동시에 선행공사의 종료 시점을 의미하기도 합니다. 화살표는 작업을 의미하기에 화살표가 작업이라는 의미로 AOA(Activity on Arrow)라고도 합니다.

---

[1] 각 요소작업의 공사기간과 비용의 상관관계를 분석하여 최소의 비용으로 최적의 공기를 산출하기 위한 이론

▼ 그림 1-10

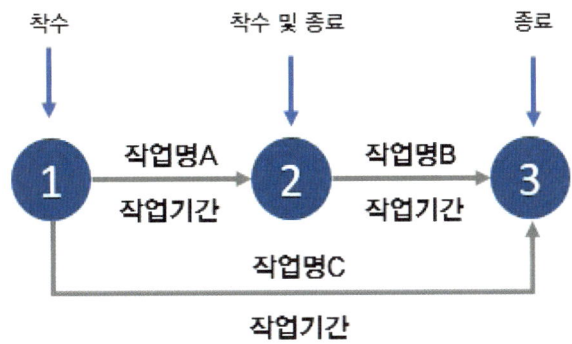

■ PDM 기법

PDM 기법은 Precedence Diagram Method의 약자이며, 각 작업을 절점에 표기하고 화살표는 작업의 선후관계를 의미합니다. 이 기법은 절점에 작업을 표시한다고 하여 AON(Activity On Node) 라고도 하며 작업 관계는 총 4가지 형태가 있습니다.

- FS(Finish to Start) : 선행이 끝나고 후행이 시작되는 로직
- SS(Start to Start) : 선행이 시작할 때 후행도 시작되는 로직
- FF(Finish to Finish) : 선행이 끝날 때 후행도 끝나는 로직
- SF(Start to Finish) : 선행이 시작할 때 후행이 끝나있어야 하는 로직

▼ 그림 1-11

그림 1-11을 참고할 때, 원칙적으로 후행 Activity는 선행 Activity 작업 일정에 영향을 주지 않는 개념을 참고해야 합니다. SF 로직의 경우 하드웨어적으로는 사용하나 후행이 선행보다 앞서기 때문에 이론적인 모순이 발생하므로 대부분의 현장에서는 사용하지 않는 로직입니다.

ADM과 PDM을 비교하면 작업을 표현하는 방식이 ADM은 화살표, PDM은 절점이며 PDM에서의 화살표는 작업의 관계만을 나타내는 역할을 합니다. 또한, ADM 기법에서는 지연값이라고 부르는 Lag가 존재하지 않지만, PDM은 존재합니다.

▼ 그림 1-12

구 분	ADM 방식	PDM 방식
Activity 식별	선/후행 Event No. 1 → Activity → 2	Activity 자체가 No. 를 가짐 Activity → Activity
연관관계 표시	Activity No. 자체가 상호관계 내포	별도의 상호관계 표시 필요
연관관계 종류	FS	FS, SS, FF, SF
Dummy Activity	필요	불필요
Network 변경 시 처리방법	Activity No.가 변경되므로 복잡	상호관계만 변경시키므로 간단
Lag Time	없음	있음

2.2 기타 공정표

■ **소프트(Soft) 공정표**

소프트 공정표의 주된 목적은 시공을 위한 행정적인 일정을 표현하는 것이며, 업체 선정, 시공도 작성, 제품의 구매를 위한 단계표시 등 시공계획을 소화하는 데 필요한 공정표입니다. 시공 시 검토 부족에 의해 재작업을 방지하고 품질을 확보하며 전체 공사 기간에 차질이 없도록 관리하기 위한 공정표입니다.

이 공정표의 장점으론 각 설계도서의 승인 시기를 사전 관리함으로써 도면 승인 지연에 대한 위험을 방지할 수 있습니다. 또한, 공사 종류별로 투입 시기에 따른 업체 선정 일정을 사전 관리함으로써 업체투입 지연에 따른 공사 지연을 방지할 수 있습니다.

▼ 그림 1-13

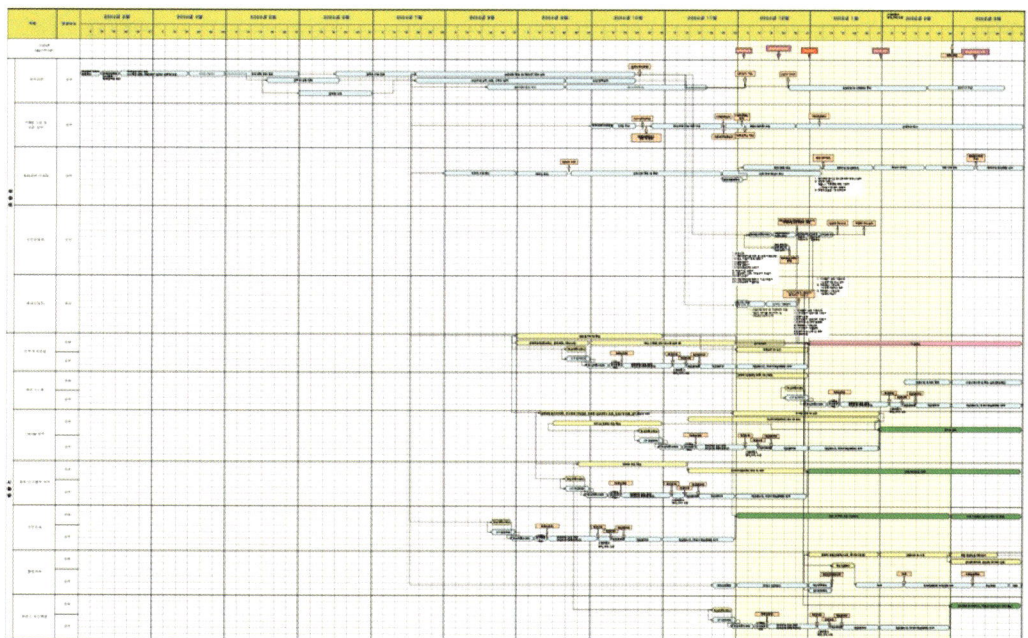

■ 택트(Tact) 공정표

　택트는 박자를 의미하는 어원에서 나온 용어이며 제조업의 생산 원리를 건설 산업에 적용한 것입니다. 택트 관리 기법의 핵심은 협력업체의 의견이므로 공정작성 및 수행 시 협력업체의 Know-How가 필요합니다. 또한, 도면 검토, 가설 계획 등 철저한 계획과 수행이 필요해서 현장 초기에 공법, 마감 계획 등 철저한 시공계획이 필요합니다. 택트 공정표는 작업 부위를 일정히 구획하고 작업시간을 일정하게 통일시켜 선/후행 작업의 흐름이 연속적으로 흐를 수 있도록 만든 Cycle 공정표입니다.

▼ 그림 1-14

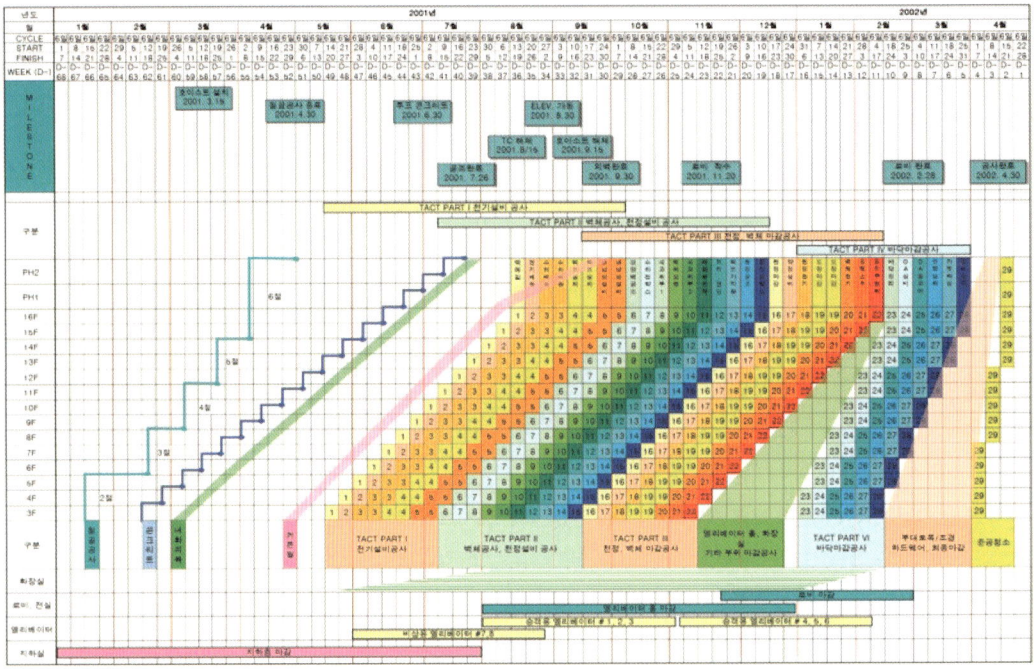

PART 02 같이 만들자! 네트워크 공정표

1 Project 분석

1.1 개요 분석

■ **Project 개요**

Primavera P6로 공정표를 작성하기 위해서는 Project의 개요를 파악해야 합니다. 이때 개요는 Project의 위치, 건물 구조, 규모 등과 같은 사항이며, 이를 면밀히 파악하기 위해서는 설계도면, 내역서, 산출서 등을 분석하는 과정이 필요합니다. 이러한 과정이 중요한 이유는 이를 통해 해당 Project의 알맞은 기상 조건과 시공계획, Activity를 구성하여야 가장 적정한 공정표를 작성할 수 있기 때문입니다.

▼ 그림 2-1

구분	내용	비고
공사명	제이빌딩 신축공사	
대지 위치	서울 송파구 송파대로36가길 22	
용도	제1종 일반주거지역	교육 연구시설
규모	지하 1층, 지상 5층	
구조	철근콘크리트조	
대지면적	$265.8\,m^2$	
건축면적	$157.02\,m^2$	
연면적	$961.02\,m^2$	
건폐율	59.07%	
용적률	295.37%	
주차대수	자주식 8대	
착공	2026.02.03	NTP
준공	2026.12.23	CCD

1.2 도면 분석(※자세한 도면은 부록 #1 참고)

■ 평면도

평면도를 분석하였을 때, 본 건물의 B1층은 편의시설, 1층은 로비 및 필로티, 2~5층은 Office 구역으로 파악할 수 있습니다. 또한, B1층의 규모가 타 층에 비해 크고 편의시설 구간으로 다양한 마감공사가 존재할 것임을 추론할 수 있습니다. 이는 추후 일정 산출 시 B1층의 골조공사와 마감공사가 타 층에 비해 작업시간이 많이 소요될 것임을 예측할 수 있습니다.

▼ 그림 2-2

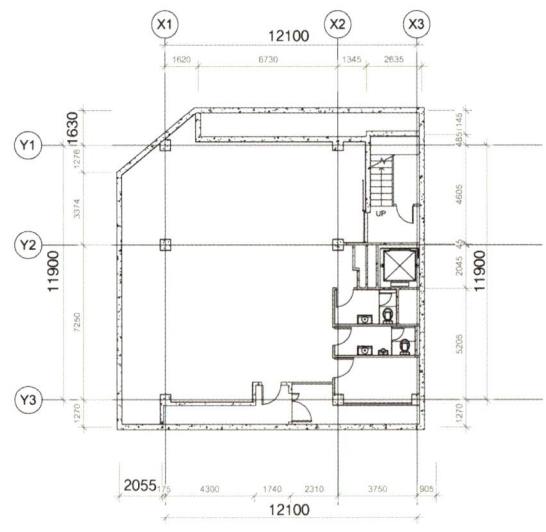

B1층 평면도

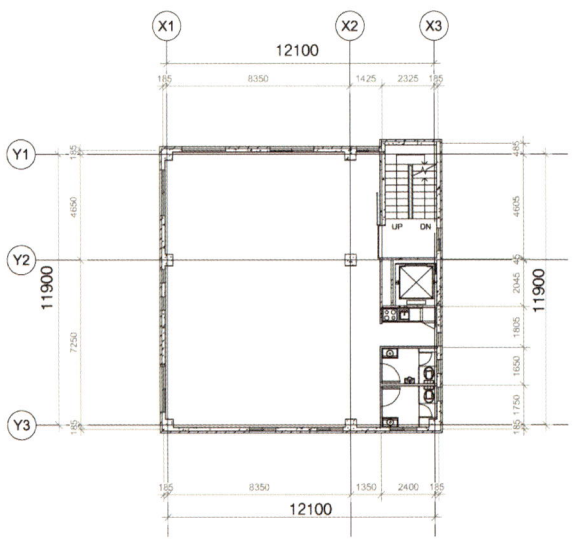

2층 평면도

■ 입면도

입면도를 통해 건물의 외장재는 벽돌이며, 치장 쌓기 방식으로 시공됨을 확인할 수 있습니다. 또한 건물의 형태를 입체적으로 확인하여 좀 더 명확하게 건물에 대해 파악할 수 있습니다.

▼ 그림 2-3

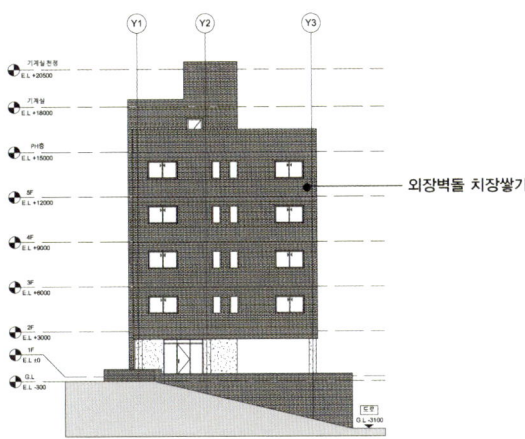

■ (종)단면도

단면도를 통해 건물의 구조가 계단실, E/V 코어, Office 및 편의 공간으로 구성됨을 확인할 수 있으며, 각 층의 주요 용도에 대해 한번에 파악할 수 있습니다.

▼ 그림 2-4

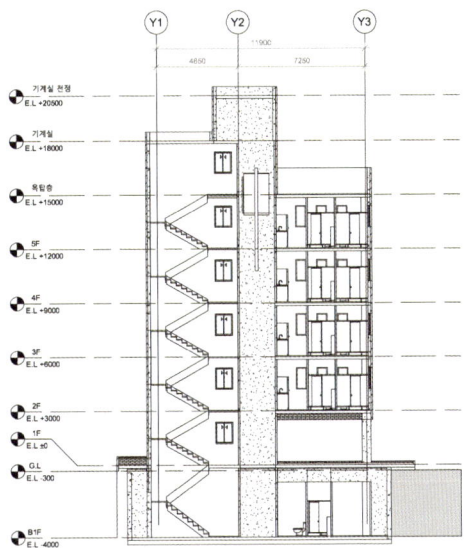

1.3 내역서 분석

■ 내역서 분석

　　내역서는 해당 공사의 필요한 품목, 수량, 금액 등 Project 전반에 세부 정보가 담긴 문서입니다. 내역서 각각의 항목이 추후 공정표 전반에 Activity를 구성하고 각 항목의 수량은 작업일수를 산정하는데 필수 요소가 되므로 내역서는 자세하게 분석되어야 합니다.

▼ 그림 2-5

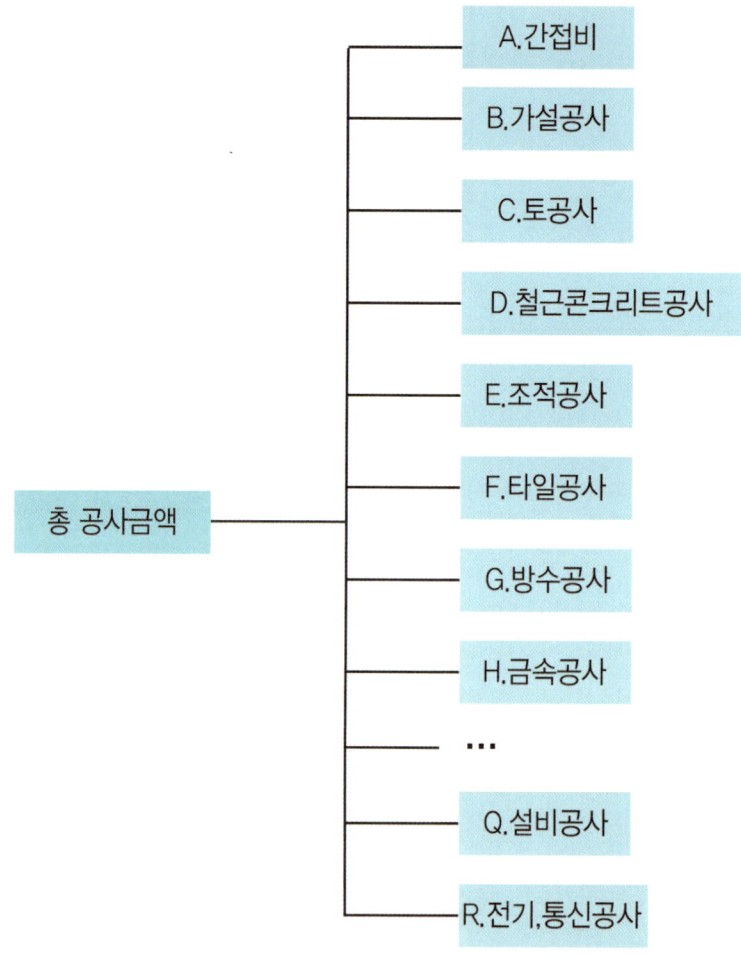

▼ 그림 2-6

※직접 공사비 외 간접비 포함 내역서

명 칭	규 격	단위	수량	합계 단가	합계 금액
A.간접비					
간접비		식	1.0	74,000,000	74,000,000
B.가설공사					
컨테이너가설사무소	6×2.4×2.6m, 7개월	동	1.0	963,222	963,222
컨테이너가설창고	6×2.4×2.6m, 7개월	동	1.0	917,162	917,162
가설휀스	EGI 2.4M	M	60.0	66,220	3,973,200
강관동바리(벽식구조)	6개월 4.2M이하	M2	265.0	8,441	2,236,865
강관비계(쌍줄)	10M이하 8개월(발판포함)	M2	600.0	8,000	4,800,000
준공청소		식	1.0	2,002,400	2,002,400
C.토공사					
터파기	자갈(흐트러진상태), 백호0.7㎥	M3	1,063.2	2,877	3,058,826
되메우고다지기	(백호 0.7M3+램머 80KG)다짐 30CM	M3	212.6	2,357	501,192
D.철근콘크리트공사					
방습필름설치	바닥 0.03mm×2겹	M3	53.2	1,222	64,962
기초지정(잡석지정)	소운반, 고르기 및 다짐포함	M3	17.0	7,282	118,697
버림 레미콘	25-180-8	M3	4.0	85,620	342,480
버림 펌프카배관타설(무근,25/20)	50㎥ 미만, 슬럼프8-12	M3	4.0	21,569	86,276
기초 레미콘	25-210-15	M3	15.0	91,490	1,372,350
기초 이형철근	HD-13 SD35-40	TON	9.5	1,035,000	9,832,500
기초 펌프카붐타설(철근,25/20)	300㎥ 이상, 슬럼프15	M3	15.0	12,830	192,450
B1층 레미콘	25-240-15	M3	166.9	95,390	15,920,591
B1층 펌프카붐타설(철근,25/20)	300㎥ 이상,슬럼프15	M3	178.4	12,830	2,288,872
B1층 합판거푸집	3회	M2	85.2	32,173	2,741,139
B1층 합판거푸집	4회	M2	22.3	27,510	613,473
B1층 유로폼	벽	M2	408.0	23,546	9,606,768
B1층 이형철근	HD-10 SD35-40	TON	2.2	1,035,000	2,277,000
B1층 이형철근	HD-13 SD35-40	TON	11.4	1,035,000	11,799,000
B1층 이형철근	HD-19 SD35-40	TON	3.7	1,035,000	3,829,500
B1층 철근가공조립	간단(미할증)	TON	17.3	681,501	11,789,967
1층 레미콘	25-240-15	M3	57.7	95,390	5,504,003
1층 펌프카붐타설(철근,25/20)	300㎥ 이상, 슬럼프15	M3	57.7	12,830	740,291
1층 합판거푸집	3회	M2	36.9	32,173	1,187,183
1층 합판거푸집	4회	M2	10.7	27,510	294,357
1층 유로폼	벽	M2	252.1	23,546	5,935,946
1층 이형철근	HD-10 SD35-40	TON	1.1	1,035,000	1,138,500
1층 이형철근	HD-13 SD35-40	TON	4.7	1,035,000	4,864,500
1층 이형철근	HD-19 SD35-40	TON	2.0	1,035,000	2,070,000
1층 철근가공조립	간단(미할증)	TON	8.9	681,501	6,065,358
2층 레미콘	25-240-15	M3	49.9	95,390	4,759,961
2층 펌프카붐타설(철근,25/20)	300㎥이상,슬럼프15	M3	49.9	12,830	640,217
2층 합판거푸집	3회	M2	31.9	32,173	1,026,318
2층 합판거푸집	4회	M2	9.2	27,510	253,092
2층 유로폼	벽	M2	218.0	23,546	5,133,028
2층 이형철근	HD-10 SD35-40	TON	1.0	1,035,000	1,035,000

명칭	규격	단위	수량	단가	금액
2층 이형철근	HD-13 SD35-40	TON	4.1	1,035,000	4,243,500
2층 이형철근	HD-19 SD35-40	TON	1.8	1,035,000	1,863,000
2층 철근가공조립	간단(미할증)	TON	7.7	681,501	5,247,557
3층 레미콘	25-240-15	M3	49.9	95,390	4,759,961
3층 펌프카붐타설(철근,25/20)	300㎥이상,슬럼프15	M3	49.9	12,830	640,217
3층 합판거푸집	3회	M2	31.9	32,173	1,026,318
3층 합판거푸집	4회	M2	9.2	27,510	253,092
3층 유로폼	벽	M2	218.0	23,546	5,133,028
3층 이형철근	HD-10 SD35-40	TON	1.0	1,035,000	1,035,000
3층 이형철근	HD-13 SD35-40	TON	4.1	1,035,000	4,243,500
3층 이형철근	HD-19 SD35-40	TON	1.8	1,035,000	1,863,000
3층 철근가공조립	간단(미할증)	TON	7.7	681,501	5,247,557
4층 레미콘	25-240-15	M3	49.9	95,390	4,759,961
4층 펌프카붐타설(철근,25/20)	300㎥이상,슬럼프15	M3	49.9	12,830	640,217
4층 합판거푸집	3회	M2	31.9	32,173	1,026,318
4층 합판거푸집	4회	M2	9.2	27,510	253,092
4층 유로폼	벽	M2	218.0	23,546	5,133,028
4층 이형철근	HD-10 SD35-40	TON	1.0	1,035,000	1,035,000
4층 이형철근	HD-13 SD35-40	TON	4.1	1,035,000	4,243,500
4층 이형철근	HD-19 SD35-40	TON	1.8	1,035,000	1,863,000
4층 철근가공조립	간단(미할증)	TON	7.7	681,501	5,247,557
5층 레미콘	25-240-15	M3	49.9	95,390	4,759,961
5층 펌프카붐타설(철근,25/20)	300㎥이상,슬럼프15	M3	49.9	12,830	640,217
5층 합판거푸집	3회	M2	31.9	32,173	1,026,318
5층 합판거푸집	4회	M2	9.2	27,510	253,092
5층 유로폼	벽	M2	218.0	23,546	5,133,028
5층 이형철근	HD-10 SD35-40	TON	1.0	1,035,000	1,035,000
5층 이형철근	HD-13 SD35-40	TON	4.1	1,035,000	4,243,500
5층 이형철근	HD-19 SD35-40	TON	1.8	1,035,000	1,863,000
5층 철근가공조립	간단(미할증)	TON	7.7	681,501	5,247,557
옥탑층 레미콘	25-240-15	M3	39.5	95,390	3,767,905
옥탑층 펌프카붐타설(철근,25/20)	300㎥이상,슬럼프15	M3	39.5	12,830	506,785
옥탑층 합판거푸집	3회	M2	25.2	32,173	810,759
옥탑층 합판거푸집	4회	M2	7.3	27,510	200,823
옥탑층 유로폼	벽	M2	172.6	23,546	4,064,039
옥탑층 이형철근	HD-10 SD35-40	TON	0.8	1,035,000	828,000
옥탑층 이형철근	HD-13 SD35-40	TON	3.2	1,035,000	3,312,000
옥탑층 이형철근	HD-19 SD35-40	TON	1.4	1,035,000	1,449,000
옥탑층 철근가공조립	간단(미할증)	TON	6.1	681,501	4,157,156
E.조적공사					
외장 벽돌	아이보리 후레싱 190×90×57	매	20,300.0	880	17,864,000
외장벽돌 치장쌓기	아이보리 후레싱 190×90×57	매	20,300.0	2,130	43,239,000
발수제도포	수용성	식	0.5	1,000,000	500,000
B1층 시멘트벽돌		매	200.0	87	17,400
2층 시멘트벽돌		매	200.0	87	17,400
3층 시멘트벽돌		매	200.0	87	17,400
4층 시멘트벽돌		매	200.0	87	17,400

명 칭	규 격	단위	수량	합계 단가	합계 금액
5층 시멘트벽돌		매	200.0	87	17,400
B1층 시멘트벽돌쌓기		매	200.0	285	57,000
2층 시멘트벽돌쌓기		매	200.0	285	57,000
3층 시멘트벽돌쌓기		매	200.0	285	57,000
4층 시멘트벽돌쌓기		매	200.0	285	57,000
5층 시멘트벽돌쌓기		매	200.0	285	57,000
F.타일공사					
B1층 화장실 타일	타일,수전,위생기 외	개소	2.0	1,630,000	3,260,000
B1층 기타 타일	탕비실벽체	개소	1.0	128,000	128,000
B1층 데코타일	Barro Terrazo 3993	박스	33.0	46,000	1,518,000
2층 화장실 타일	타일,수전,위생기 외	개소	2.0	1,630,000	3,260,000
2층 기타 타일	탕비실벽체	개소	1.0	128,000	128,000
2층 데코타일	Barro Terrazo 3993	박스	29.0	46,000	1,334,000
3층 화장실 타일	타일,수전,위생기 외	개소	2.0	1,630,000	3,260,000
3층 기타 타일	탕비실벽체	개소	1.0	128,000	128,000
3층 데코타일	Barro Terrazo 3993	박스	29.0	46,000	1,334,000
4층 화장실 타일	타일,수전,위생기 외	개소	2.0	1,630,000	3,260,000
4층 기타 타일	탕비실벽체	개소	1.0	128,000	128,000
4층 데코타일	Barro Terrazo 3993	박스	29.0	46,000	1,334,000
5층 화장실 타일	타일,수전,위생기 외	개소	2.0	1,630,000	3,260,000
5층 기타 타일	탕비실벽체	개소	1.0	128,000	128,000
5층 데코타일	Barro Terrazo 3993	박스	29.0	46,000	1,334,000
G.방수공사					
B1층 시멘트액체방수	1종	M2	13.9	6,440	89,516
2층 시멘트액체방수	1종	M2	13.9	6,440	89,516
3층 시멘트액체방수	1종	M2	13.9	6,440	89,516
4층 시멘트액체방수	1종	M2	13.9	6,440	89,516
5층 시멘트액체방수	1종	M2	13.9	6,440	89,516
옥상층 우레탄방수	1종	M2	157.2	6,440	1,012,368
H.금속공사					
계단난간	12T,9T 평철	M	37.6	124,000	4,662,400
선홈통	0.5T 금속시트	M	30.0	11,000	330,000
I.미장공사					
B1층 모르타르바름		M2	680.9	6,310	4,296,479
B1층 경량기포CONC	바닥 타설	M2	150.8	8,112	1,223,289
2층 모르타르바름		M2	662.9	6,310	4,182,899
2층 경량기포CONC	바닥 타설	M2	130.6	8,112	1,059,021
2층 복도,계단바닥	에폭시 라이닝	M2	83.7	25,000	2,091,250
3층 모르타르바름		M2	662.9	6,310	4,182,899
3층 경량기포CONC	바닥 타설	M2	130.6	8,112	1,059,021
3층 복도,계단바닥	에폭시 라이닝	M2	83.7	25,000	2,091,250
4층 모르타르바름		M2	662.9	6,310	4,182,899
4층 경량기포CONC	바닥 타설	M2	130.6	8,112	1,059,021
4층 복도,계단바닥	에폭시 라이닝	M2	83.7	25,000	2,091,250
5층 모르타르바름		M2	662.9	6,310	4,182,899
5층 경량기포CONC	바닥 타설	M2	130.6	8,112	1,059,021
5층 복도,계단바닥	에폭시 라이닝	M2	83.7	25,000	2,091,250

명 칭	규 격	단위	수량	합계 단가	합계 금액
J.창호및유리공사					
B1층 방화문	1200×2100	개	1.0	246,630	246,630
B1층 화장실용 도어	900×2100	개	3.0	260,130	780,390
1층 주출입구문	S.ST 1800×2300	개	1.0	1,090,000	1,090,000
1층 도어록	디지털 도어락	개	3.0	166,000	498,000
1층 Fix Project		개	1.0	303,450	303,450
2층 시스템 FIX BR70	2000 x 2000	개	1.0	2,040,000	2,040,000
2층 3중 유리유리	39T 로이	개	1.0	1,340,000	1,340,000
2층 BF225 이중창	22T 로이	개	12.0	450,000	5,400,000
2층 Fix Project		개	4.0	303,450	1,213,800
2층 방화문	1200×2100	개	1.0	246,630	246,630
2층 화장실용 도어	900×2100	개	2.0	260,130	520,260
3층 시스템 FIX BR70	2000 x 2000	개	1.0	2,040,000	2,040,000
3층 3중 유리유리	39T 로이	개	1.0	1,340,000	1,340,000
3층 BF225 이중창	22T 로이	개	12.0	450,000	5,400,000
3층 Fix Project		개	4.0	303,450	1,213,800
3층 방화문	1200×2100	개	1.0	246,630	246,630
3층 화장실용 도어	900×2100	개	2.0	260,130	520,260
4층 시스템 FIX BR70	2000 x 2000	개	1.0	2,040,000	2,040,000
4층 3중 유리유리	39T 로이	개	1.0	1,340,000	1,340,000
4층 BF225 이중창	22T 로이	개	12.0	450,000	5,400,000
4층 Fix Project		개	4.0	303,450	1,213,800
4층 방화문	1200×2100	개	1.0	246,630	246,630
4층 화장실용 도어	900×2100	개	2.0	260,130	520,260
5층 시스템 FIX BR70	2000 x 2000	개	1.0	2,040,000	2,040,000
5층 3중 유리유리	39T 로이	개	1.0	1,340,000	1,340,000
5층 BF225 이중창	22T 로이	개	12.0	450,000	5,400,000
5층 Fix Project		개	4.0	303,450	1,213,800
5층 방화문	1200×2100	개	2.0	246,630	493,260
5층 화장실용 도어	900×2100	개	2.0	260,130	520,260
전층 시스템 도어락	지문인식+RF	개	4.0	1,083,000	4,332,000
K.도장공사					
B1층 지정도장 스프레이	전층내부천정/수성페인트	M2	289.8	6,513	1,887,467
B1층 비닐 페인트 로우러칠	내부벽체 2회 1급	M2	442.5	4,513	1,997,002
1층 지정도장 스프레이	전층내부천정/수성페인트	M2	241.5	6,513	1,572,889
1층 비닐 페인트 로우러칠	내부벽체 2회 1급	M2	368.8	4,513	1,664,213
1층 조합 페인트	철재면 3회 1급	M2	16.8	6,000	100,800
2층 지정도장 스프레이	전층내부천정/수성페인트	M2	281.8	6,513	1,835,037
2층 비닐 페인트 로우러칠	내부벽체 2회 1급	M2	430.2	4,513	1,941,582
2층 조합 페인트	철재면 3회 1급	M2	19.6	6,000	117,600
3층 지정도장 스프레이	전층내부천정/수성페인트	M2	281.8	6,513	1,835,037
3층 비닐 페인트 로우러칠	내부벽체 2회 1급	M2	430.2	4,513	1,941,582
3층 조합 페인트	철재면 3회 1급	M2	19.6	6,000	117,600
4층 지정도장 스프레이	전층내부천정/수성페인트	M2	281.8	6,513	1,835,037
4층 비닐 페인트 로우러칠	내부벽체 2회 1급	M2	430.2	4,513	1,941,582
4층 조합 페인트	철재면 3회 1급	M2	19.6	6,000	117,600
5층 지정도장 스프레이	전층내부천정/수성페인트	M2	281.8	6,513	1,835,037

명 칭	규 격	단위	수량	합계 단가	합계 금액
5층 비닐 페인트 로우러칠	내부벽체 2회 1급	M2	430.2	4,513	1,941,582
5층 조합 페인트	철재면 3회 1급	M2	19.6	6,000	117,600
주차장 차선도색작업		식	1.0	800,000	800,000
L.수장공사					
B1층 걸레받이	라바베리스	M	309.6	2,000	619,200
B1층 비드법보온판2종 2호(벽/천정/바닥)		M2	426.2	29,400	12,530,280
1층 걸레받이	라바베리스	M	258.0	2,000	516,000
1층 비드법보온판2종 2호(벽/천정/바닥)		M2	355.2	29,400	10,441,998
2층 걸레받이	라바베리스	M	301.0	2,000	602,000
2층 비드법보온판2종 2호(벽/천정/바닥)		M2	414.4	29,400	12,182,331
3층 걸레받이	라바베리스	M	301.0	2,000	602,000
3층 비드법보온판2종 2호(벽/천정/바닥)		M2	414.4	31,400	13,011,061
4층 걸레받이	라바베리스	M	301.0	2,000	602,000
4층 비드법보온판2종 2호(벽/천정/바닥)		M2	414.4	29,400	12,182,331
5층 걸레받이	라바베리스	M	301.0	2,000	602,000
5층 비드법보온판2종 2호(벽/천정/바닥)		M2	414.4	29,400	12,182,331
지붕 비드법보온판2종 2호	T=220	M2	428.0	21,400	9,159,200
M.가구및집기공사					
B1층 헬스기구	벤치프레스 외	SET	1.0	51,008,644	51,008,644
2층 가구 및 집기등	책상,옷장,서랍장,의자	SET	15.0	1,500,000	22,500,000
3층 가구 및 집기등	책상,옷장,서랍장,의자	개소	7.0	6,630,000	46,410,000
4층 가구 및 집기등	책상,옷장,서랍장,의자	개소	7.0	6,630,000	46,410,000
5층 가구 및 집기등	책상,옷장,서랍장,의자	개소	7.0	6,630,000	46,410,000
N.폐기물처리					
폐자재처리수수료	폐콘크리트 등	TON	50.0	44,600	2,230,000
O.기타공사					
공용 사인몰		식	1.0	150,000	150,000
1층 사인몰		식	1.0	300,000	300,000
2층 사인몰		식	1.0	300,000	300,000
3층 사인몰		식	1.0	300,000	300,000
4층 사인몰		식	1.0	300,000	300,000
5층 사인몰		식	1.0	300,000	300,000
카 스토퍼	주차장	EA	20.0	50,000	1,000,000
P.부대토목및조경					
도로굴착 오,배수관로연결	지자제 등록업체	동	1.0	2,500,000	2,500,000
건물주위 포장공사	우수맨홀포함	식	1.0	2,700,000	2,700,000
소나무 식재	H4.0xW2.0xR15	주	4.0	1,074,078	4,296,312
영산홍 식재	H0.3xW0.4	주	20.0	4,961	99,220
금연 안내판	200x200	EA	1.0	138,000	138,000
조경물 설치		식	1.0	3,000,000	3,000,000
Q.설비공사					
B1층 위생설비배관		식	1.0	2,200,000	2,200,000
B1층 위생기구	양변기, 소변기 외	식	1.0	520,000	520,000
2층 위생설비배관		식	1.0	2,200,000	2,200,000
2층 위생기구	양변기, 샤워기	식	1.0	520,000	520,000
3층 위생설비배관		식	1.0	2,200,000	2,200,000
3층 위생기구	양변기, 샤워기	식	1.0	520,000	520,000

명 칭	규 격	단위	수량	합계 단가	합계 금액
4층 위생설비배관		식	1.0	2,200,000	2,200,000
4층 위생기구	양변기, 샤워기	식	1.0	520,000	520,000
5층 위생설비배관		식	1.0	2,200,000	2,200,000
5층 위생기구	양변기, 샤워기	식	1.0	520,000	520,000
R.전기,통신공사					
B1층 전등,전열,통신배관, 배선		평	81.0	120,000	9,720,000
B1층 전등,전열,통기구	(통신,등기구포함)	식	1.0	375,000	375,000
1층 전등,전열,통신배관, 배선		평	81.0	120,000	9,720,000
1층 전등,전열,통기구	(통신,등기구포함)	식	1.0	375,000	375,000
2층 전등,전열,통신배관, 배선		평	81.0	120,000	9,720,000
2층 전등,전열,통기구	(통신,등기구포함)	식	1.0	375,000	375,000
3층 전등,전열,통신배관, 배선		평	81.0	120,000	9,720,000
3층 전등,전열,통기구	(통신,등기구포함)	식	1.0	375,000	375,000
4층 전등,전열,통신배관, 배선		평	81.0	120,000	9,720,000
4층 전등,전열,통기구	(통신,등기구포함)	식	1.0	375,000	375,000
5층 전등,전열,통신배관, 배선		평	81.0	120,000	9,720,000
5층 전등,전열,통기구	(통신,등기구포함)	식	1.0	375,000	375,000
합계					900,000,000

2 Primavera 세팅하기

2.1 화면구성

■ 로그인 및 설정

Primavera P6에 로그인하는 과정은 그림 2-7과 같습니다. 사용자는 ❶Login Name과 ❷ Password를 입력합니다.

▼ 그림 2-7

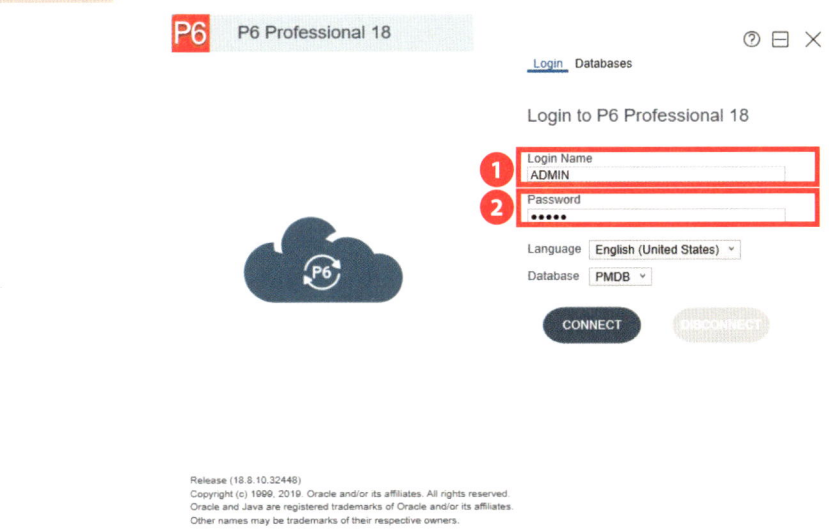

로그인 이후의 화면은 그림 2-8과 같습니다.

▼ 그림 2-8

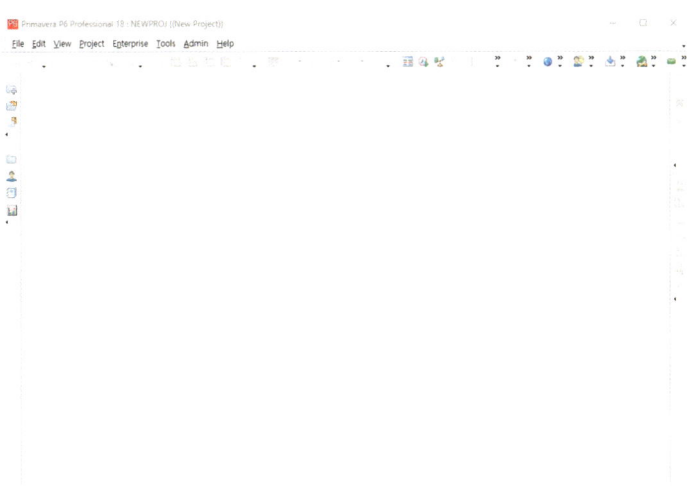

■ 기본 화면구성

그림 2-9는 로그인 후, Primavera P6의 Activities Tab을 열어서 본 화면구성입니다.

▼ 그림 2-9

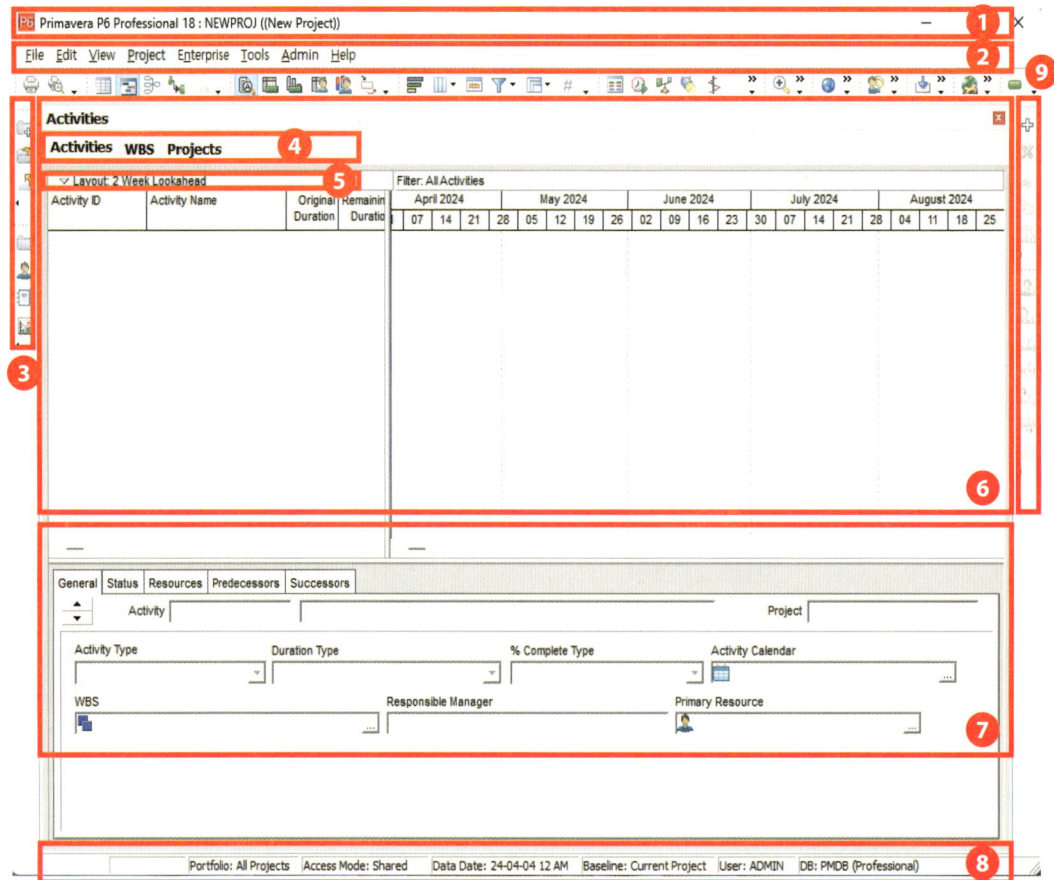

❶ Title Bar : Primavera P6의 Project 표시창

❷ Menu Bar : Primavera P6의 주요 기능 설정을 표시(기본적 세팅이 이루어짐)

❸ Directory Bar : 공정표 작성을 위한 항목들을 표시

❹ Window Tab : 열려있는 화면을 Tab으로 표시

❺ Layout Option Bar : 각 Project에 대한 공정표의 환경설정에 대한 Option 표시

❻ Top Layout : 공정표와 Gantt차트(Project 일정을 그래픽으로 표현) 표시

❼ Bottom Layout : 공정표 하단에서 Project의 Detail을 표시

❽ Status Bar : Primavera P6에 접속한 Data, 접속 날짜 등을 표시

❾ Command Bar : Add, Delete 등의 명령을 표시

■ Menu Bar 소개

그림 2-10의 ❷Menu Bar는 Primavera P6의 주요 기능을 특성에 맞게 분류해 놓은 것으로, Primavera P6의 8가지 항목 File, Edit, View, Project, Enterprise, Tools, Help로 이루어져 있습니다.

▼ 그림 2-10

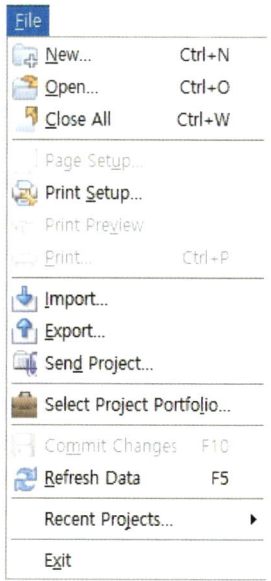

[File]

① NEW : Project 만들기
② Open : Project 열기
③ Close All : 열린 Project 들 모두 닫기
④ Page Setup : 인쇄 페이지 설정
⑤ Print Preview : 인쇄 미리보기
⑥ Print : 인쇄
⑦ Import : Project 불러오기
⑧ Export : Project 내보내기
⑨ Send Project : Project 내보내어 E-MAIL 첨부
⑩ Select Project Portfolio : Project의 모음, Portfolio를 선택하는 창
⑪ Commit Change : Data Base에 변경된 사항을 기록/저장
⑫ Refresh Data : 동시 조회 시 다른 사용자가 수정한 결과를 볼 수 있음
⑬ Recent Project : 최근 Project를 보여줌
⑭ Exit : 프로그램 나가기(종료)

▼ 그림 2-11

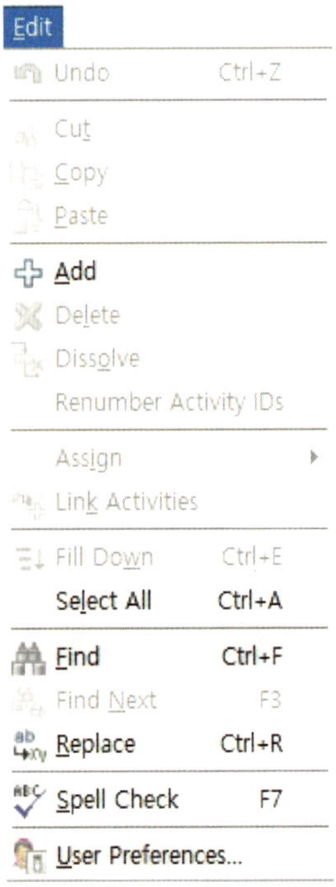

```
Edit
  Undo              Ctrl+Z
  Cut
  Copy
  Paste
  Add
  Delete
  Dissolve
  Renumber Activity IDs
  Assign                  ▶
  Link Activities
  Fill Down         Ctrl+E
  Select All        Ctrl+A
  Find              Ctrl+F
  Find Next         F3
  Replace           Ctrl+R
  Spell Check       F7
  User Preferences...
```

[Edit]

① Undo : 실행 취소

② Cut : 자르기

③ Copy : 복사

④ Paste : 붙이기

⑤ Add : 추가

⑥ Delete : 삭제

⑦ Dissolve : 삭제되는 Activity의 선/후행 연결

⑧ Renumber IDs : Activity ID 재설정

⑨ Assign : Activity에 Resource, Role, Code, Relation 할당

⑩ Link Activities : Activity의 Relationship을 FS(Finish to Start)로 연결

⑪ Fill Down : Data를 일련의 칸들에 같게 적용

⑫ Select All : 전체 Activity를 선택

⑬ Find : 찾고 싶은 내용 찾기

⑭ Find Next : ⑬ 실행 후 다음 찾기

⑮ Replace : Column에서 원하는 문자열 찾아 바꾸기

⑯ Spell Check : 맞춤법 확인

⑰ User Preferences : 사용자 환경설정

▼ 그림 2-12

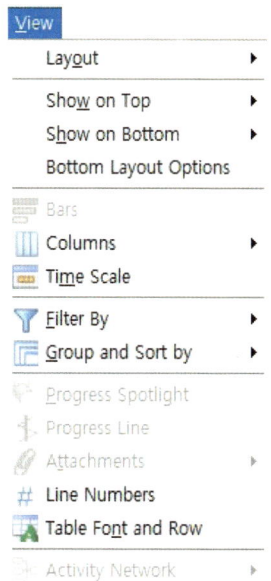

[View]

① Lay out : Layout 열기 및 저장하기
② Show on Top : 화면 상단에 나타날 대상 선택
③ Show on Bottom : 화면 하단에 나타날 대상 선택
④ Bottom Layout Option : 화면 하단에 나타나는 대상의 속성을 선택
⑤ Bars : Gantt Chart의 Bar 속성 부여
⑥ Columns : Activity Table에 표현할 항목 추가/제거
⑦ Time Scale : Gantt Chart, Profile, Spreadsheet 등의 화면 기간 간격 설정
⑧ Filter By : 조건문 설정 (조건에 맞는 항목만 볼 수 있음)
⑨ Group and Sort by : 각 Activity의 분류체계 지정
⑩ Progress Spotlight : Gantt Chart에서 Data Date로부터 일정 기간에 있는 Activity 강조
⑪ Progress Line : Baseline과 비교해 현재 Project의 상태를 선형으로 나타냄
⑫ Attachment : Gantt Chart에서 Text 추가/특정 기간 강조
⑬ Line Numbers : Activity에서 각 행에 대해 연속번호 부여
⑭ Table Font and Row : Activity Table 행 높이 및 글자 속성 수정
⑮ Activity Network : Activity Network 화면 설정

▼ 그림 2-13

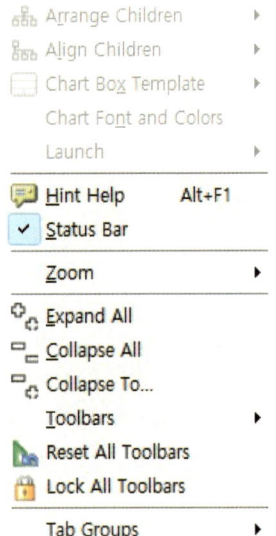

[View]

⑯ Arrange Children : Chart View에서 하위 레벨을 수직/수평으로 보여줌
⑰ Align Children : Chart View에서 하위 레벨이 배치되는 방향
⑱ Chart Box Template : Chart Box 보기 형식 설정
⑲ Chart Font and Colors : Chart의 글자 폰트/색 변경
⑳ Launch : Activity에 할당된 WPs & Docs 열기
㉑ Hint Help : 마우스 포인터를 가져다 대면 용어의 정의를 표현
㉒ Status Bar : 창 하단 상태 표시줄 표시 여부
㉓ Zoom : Gantt Chart 상의 Calendar 날짜 최소단위 변경
㉔ Expand All : Project 폴더 트리의 모든 항목을 펼쳐 보임
㉕ Collapse All : Project 폴더 트리에서 최상위 레벨만 보여줌
㉖ Collapse to : Project 폴더 트리에서 사용자가 원하는 Level까지 보여줌
㉗ Toolbars : 화면에 여러 메뉴 창을 나타내거나 숨김
㉘ Reset All Toolbars : 모든 Toolbar를 Default로 되돌림
㉙ Lock All Toolbars : 모든 Toolbar를 현재 상태로 고정
㉚ Tab Groups : Tab을 수직/평행 상태로 펼쳐 고를 수 있는 설정

▼ 그림 2-14

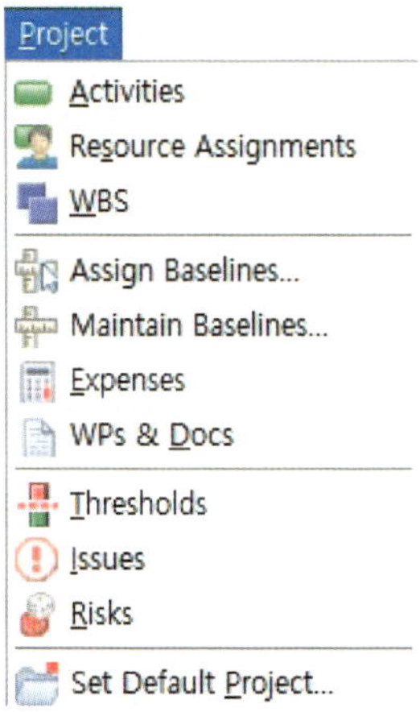

```
Project
  Activities
  Resource Assignments
  WBS
  Assign Baselines...
  Maintain Baselines...
  Expenses
  WPs & Docs
  Thresholds
  Issues
  Risks
  Set Default Project...
```

[Project]

① Activities : (Project가 열린 상태에서) Activities 화면으로 이동
② Resource Assignment : Resource의 할당 현황을 볼 수 있는 화면으로 이동
③ WBS : WBS 화면으로 이동
④ Assign Baselines : Baseline을 Project에 할당
⑤ Maintain Baselines : Baseline을 생성/삭제
⑥ Expenses : 각각의 Activity 별 비용 부여
⑦ WPs & Docs : WPs & Docs 화면으로 이동
⑧ Thresholds : 범위를 지정하여 모니터링
⑨ Issues : Issue 입력 및 Monitor threshold에 나온 Issue를 표시하는 화면으로 이동
⑩ Risks : 예상 Risk 입력 및 편집
⑪ Set Default Project : 여러 Project를 동시에 작업할 때, 어떤 Project의 설정을 Default로 부여할 것인지 결정

▼ 그림 2-15

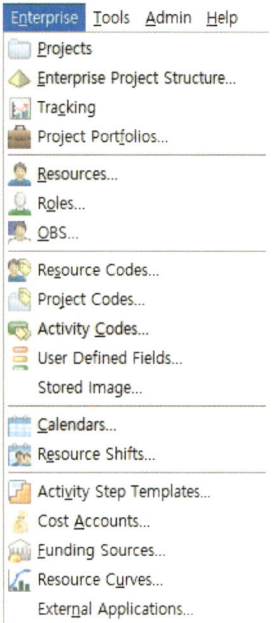

[Enterprise]

① Project : Project Tab 화면 이동
② Enterprise Project Structure : EPS를 조회/작성/편집/삭제
③ Tracking : Project, WBS 단계에서 Project 진행에 대한 모니터링
④ Project Portfolios : 포트폴리오 추가 제거/편집
⑤ Resources : Resource Tab 화면 이동
⑥ Roles : 각 역할에 대한 편집 및 Price/Unit 설정
⑦ OBS(Organizational Breakdown Structure) : 조직 편성 제작/편집
⑧ Resource Codes : 필터, 정렬, 그룹 등을 위한 Resource Codes 작성/편집/삭제
⑨ Project Codes : 필터, 정렬, 그룹 등을 위한 Project Codes 작성/편집/삭제
⑩ Activity Codes : Activity Code를 조회/생성/편집/삭제
⑪ User Defined Fields : 사용자가 원하는 임의 Column 정의
⑫ Calendars : Calendar 작성/생성/삭제
⑬ Resources Shifts : 교대 근무 관련 사항 설정
⑭ Activity Step Templates : Activity의 Step에 관한 Template 설정
⑮ Cost Accounts : 투입 비용 관리를 위한 계정 설정/생성
⑯ Funding Sources : 자금 출처 사항
⑰ Resource Curves : Resource로부터의 기간 투입량에 대한 Curve Type 설정
⑱ External Application : 타 소프트웨어와 연계할 때 환경설정 조정

▼ 그림 2-16

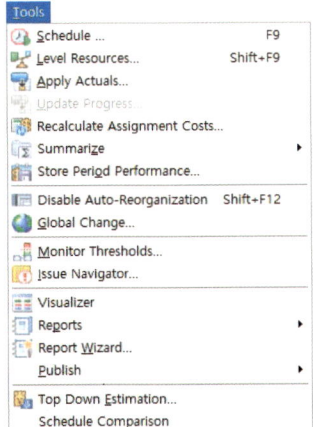

[Tools]

① Schedule : Data Date를 기준으로 Project 진행 상황을 계산

② Level Resources : 과하게 투입된 Resources 평준화

③ Apply Actuals : 새 Data Date까지의 실적을 Auto Compute Actual Option에 따라 자동 업데이트

④ Update Progress : 새 Data Date까지의 실적을 해당 기간의 Activity에 따라 자동 업데이트

⑤ Recalculate Assignment Costs : Resource와 Role Assignment의 비용 재계산

⑥ Summarize : Project 정보를 WBS Level로 집계

⑦ Store Period Performance : 지정된 Time Period에 Actual 값 저장

⑧ Disable Auto-Reorganization : 자동 정렬 끄기

⑨ Global Change : 조건에 맞는 Data 일괄 변경/적용

⑩ Monitor Threshold : Threshold에서 설정한 범위를 벗어나는 항목 검출

⑪ Issue Navigator : Issue를 Navigator 대화상자를 통해 알림

⑫ Visualizer : Project Data를 시각적으로 표현하고 분석하는 도구

⑬ Reports : Report 작성 및 출력

⑭ Report Wizard : Report 작성 마법사

⑮ Publish : Project Data를 Web-HTML 형식 생성

⑯ Top Down Estimation : Project의 전반적 비용, 일정, 자원을 추정

⑰ Schedule Comparison : 두 개 이상의 계획에 대한 분석 및 비교

▼ 그림 2-17

[Admin]

① Admin Preferences : P6에 접속하는 모든 User에 공통으로 적용되는 환경설정
② Admin Categories : Project에 적용할 Category 설정
③ Currencies : Project에 적용되는 통화/환율 설정
④ Financial Periods : 실적 저장 기간/실적 그래프 기간 설정

▼ 그림 2-18

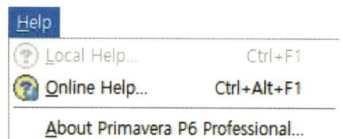

[Help]

① Online Help : Primavera P6의 다양한 기능/설정에 대한 온라인 도움말 시스템 창
② About Primavera P6 Professional : Primavera P6 저작권 및 ver(버전) 표시

■ **ToolBar 소개**

기본화면 구성의 3번 Directory Bar는 작업자가 자주 사용하는 메뉴의 아이콘을 사용하기 편리하도록 꺼내거나, 작업자의 판단에 따라 잘 사용하지 않는 메뉴/아이콘을 보이지 않도록 설정할 수 있습니다.

아래와 같이 [Menu Bar] - [VIEW] - [ToolBar]를 선택하면 추가 및 해제하려는 아이콘을 그림 2-19 같이 설정할 수 있으며 ToolBar의 자리 배치는 자유롭게 지정할 수 있습니다.

▼ 그림 2-19

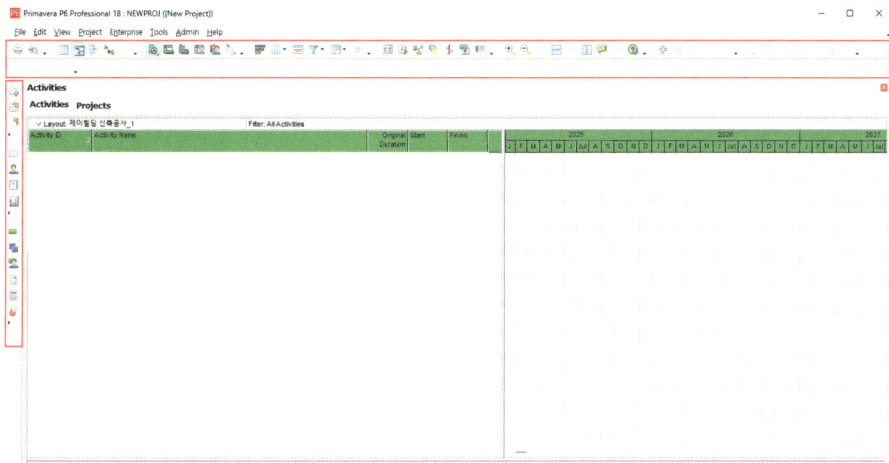

▼ 그림 2-20

Standard

 ① New: 새로운 Project를 생성
 ② Open: Project 열기
 ③ Close All: 열려있는 모든 Project 닫기

▼ 그림 2-21

Enterprise

 ① Projects: Project 화면으로 이동
 ② Resoures: Resources 화면으로 이동
 ③ Reports: Report 화면으로 이동
 ④ Tracking: Tracking 화면으로 이동

▼ 그림 2-22

Project 
- ① Activities: Activity 화면으로 이동
- ② WBS: WBS 화면으로 이동
- ③ Resource Assignment: Resource Assignment 화면으로 이동
- ④ WPs & Docs: WPs & Docs 화면으로 이동
- ⑤ Expenses: Expenses 화면으로 이동
- ⑥ Risks: Risks 화면으로 이동

▼ 그림 2-23

Print 
- ① Print: 인쇄
- ② Print Preview: 인쇄 미리보기

▼ 그림 2-24

Top Layout
- ① Table: Table 창 보기
- ② Gantt Chart: Gantt Chart 창 보기
- ③ Activity Network: Activity 관계도 보기
- ④ Relationship Lines: Gantt Chart에서 Relationship Line 여부 결정
- ⑤ Chart View: Chart 화면

▼ 그림 2-25

Bottom Layout 
- ① Details: Details 창 열기
- ② Activity Usage Spreadsheet: Activity Usage Spreadsheet 보기
- ③ Activity Usage Profile: Activity Usage Profile 보기
- ④ Resource Usage Spreadsheet: Resource Usage Spreadsheet 보기
- ⑤ Resource Usage Profile: Resource Usage Profile 보기
- ⑥ Trace Logic: Activity Logic 창 열기

▼ 그림 2-26

Layout

① Bars: Gantt Chart의 Bar 속성 설정
② Columns: Activity Table에 표현할 항목 추가/삭제
③ Time Scale: Gantt Chart, Profile, Spreadsheet의 화면 설정
④ Filter By: 조건에 맞는 항목만 볼 수 있게 조건문 설정
⑤ Group and sort by: Activity들의 분류체계 지정
⑥ Line Number: Activity의 각 행에 대한 연속 번호 부여

▼ 그림 2-27

Tools

① Time scaled logic Diagram: Project를 Time scaled logic Diagram 형태로 작성
② Schedule: Data Date를 기준으로 Project 진행 상황 계산
③ Level Resource: 과투입된 Resources 평준화
④ Progress Spotlight: Gantt Chart 특정 Activity를 강조
⑤ Progress Line: Baseline과 비교하여 현재 Project 상태를 선형으로 보여줌
⑥ Update Progress: 계획대로 진행되고 있다는 전제하에 새로운 Data Date까지의 실적을 해당 기간의 Activity에 자동 Update
⑦ Disable Auto-Reorganization: 트리 구조의 항목 변경 시 자동으로 이동하는 기능 끄기

▼ 그림 2-28

Display

① Zoom In: Timescale 확대
② Zoom Out: Timescale 축소
③ Zoom to Best Fit: Chart view 화면에서 한 페이지로 볼 수 있음
④ New Horizontal Tab Group: 열린 Tab을 가로로 보기
⑤ Merge All Tab groups: 열린 화면을 Windows Tab으로 모으기
⑥ New Vertical Tab Group: 열린 Tab을 세로로 보기
⑦ Hint Help: 마우스가 가리키는 곳에 대한 도움말 알림창 보여주기
⑧ Contents: 도움말

▼ 그림 2-29

Edit

① Add: 추가
② Delete: 삭제
③ Cut: 잘라내기
④ Copy: 복사
⑤ Paste: 붙여넣기

▼ 그림 2-30

Assign

① Resources: Activity에 Resource 할당
② Resources by Role: Role이 지정된 Resource를 할당
③ Roles: Role 할당
④ Activity Codes: Activity Code 할당
⑤ Predecessors: 선행 Activity 지정
⑥ Successors: 후행 Activity 지정
⑦ Steps: Activity의 Steps Template

▼ 그림 2-31

Move

① Move Up: 트리 구조에서 위로 올리기
② Move Down: 트리 구조에서 아래로 내리기
③ Move Left: 트리 구조에서 한 단계 올리기(상위단계설정)
④ Move Right: 트리 구조에서 한 단계 내리기(하위단계설정)

2.2 Admin Preferences

■ **Admin Preferences란?**

Primavera P6에 접속하는 '사용자에게 적용되는 환경'을 뜻합니다. 그림 2-32를 참고하여 [Menu Bar]의 [Admin]을 선택하여 [Admin Preferences]를 클릭합니다. 그림 2-33은 [Admin Preferences] 화면입니다.

- General: Code Separator, Starting Day Of Week, Activity Duration, Password Policy 설정
- Data Limits: 계층 구조 Level의 Activity Code, Baseline, Baseline Project Copy 수량 설정
- ID Lengths: ID와 WBS의 Code에 넣을 수 있는 문자 수 설정
- Time Periods: 일하는 시간을 입력
- Earned Value: Project 및 WBS의 Performance Percent Complete 관련 설정
- Reports: 공정표 생성 후 머리/바닥글 설정
- Options: Summarize의 기간을 Calendar로 할지, Financial Period로 할지에 대한 설정
- Rate Types: Resource와 Role의 단가를 설정
- Industry: 산업별로 사용되는 용어와 Column을 사용자가 설정

■ **General**

[Admin Preferences] - [General]에는 4가지 기능이 있습니다.

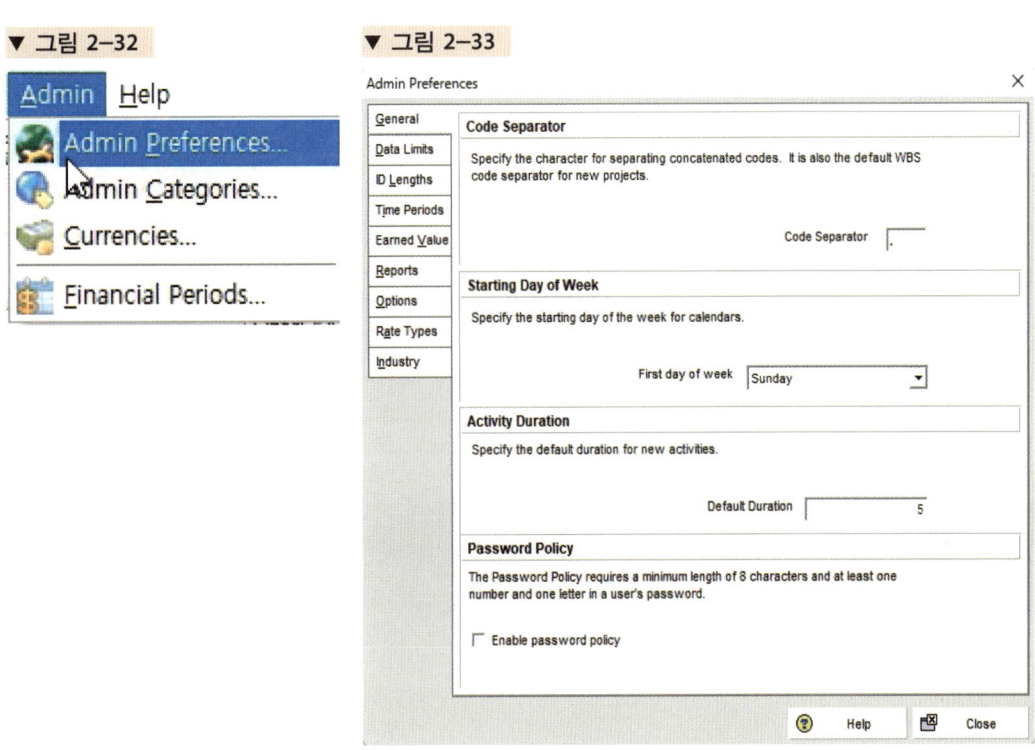

▼ 그림 2-32

▼ 그림 2-33

① Code Separator: 이 기능은 WBS의 단계별 구분을 위한 구분점을 의미합니다. 그림 2-35를 보면 확인 할 수 있듯이 '.' 이 WBS의 구분 기준이며, 작성자의 기호에 따라 설정하여 변경할 수 있습니다.

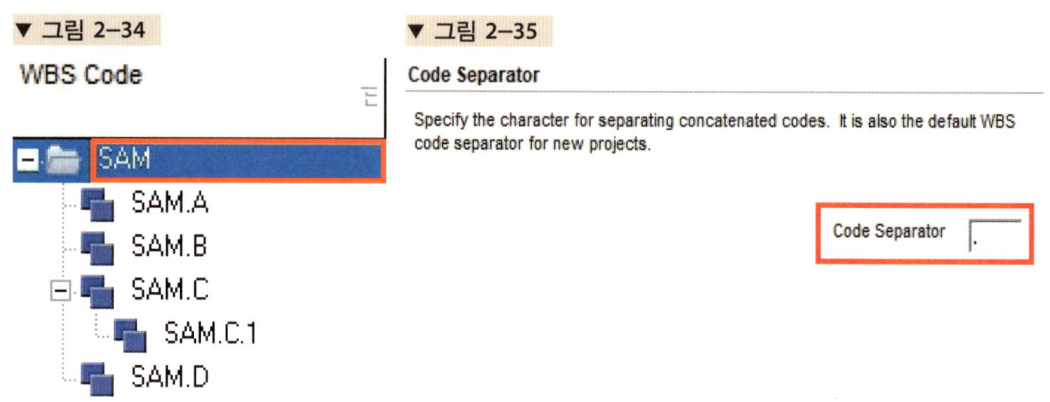

▼ 그림 2-34

▼ 그림 2-35

② Starting Day of Week: Calendar에서 한주 시작일을 설정합니다. 시작일을 화요일로 설정한다고 했을 때, 그림 2-36과 같이 화요일로 설정하면, 그림 2-38과 같은 결과를 확인할 수 있

▼ 그림 2-36

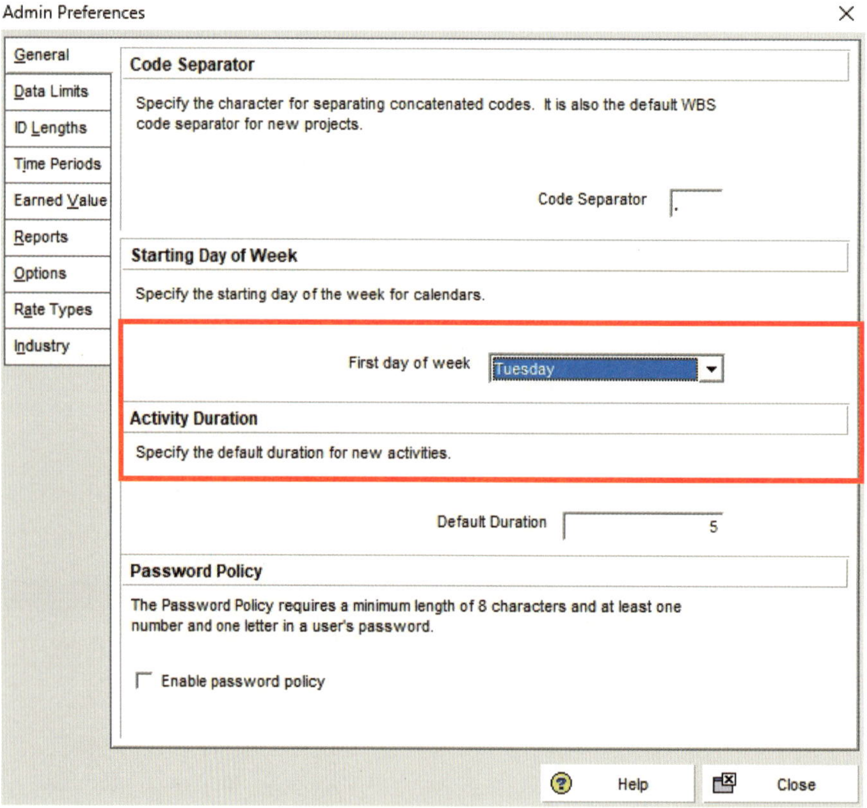

습니다.

[Enterprise] - [Calendars]를 선택하여, 한 주의 시작일이 화요일로 설정됨을 확인할 수 있습니다.

▼ 그림 2-37 ▼ 그림 2-38

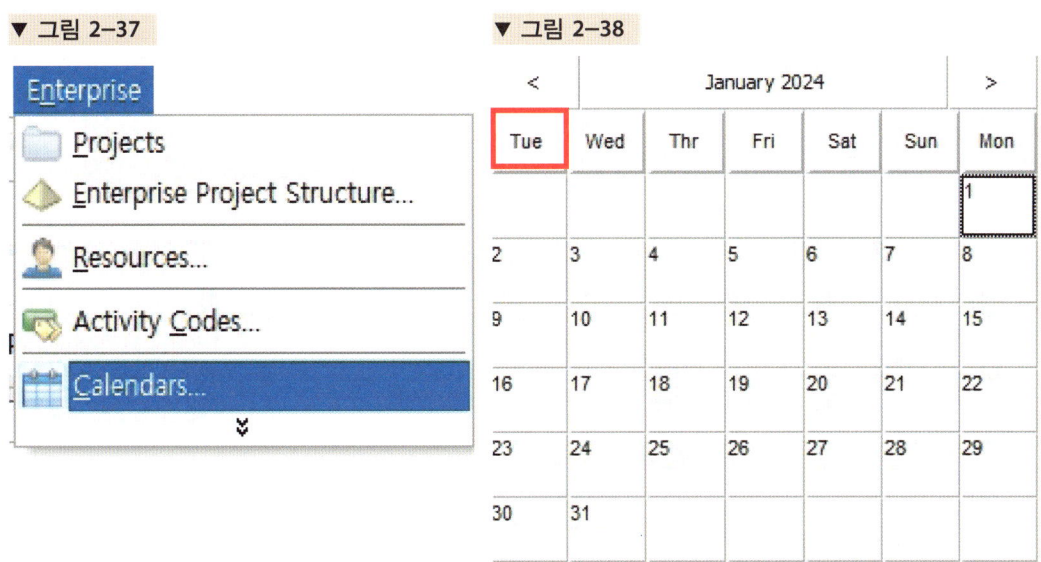

③ Activity Duration: Activity 생성 시 Default Duration(기본 기간)을 설정합니다.

▼ 그림 2-39

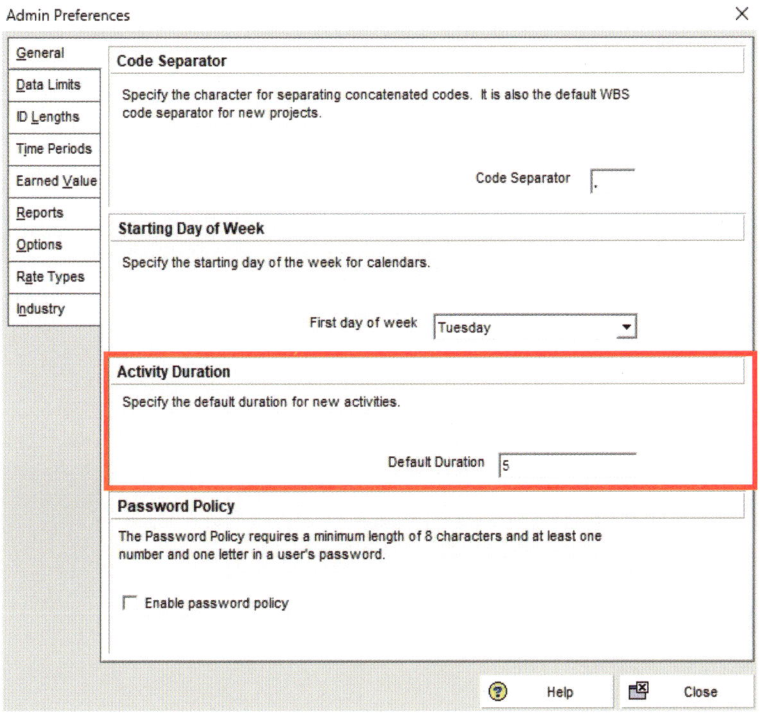

④ Password Policy: 체크박스를 선택하면 Password 형식을 숫자와 문자가 각각 1개씩 포함된 8글자 이상의 Password로 설정할 수 있으며, [Edit] - [User Preferences]에서 확인할 수 있습니다.

▼ 그림 2-40

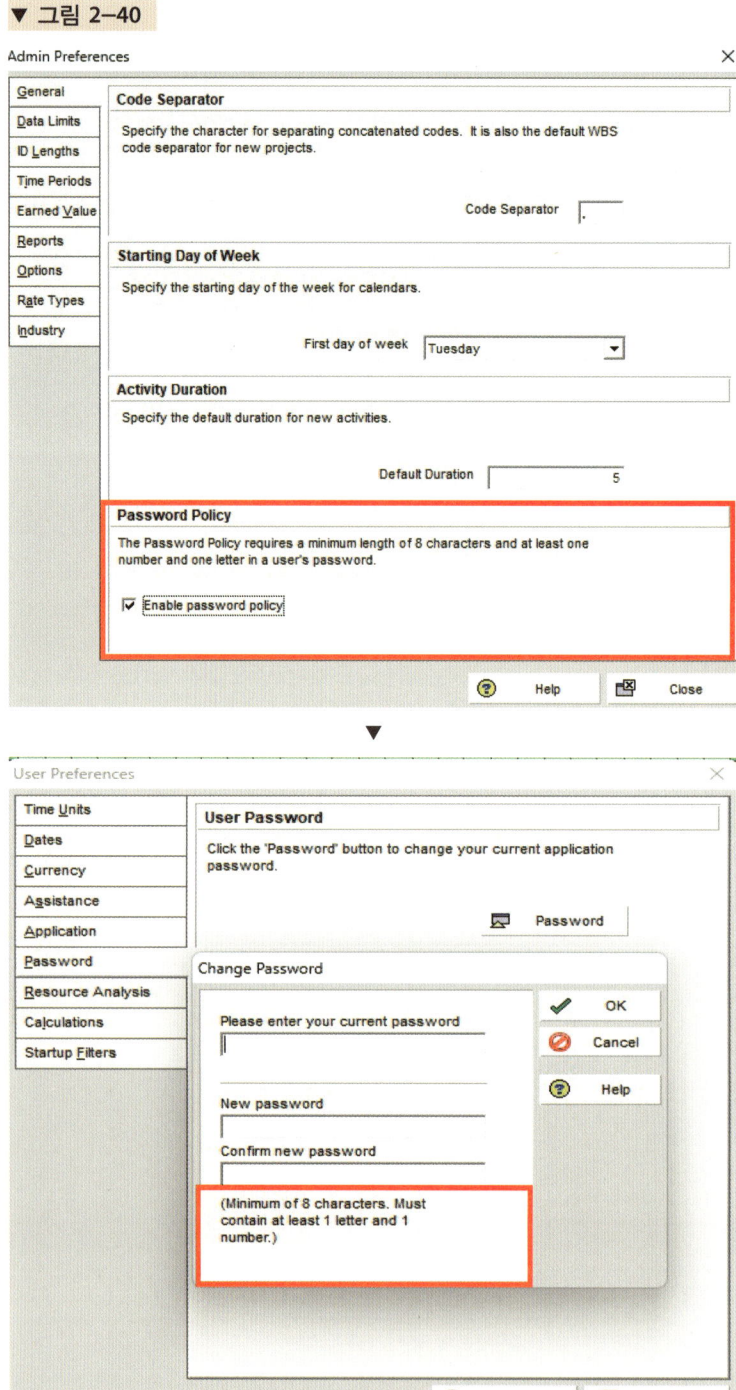

■ **Data Limits**

Tree(계층) 구조의 최대치를 설정할 수 있습니다.

▼ 그림 2-41

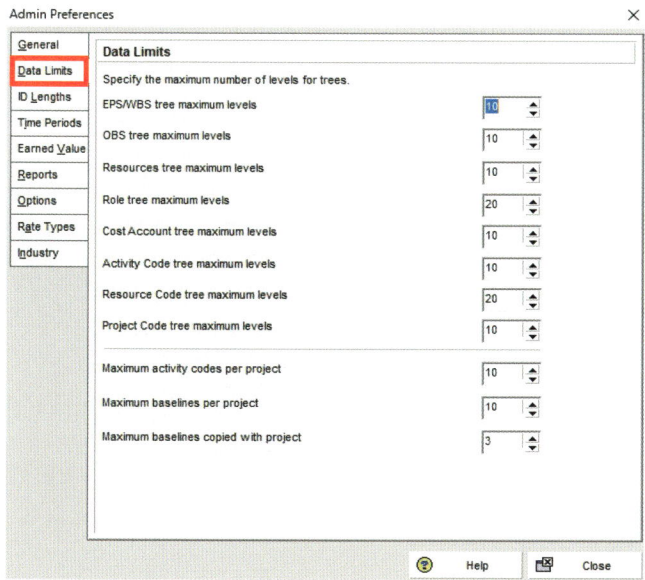

■ **ID Lengths**

각 Tree(계층)에서 ID 필드의 문자 수를 설정할 수 있습니다.

▼ 그림 2-42

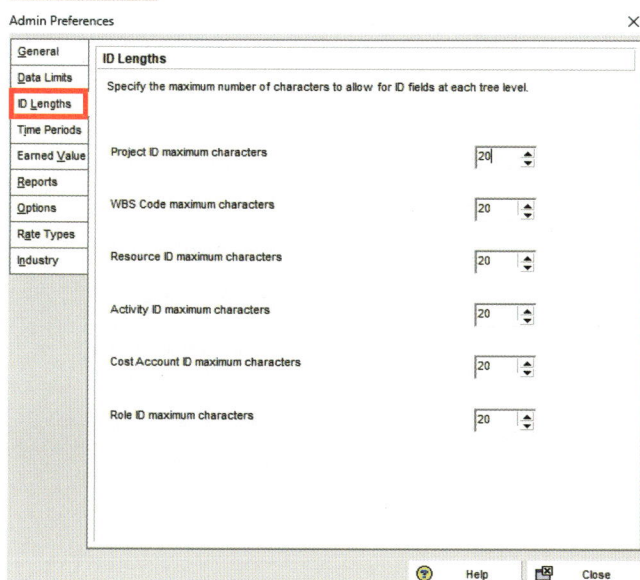

- **Time Periods**

Day, Week, Month, Year마다의 일하는 시간을 입력합니다. Use assigned calendar to specify the number of work hours for each time period에 체크박스를 선택했을 때 [Admin Preferences]의 설정이 적용되고, 체크박스 해제 시에는 [Enterprise] - [Calendars]의 설정값으로 적용됩니다. 아래 Time Period Abbreviations에서는 각 기간의 약어를 설정합니다.

▼ 그림 2-43

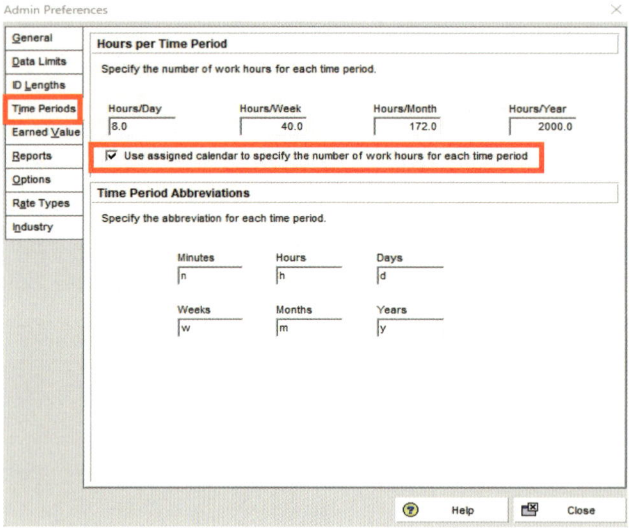

- **Earned Value**

▼ 그림 2-44

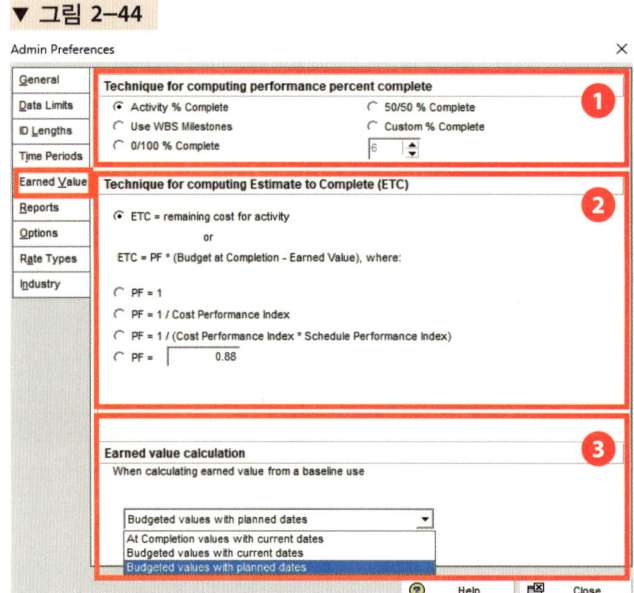

Technique for Computing Performance Percent Complete: Project/WBS의 성과 % 를 5가지 Option에서 각 상황 또는 Project의 특성에 따라 설정할 수 있습니다.

- Activity % Complete: Activity Duration, Unit, Performance를 기준으로 성과측정
- 50/50 % Complete: 시작 50%, 끝나면 나머지 50%로 성과측정
- Use WBS Milestones: WBS에 Milestone을 정해 WBS Milestone Progress에 따라 성과측정
- Custom % Complete: 협의를 통해 설정하는 성과측정
- 0/100 % Complete: 종료 시에만 성과측정

Technique for Computing Estimate to Complete: Project/WBS별로 Project가 완료되는 시점까지 투입될 업무량의 예상값을 추정하는 기준을 설정합니다.
- ETC: 현재 남아있는 Activity의 돈을 ETC로 설정(기본값)
- PF(Performance Factor)=1: 긍정적인 상황
- PF=1/Cost Performance Index: 일반적인 상황
- PF=1/(Cost Performance Index * Schedule Performance Index): 부정적인 상황

Earned value calculation: Baseline을 기준으로 Value 계산 시, Value 값과 시점을 결정합니다.

■ **Reports**

Primavera P6 인쇄물 생성 시, 머리/바닥글 설정을 돕는 기능입니다.

그림 2-45처럼 설정 시, [Print Preview]에서 해당 사항을 적용할 수 있습니다.

▼ 그림 2-45

■ **Options**

▼ 그림 2-46

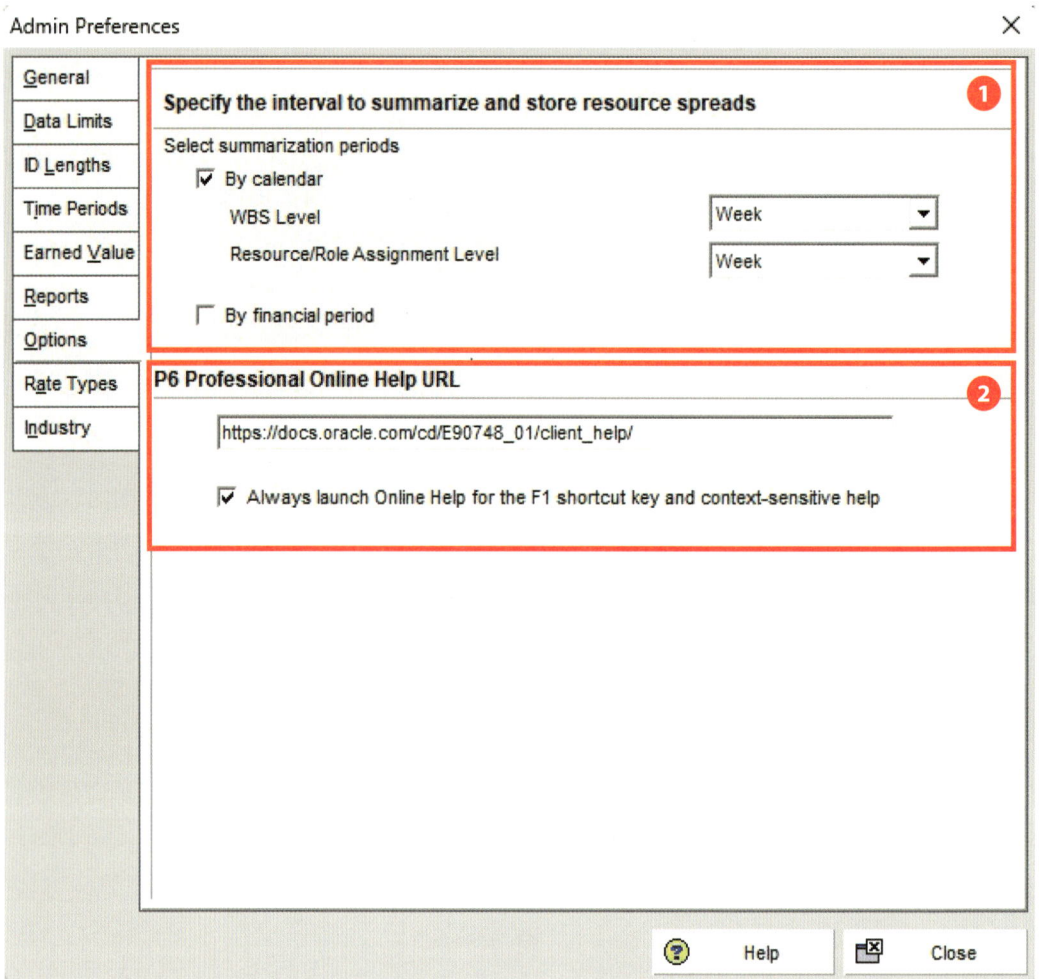

❶ Specify the interval to summarize and store resource spreads

Primavera P6에서 Summarize 기간을 설정할 수 있는 Option으로, Calendar를 기준으로 WBS Level 및 Resource/Role Assignment Level의 주기를 Week 또는 Month로 설정할 수 있으며, Financial period를 기준으로 설정할 수 있습니다.

❷ P6 Professional Online Help URL

온라인으로 오라클의 설명서를 볼수있는 URL을 지정하는 기능입니다.

■ Rate Types

Resource, Role의 단가를 5가지로 설정할 수 있고, User-defined Title에서 설정을 변경할 수 있습니다(Default Title은 변경 불가합니다).

▼ 그림 2-47

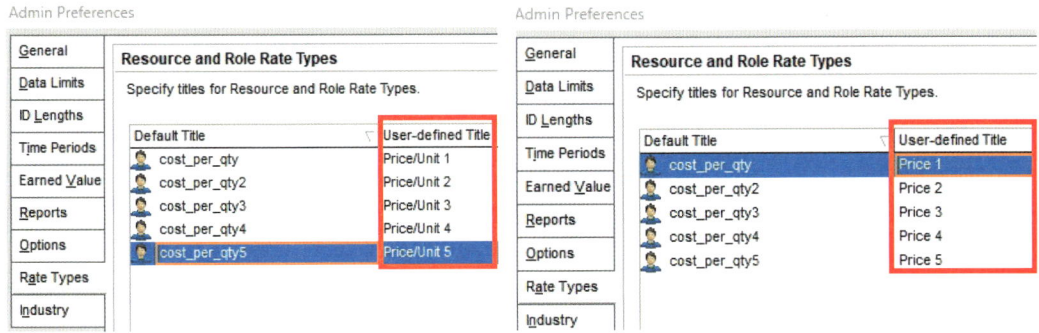

■ Industry Selection

산업별로 다르게 사용되는 용어/Column을 사용자의 환경에 맞게 설정합니다.

▼ 그림 2-48

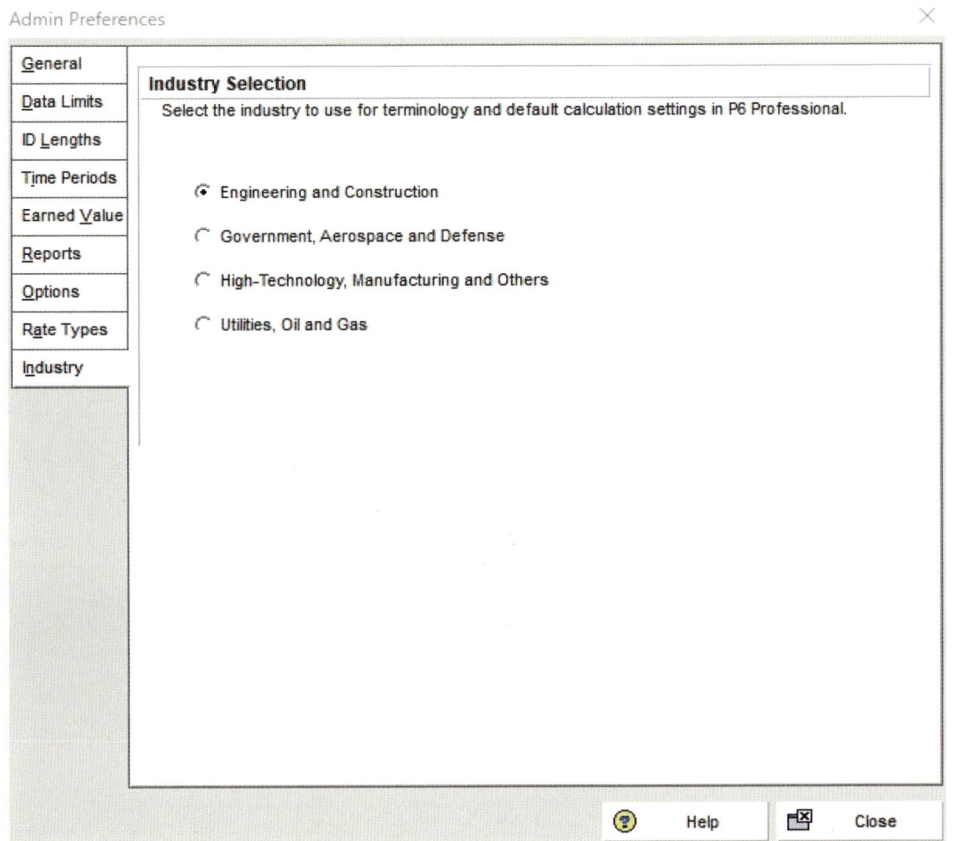

2.3 User Preferences

■ **User Preferences란?**

Primavera P6에 접속하는 '사용자만의 환경설정'을 뜻합니다.

상단 [Menu Bar]의 [Edit] 항목을 선택 후 그림 2-49처럼 [User Preferences]를 선택합니다. User Preferences에서는 그림 2-50와 같은 창이 뜨고, 아래와 같은 기능을 설정할 수 있습니다.

- Time units: 시간 단위 설정
- Dates: 날짜 형식 설정
- Currency: 사용할 통화 설정
- Assistance: 마법사 사용 여부 설정(마법사 기능을 활성)
- Application: 초기 화면, 오류 메시지 기록, Financial Period 기간 설정
- Password: 비밀번호 설정
- Resource Analysis: Resource 기능의 Data 표현 시 어떤 기준으로 할지 설정
- Calculations: Resource 추가/삭제 시 어느 기준으로 계산하는지 설정
- Startup Filters: 화면에서 자동으로 필터를 설정할 것인지에 대한 설정

■ **Time Units**

공정표의 시간을 어떻게 표시할지 결정합니다. Hour, Week, Month, Year 중에서 선택할 수 있으며, 선택한 단위에 따라 숫자 뒤에 d(일), w(주), m(월) 등이 표현되어 나타납니다.

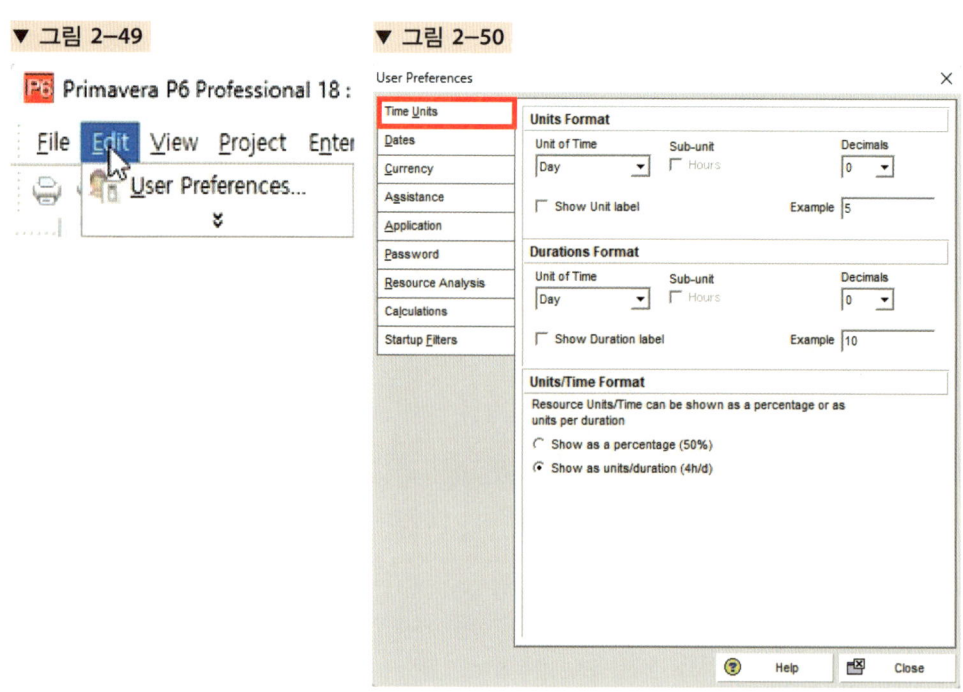

▼ 그림 2-49

▼ 그림 2-50

■ Dates

아래 그림 2-51에서 Date-Format을 정하고, 날짜 표시순서를 정합니다.

Time은 시간을 어떤 방식으로 표현할지 결정하는 기능입니다. 만약 12hour(1:30 PM)을 선택하면 날짜가 1:30 PM의 형태로 표시됩니다. 일반적으로는 시간개념을 포함하지 않고 일자별로 공정을 관리하기 때문에 Do not show time을 선택합니다.

Options는 날짜를 표현하는 방법으로 아래와 같이 각각의 항목에 의해 결정합니다.

▼ 표 2-1

4-digit-year	연도를 4자리로 표현(2022, 2023, 2024년 등)
Month Name	월을 이름으로 표현 (1월 대신 January, 2월 대신 February 등)
Leading Zeroes	날짜의 시작을 0으로 표현 (2-Apr-10의 날짜가 02-Apr-10으로 표시됨)
Separator	날짜의 구분표시를 결정

▼ 그림 2-51

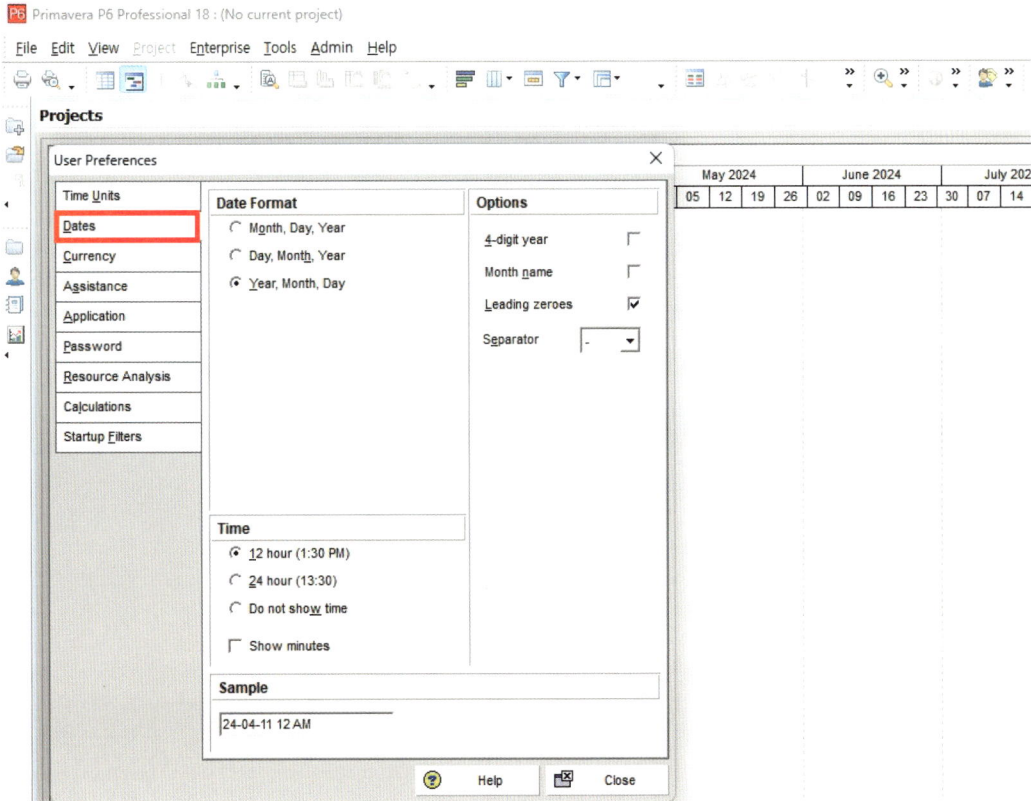

■ Currency

환율을 결정하는 Currency를 선택하면 그림 2–52와 같은 화면이 나옵니다.

교재에서 다룰 Project는 국내 Project이므로 사용할 통화는 Korean Won(원화)을 선택합니다. 해당 기능은 통화의 단위를 설정합니다.

Currency는 Show Currency Symbol: 통화 기호 표시, Show Decimal Digits는 소수점을 표현하는 기능입니다. 통화를 변경하는 경우엔 지정한 환율을 따라 Cost가 변경됩니다.

▼ 그림 2–52

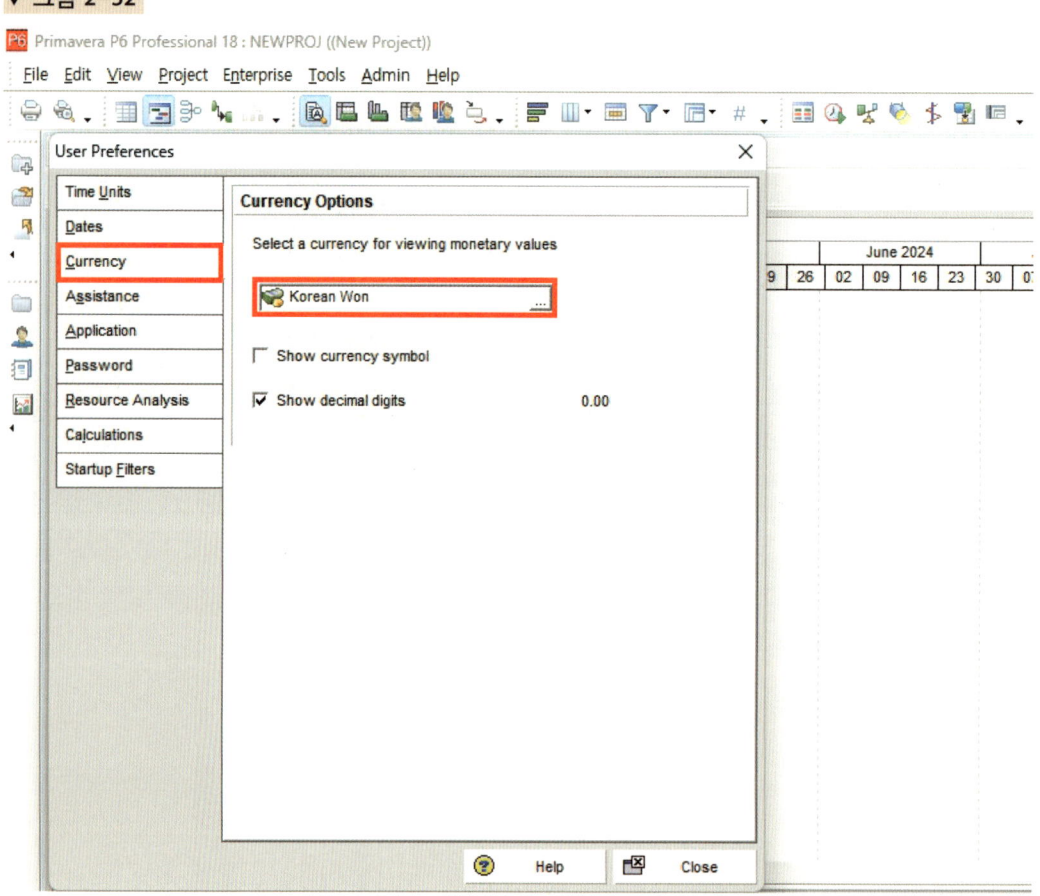

- **Assistance**

Resource와 Activity의 생성 마법사 기능을 사용할 여부에 대해 체크박스를 선택하여 선택합니다.

▼ 그림 2-53

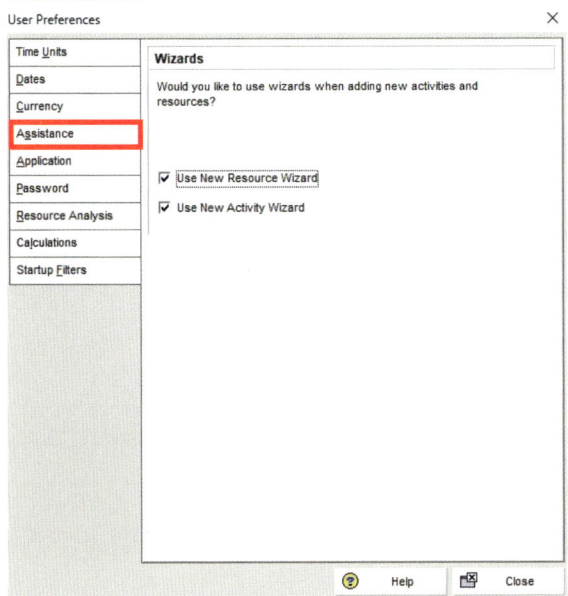

- **Application**

Startup Window, Group and Sorting, Financial Periods 설정하는 기능입니다.

▼ 그림 2-54

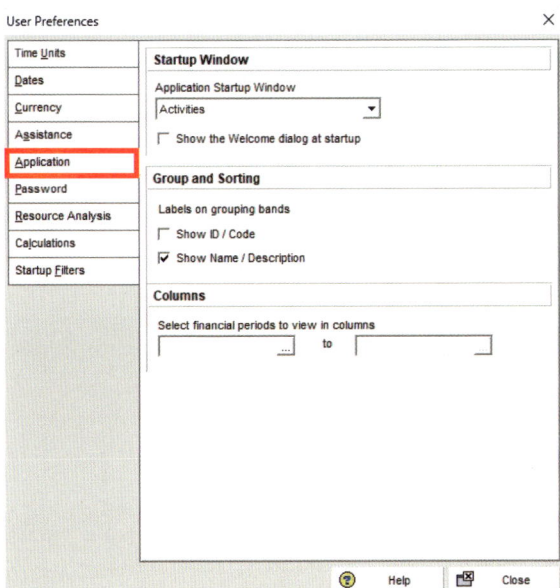

- Startup Window: Primavera P6 실행 시 초기 화면을 설정합니다.
- Group and Sorting: ID/CODE와 Name/Description에 ☑하면 해당 조건이 포함되어 Group and Sorting에서 표현됩니다.
- Columns: [Admin] - [Financial Periods]에서 생성하여 어떤 기간을 Activity 화면 상의 Column에 나타낼 것인지를 설정합니다.

■ **Password**

Primavera P6 로그인 시, 필요한 비밀번호 등록/변경을 설정할 수 있습니다.

해당 기능은 추가로 [Admin Preference]와 연계하여 [General]에서 Password Policy를 설정하여 더 보안이 강화된 Password를 만들 수 있습니다.

▼ 그림 2-55

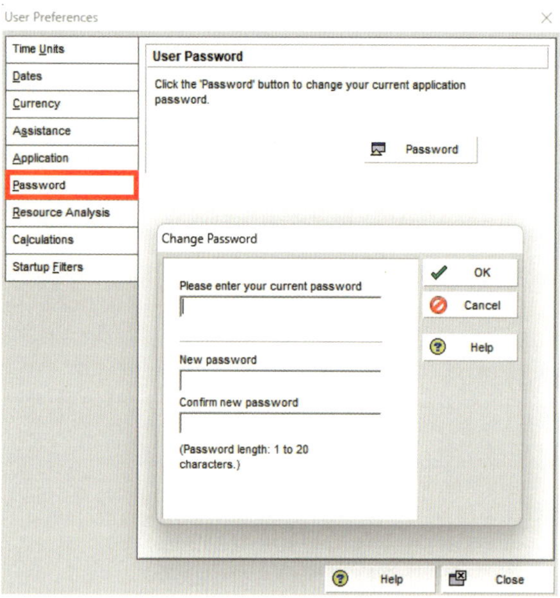

■ **Resource Analysis**

Resource Usage Profile이나 Resource Usage Spreadsheet에서 Resource 데이터 표현 시 기준을 설정합니다.

▼ 그림 2-56

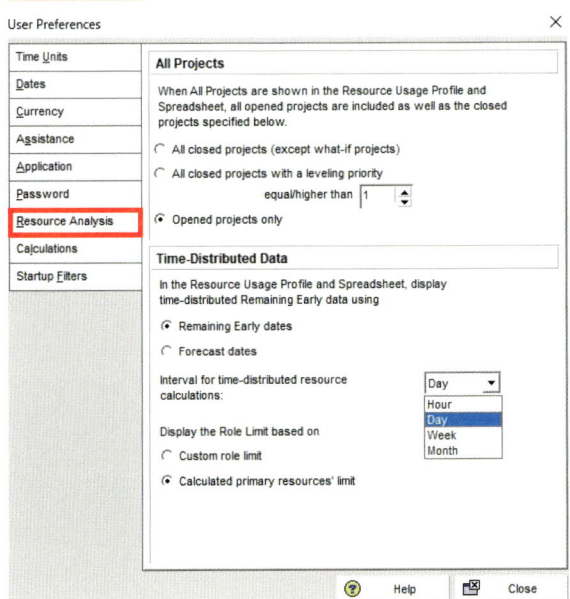

- All Projects: Resource를 분석할 때 적용되는 기능이며, 모든 Project의 Resource를 분석, Leveling Priority를 설정하여 분석, 현재 Open Projects의 Resource를 분석하도록 설정합니다.
- Time-Distributed Data: Resource를 Resource usage Profile/Profile에 분배하는 기준을 설정하는 기능이며, Resource 분배 단위를 Hour, Day, Week, Month로 설정할 수 있습니다.

■ **Calculations**

Resource 추가/삭제, 변경 시 사용되는 설정입니다.

▼ 그림 2-57

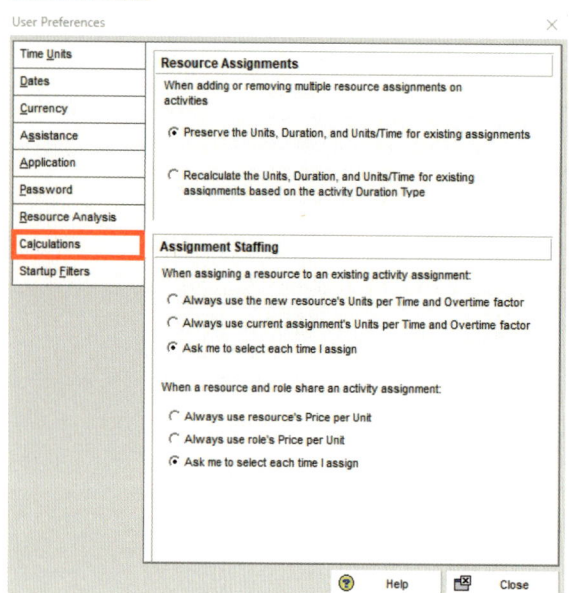

- Resource Assignments: Activity에 다중 할당된 Resource 추가/삭제 시, Units, Duration, Units/Time 등을 보존할지 재계산할지에 대한 기준을 ☑ 해줍니다.
- Assignment Staffing: 기존에 할당된 Resource 변경 시, Units/Time과 Overtime Factor 중 어떤 것을 사용할 것인지를 설정합니다.

■ **Startup Filters**

▼ 그림 2-58

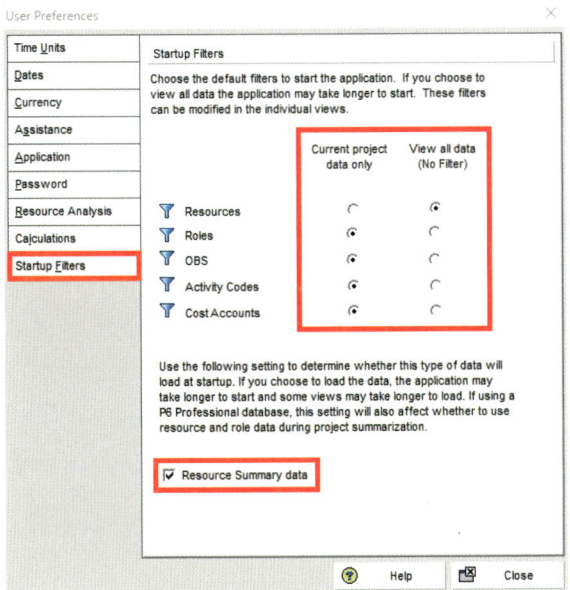

- Current Project data only: 현재 할당된 Resource만 보기
- View all data: 모든 Resource 보기
- Resource Summary data: 시작 시, Resource 요약 데이터를 넣으려면 Resource 요약 데이터 옵션을 선택

3 OBS 생성하기

【Preview】

▼ 그림 2-59

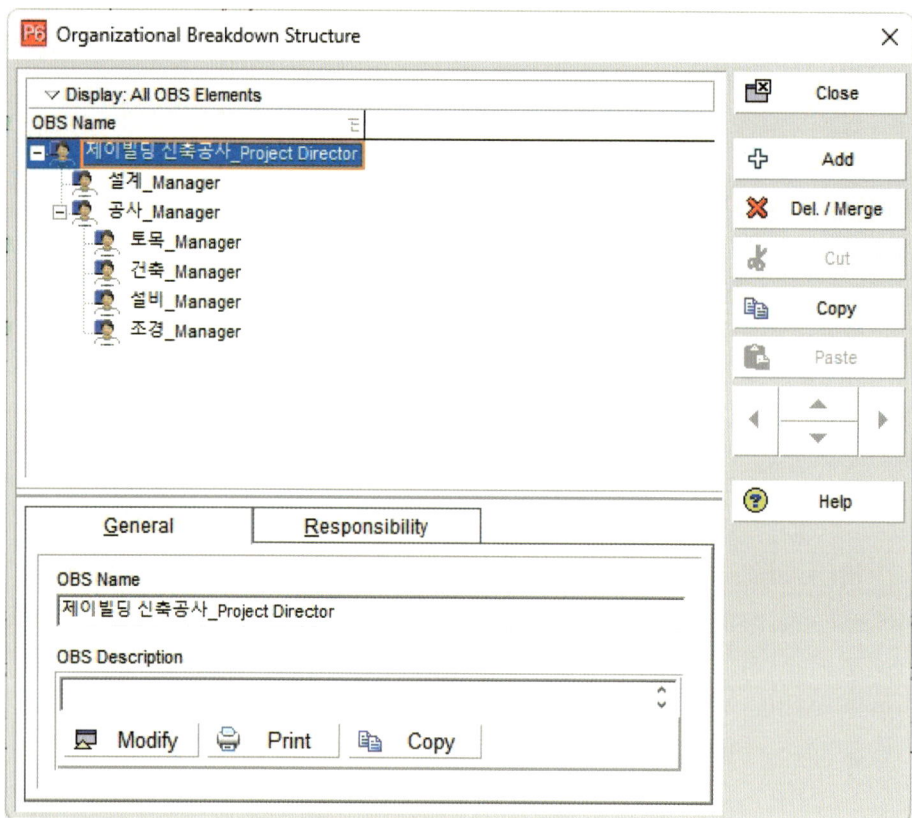

[작업순서]
① 메뉴 Bar에서 [Enterprise] - [OBS] 선택 ▶ ② OBS 추가하기

3.1 OBS란?

■ **OBS 정의**

OBS(Organizational Breakdown Structure)는 쉽게 말해 '조직도'를 의미합니다. 해당 기능을 통해 작성된 책임자들은 EPS, Project, WBS의 책임 관리자를 지정할 때 사용됩니다.

▼ 그림 2-60

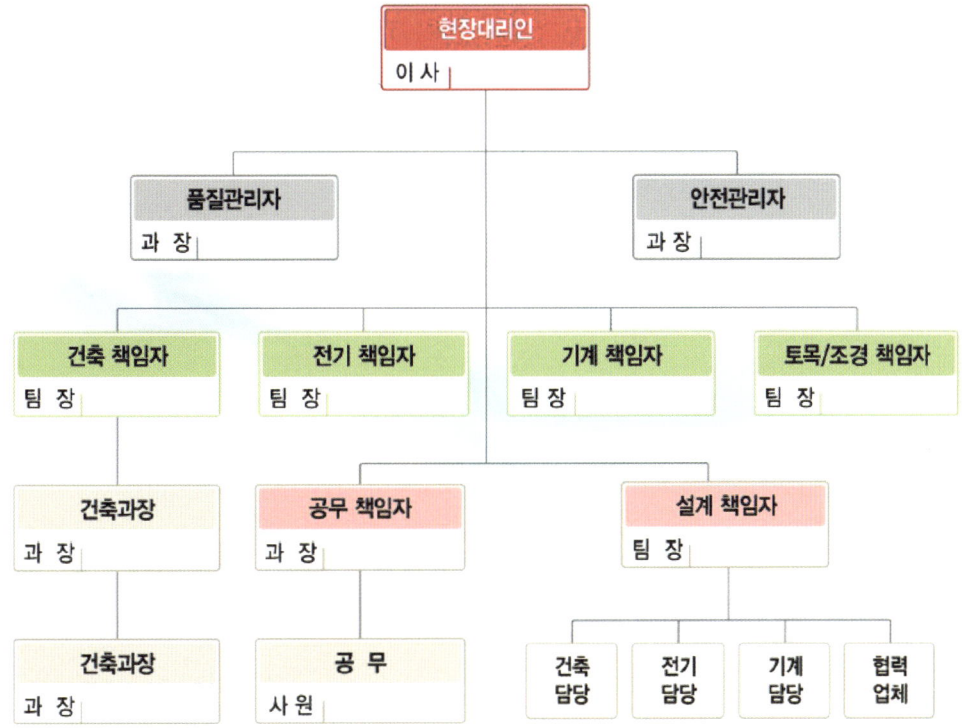

실례로 입찰안내서 등에서 Project 제약사항에 '조직도를 기반으로 한 담당자를 Project 별, WBS 별로 지정하여 관리한다'라고 명시되는 경우가 있습니다. 이러할 경우, 그림 2-60와 같이 반드시 상세한 OBS를 작성하여 각각의 업무에 책임관리자를 지정해야 합니다.

3.2 OBS 생성하기

■ 메뉴 Bar에서 [Enterprise] – [OBS] 선택

메뉴 Bar에서 ❶[Enterprise]를 선택한 후 ❷[OBS]를 선택합니다.

▼ 그림 2-61

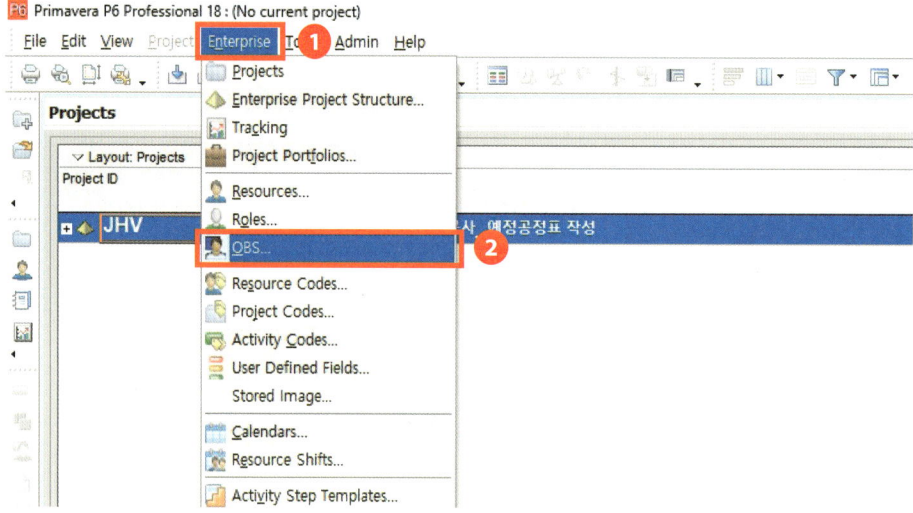

■ OBS 추가하기

[Organizational Breakdown Structure] 대화상자가 나타나면 ① [Add] 버튼을 클릭하여 새로운 OBS를 생성합니다.

▼ 그림 2-62

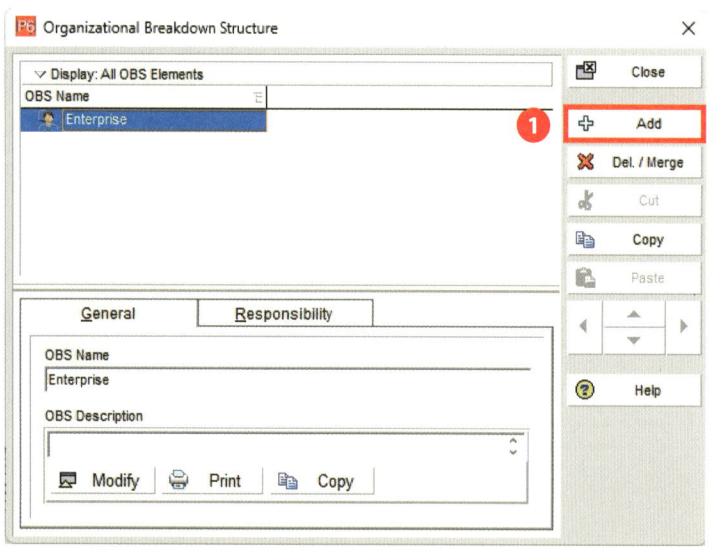

[Note]

OBS 대화상자를 열면 기본으로 'Enterprise'라고 명명된 것이 있어요. 따라서, 새로운 OBS 추가 시 하위 레벨로 생성되니 레벨 변경이 필요할 경우 를 이용하여 레벨 조정하면 돼요!

3.3 실전 적용하기

■ 실전 적용을 위해, 앞서 '3.2 OBS 생성하기' 과정을 따라 아래 그림 2–63의 조직도를 Primavera P6 OBS 상에 생성합니다.

▼ 그림 2–63

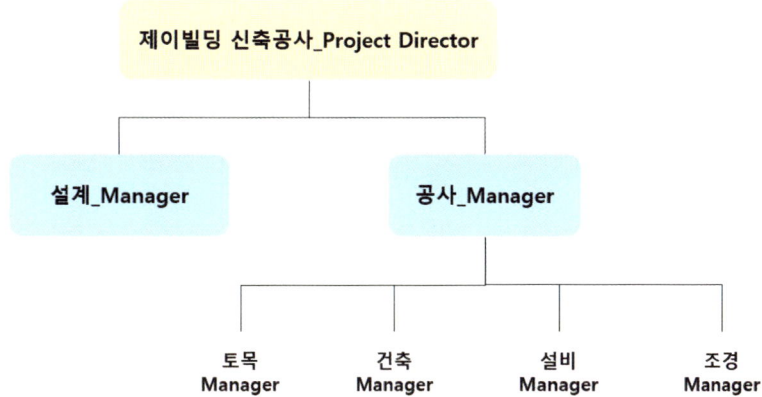

■ 그림 2–63의 내용에 따라 **OBS**를 작성하면, 그림 2–64의 결과물이 생성됨을 확인할 수 있습니다.

▼ 그림 2–64

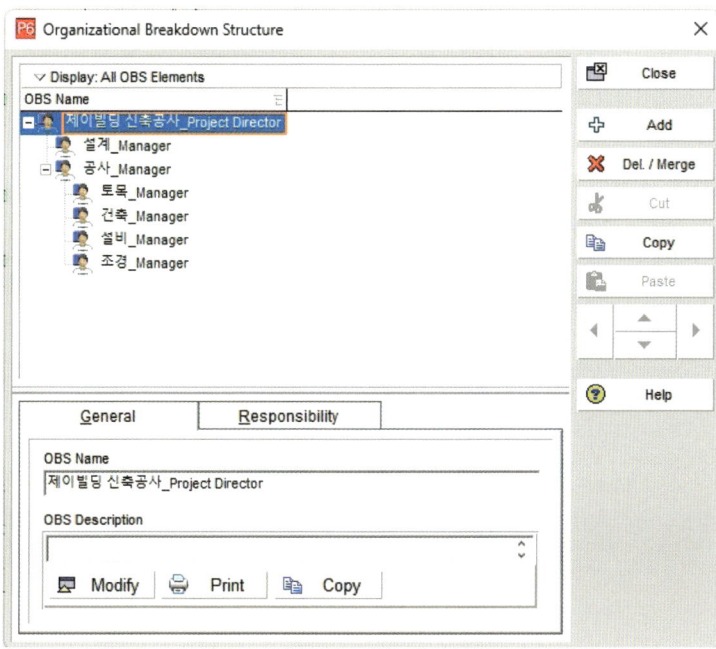

4 EPS 생성하기

【Preview】

▼ 그림 2-65

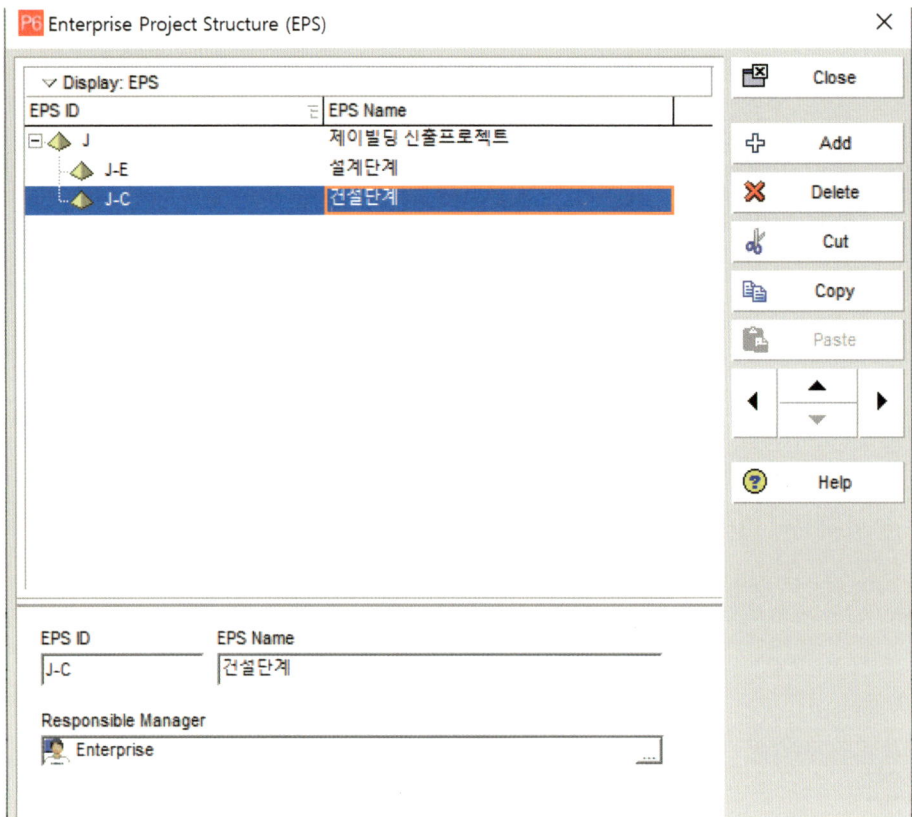

[작업순서]
① 메뉴 Bar에서 Enterprise Project Structure(EPS) 선택 ▶ ② EPS 추가하기 ▶ ③ 세부 항목 입력하기 ▶ ④ 레벨 변경하기

4.1 EPS란?

■ EPS 정의

Primavera P6에서 Project를 생성하기 위해 우선으로 생성해야 하는 것이 EPS(Enterprise Project Structure)입니다. EPS는 각 Project의 상위단계를 구성하는 개념으로써 Project를 만들기 전에 반드시 생성되어야 합니다. 즉, Project를 생성하기 위해서는 하나 이상의 EPS가 생성되어 있어야 합니다.

EPS는 Project를 관리하기 위해 여러 종류의 Project를 Root[2]와 Node[3]을 가진 트리(Tree) 구조로 그룹화하는 기능을 수행하는데, 이러한 기능을 제공하는 이유는 하나의 Project뿐만이 아니라 수많은 Project를 가지고 최상위단계의 사업관리 기능을 제공하기 위함입니다.

▼ 그림 2-66

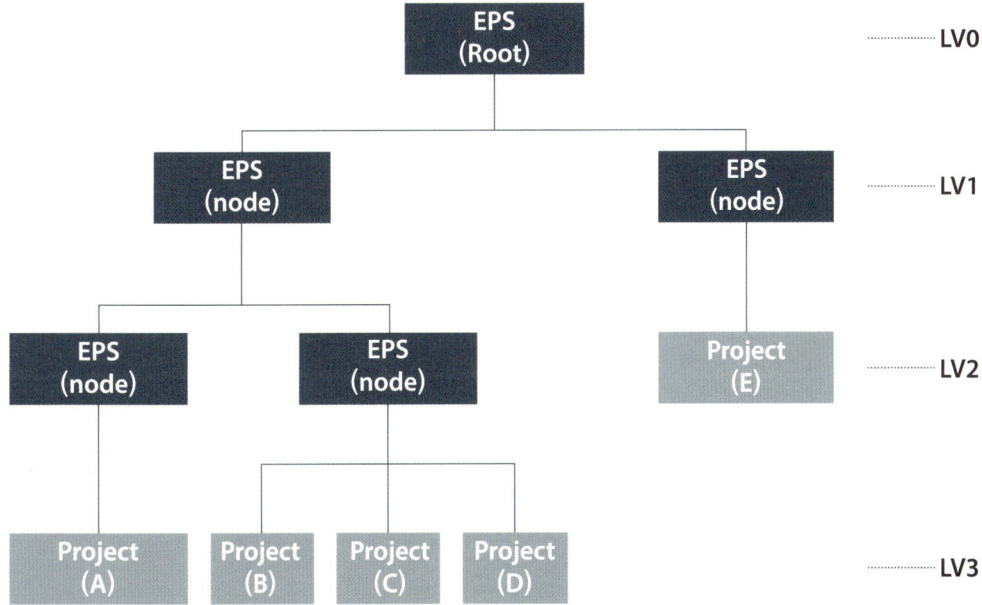

① Root와 Node의 트리(Tree)구조로 EPS는 그룹화됩니다.
② Project는 EPS의 Root, Node 어디서든 생성될 수 있습니다.
③ Project 간의 간섭 여부, 예산 수립, 일정 관리 등을 할 수 있습니다.

---

2   트리의 시작점으로 모든 경로의 출발점이며, 단 하나만 존재.
3   데이터를 저장하며 부모-자식 관계를 형성하는 요소로, 하나의 노드는 부모 노드와 0개 이상의 자식 노드를 가짐.

4.2 EPS 생성하기

■ 메뉴 Bar에서 Enterprise Project Structure(EPS) 선택

❶[Enterprise]를 선택한 후, ❷[Enterprise Project Structure(EPS)]를 선택합니다.

▼ 그림 2-67

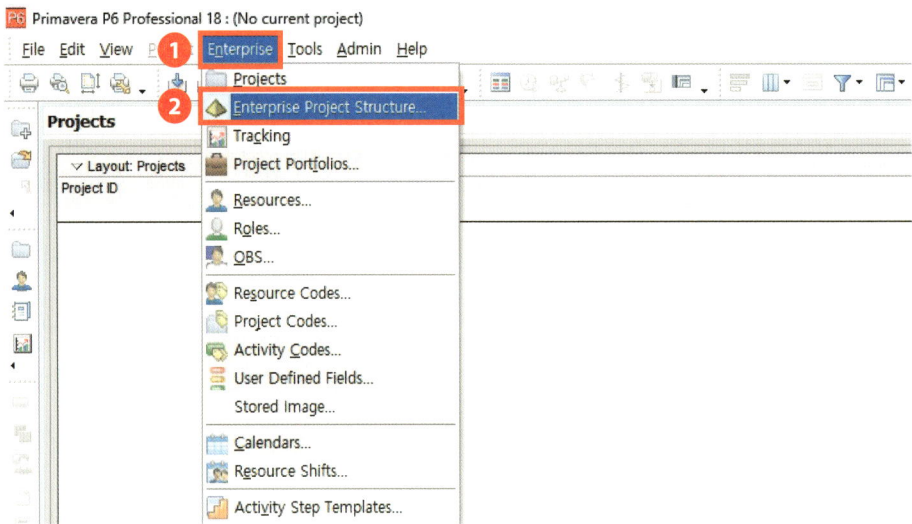

■ EPS 추가하기

[Enterprise Project Structure(EPS)] 대화상자가 나타나면 ❶[Add] 버튼을 클릭하여 EPS를 생성합니다.

▼ 그림 2-68

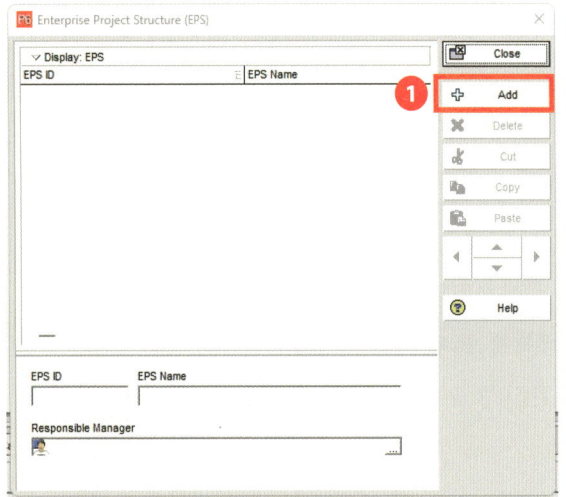

[꿀 Tips]

EPS 생성을 위해 클릭 대신, 자판에서 [Insert] 키를 활용하면 바로 생성돼요!

■ 세부 항목 입력하기

[Add] 버튼 클릭 시 ❶EPS ID는 'NEWEPS', EPS Name은 '(New EPS)'로 생성됨을 확인할 수 있습니다. ❷Responsible Manager는 해당 EPS의 책임자를 지정하는 것으로 앞서 설정한 OBS를 통해 생성합니다.

▼ 그림 2-69

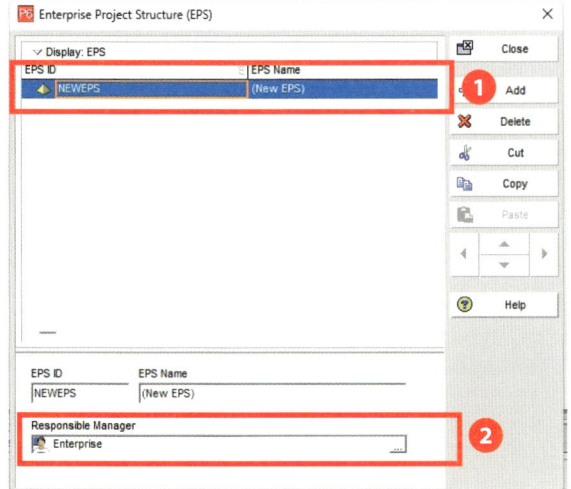

[Note]

EPS의 경우, 삭제 시 복구할 수 없어서 주의가 필요합니다. EPS의 아이콘 모양이(△) 피라미드와 유사한 것을 기억하여 중요한 피라미드가 사라지면 안 돼! 라고 기억하면 잊지 않겠죠?

■ 레벨 변경하기

❶[Add] 버튼을 한 번 더 누르면 하위 레벨에 새로운 EPS가 생성되며, ❷만일 상위레벨로 변경하고 싶다면 ◀ 버튼을 클릭합니다.

▼ 그림 2-70

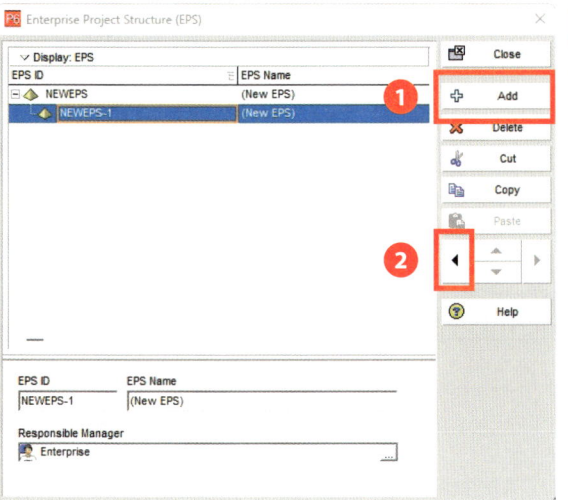

[꿀 Tips]

레벨 변경을 위해 화살표 클릭 대신, Ctrl + 화살표의 단축키를 활용하면 편리해요!

4.3 실전 적용하기

- '4.2 EPS 생성하기'과정을 따라 아래 표 2-2의 EPS를 생성합니다.

▼ 표 2-2

실전 적용 EPS(Enterprise Project Structure)		
구 분	EPS ID	EPS Name
Level 1	J	제이빌딩 신축프로젝트
Level 2-1	J-E	설계단계
Level 2-2	J-C	건설단계

※ E : Engineering의 약자, C : Construction의 약자

- 표 2-2의 내용에 따라 EPS를 작성하면, 아래 그림 2-71의 결과물이 생성됨을 확인할 수 있습니다.

▼ 그림 2-71

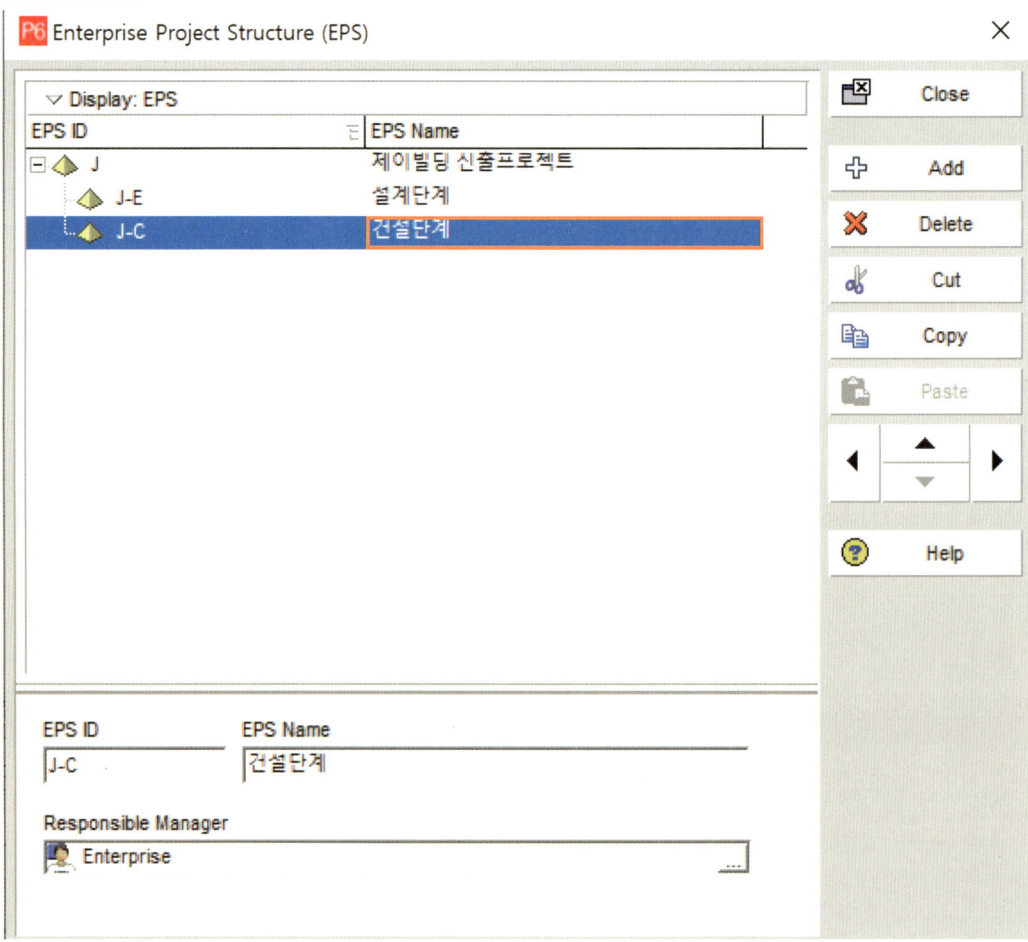

5 Project 생성하기

【Preview】

▼ 그림 2-72

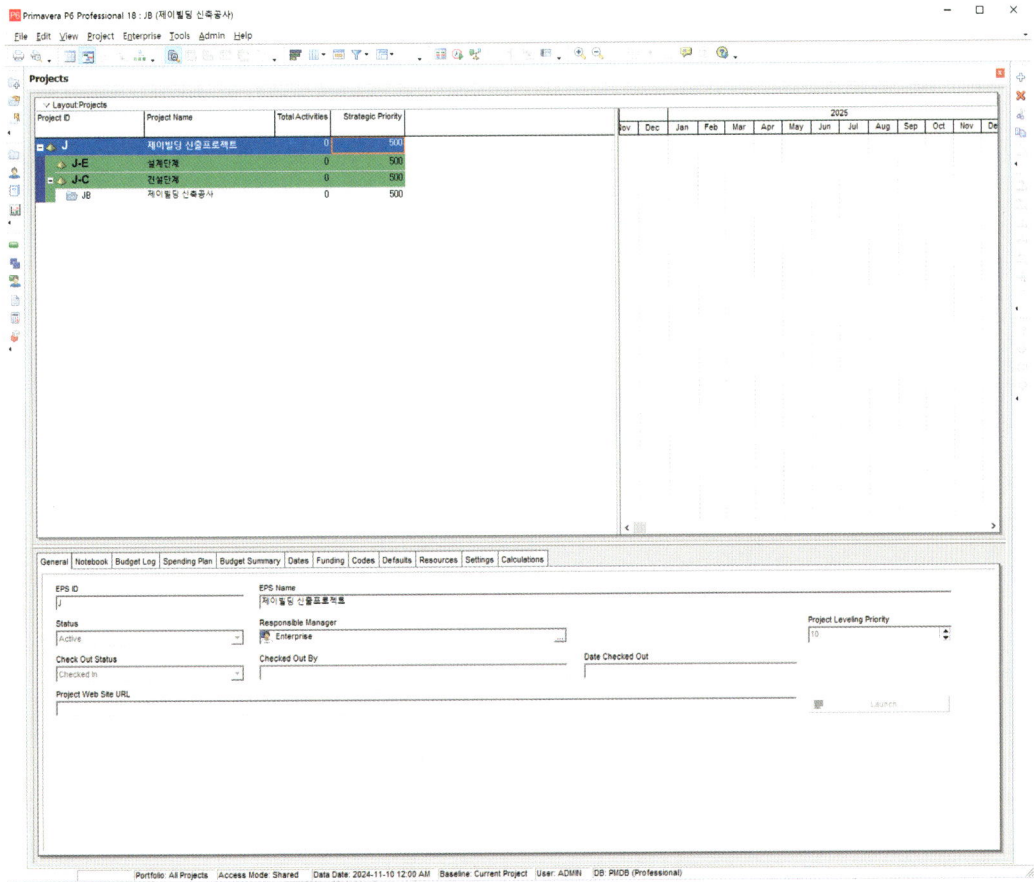

[작업순서]

① 메뉴 Bar에서 [File] - [New] 선택 ▶ ② Project 생성 EPS 선택
▶ ③ Project ID / Project Name 추가 ▶ ④ Project 착수일 / 종료일 설정
▶ ⑤ Project 책임 관리자 지정 ▶ ⑥ Project 할당 비율 유형(Assignment Rate Type) 설정
▶ ⑦ Project 생성

5.1 Project란?

■ Project 정의

Primavera P6에서 Project는 작업(Activity), 일정(Time), 자원(Resource), 비용(Cost) 등의 정보를 포함하는 핵심 요소로, 쉽게 말해 "공정표를 작성하는 작업 공간"이라고 생각하면 됩니다.

앞서 [Chapter 4. EPS 생성하기]에서 생성한 EPS에 Project를 생성할 수 있으며, 본 교재에서는 공사 Schedule을 작성할 것이므로 제이빌딩 신축프로젝트에서 건설단계 EPS에 Project가 생성되어야 하며 생성되어야 하며, 그림 2-73과 같이 표현될 수 있습니다.

▼ 그림 2-73

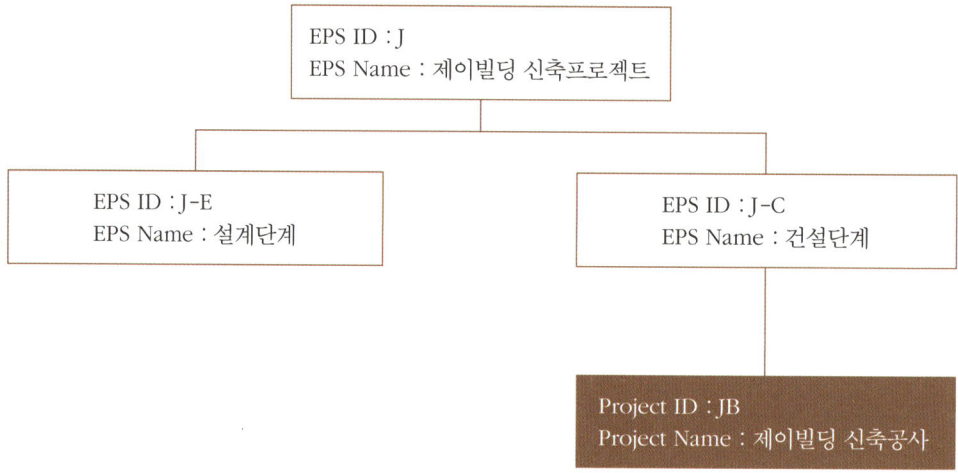

5.2 Project 생성하기

■ 메뉴 Bar에서 [File] – [New] 선택

메뉴 Bar에서 ❶[File]을 선택하고 ❷[New]를 선택합니다.

▼ 그림 2-74

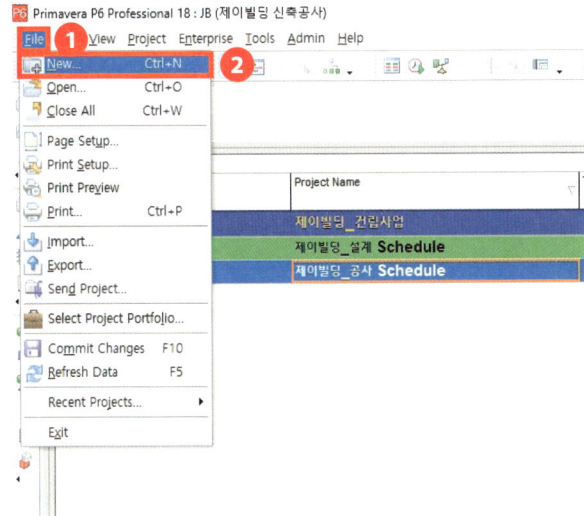

[꿀 Tips]

Project 생성을 위해 자판에서 [Ctrl + N] 키, 또는 [Insert]를 활용하면 바로 생성돼요!

■ Project 생성 EPS 선택

[Create a New Project] 대화상자가 나타나면 어떤 EPS에서 Project를 관리할 것인지 지정하기 위해 ❶□ 버튼을 클릭합니다. 이후 [Select EPS to add into] 대화상자가 나타나면 ❷ 생성할 EPS(J_C / 제이빌딩_공사 Schedule)를 더블 클릭합니다. ❸Next 버튼을 클릭하여 다음 단계로 넘어갑니다.

▼ 그림 2-75

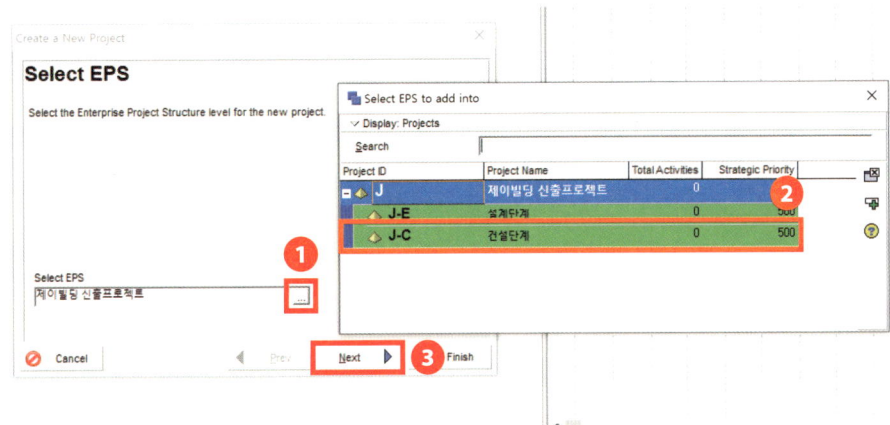

■ **Project ID / Project Name 추가**

❶Project ID에 'JB'를 입력하고 ❷Project Name에 '제이빌딩 신축공사'를 입력한 후 ❸ Next 버튼을 클릭하여 다음 단계로 넘어갑니다.

▼ 그림 2-76

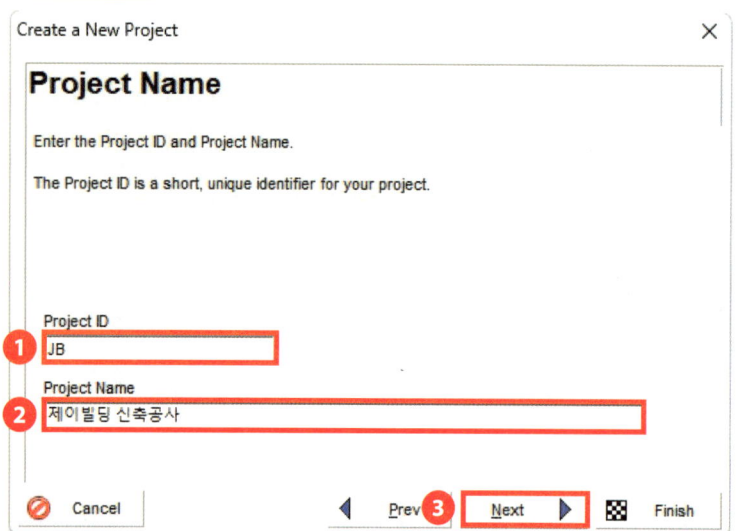

■ **Project 착수일 / 종료일 설정**

Project Start and End Dates를 지정하는 대화상자가 나타나는데 ❶Project Planned Start를 지정하기 위해 □ 버튼을 클릭합니다. 이후 Calendar가 활성화되면 ❷Project 시작일을 지정(Project의 시작일:2026.02.03로 설정)하고 ❸Select 버튼을 클릭합니다. ❹Next 버튼을 클릭하여 다음 단계로 넘어갑니다.

▼ 그림 2-77

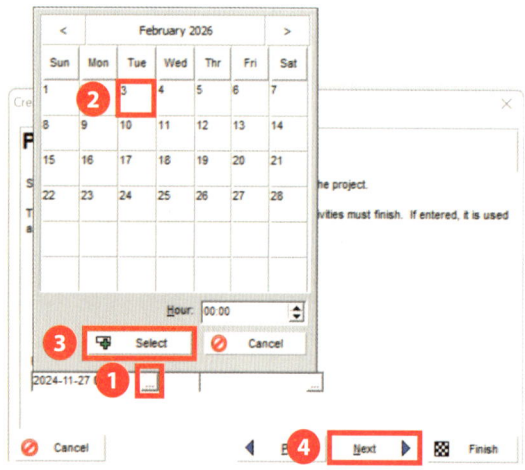

[Note]

Must Finish By는 마지막 Activity의 LF(Late Finish Date)를 지정하는 의미로 Project 종료일에 Constraints(제약)을 지정하는 것과 같은 의미가 있어요! 따라서 Must Finish By는 반드시 지정할 필요는 없고, 필요 시 지정해요.

- **Project 책임 관리자 지정**

　Project의 Responsible Manager를 지정하기 위해 ❶ 버튼을 클릭합니다. Select Responsible Manager가 활성화되면 ❷ 지정할 책임 관리자(공사_Manager)를 더블 클릭한 후 ❸ Next 버튼을 클릭하여 다음 단계로 넘어갑니다.

▼ 그림 2-78

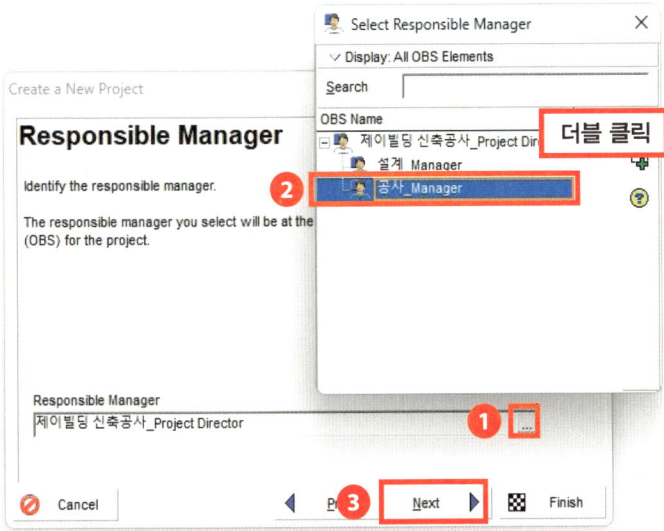

- **Project 할당 비율 유형(Assignment Rate Type) 설정**

　Project의 Assignment Rate Type을 선택하기 위해 ❶ 버튼을 클릭하고 Rate Type을 지정합니다. (일반적으로 Price/Unit 적용) ❷ Next 버튼을 클릭합니다.

▼ 그림 2-79

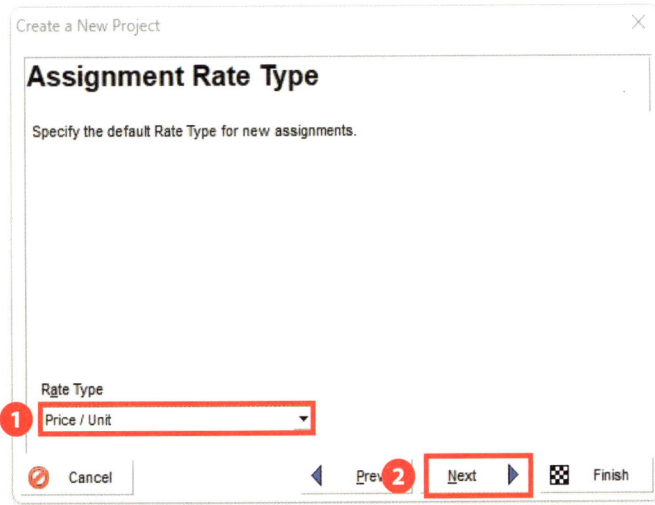

■ **Project 생성**

❶ Finish 버튼을 클릭하여 Project 생성을 완료합니다.

▼ 그림 2-80

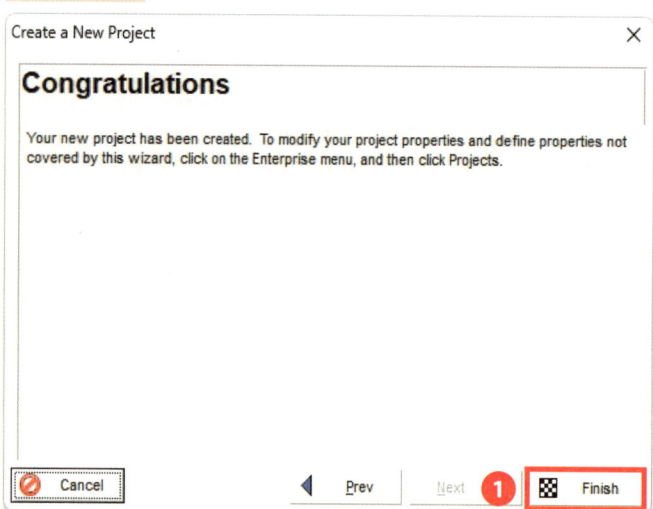

5.3 실전 적용하기

■ '5.2 Project 생성하기' 과정을 따라 작성하면 아래 그림 2-81의 결과물이 생성됨을 확인할 수 있습니다.

▼ 그림 2-81

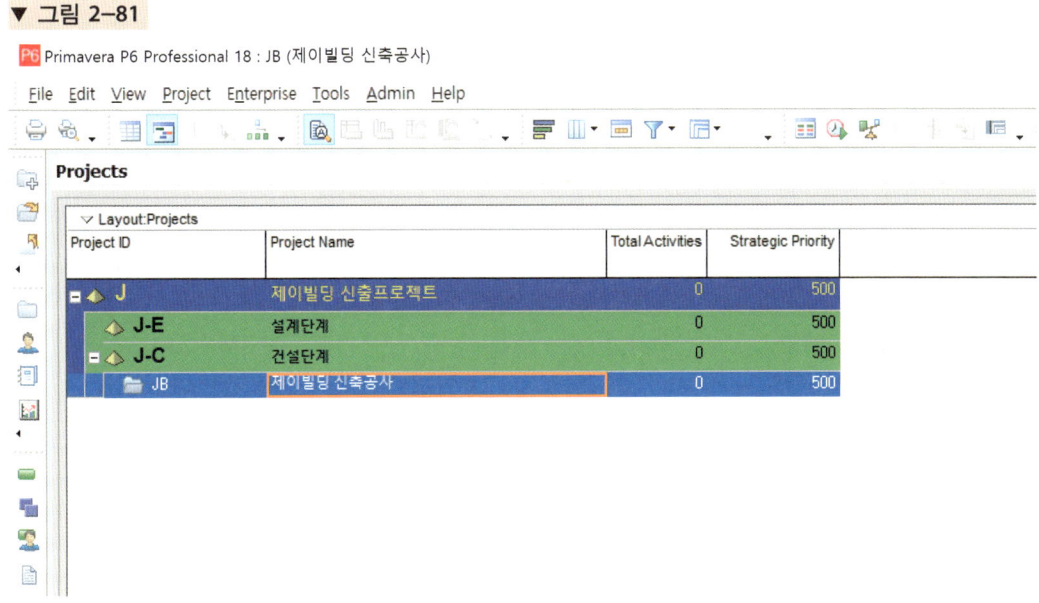

6 WBS 생성하기

【Preview】

▼ 그림 2-82

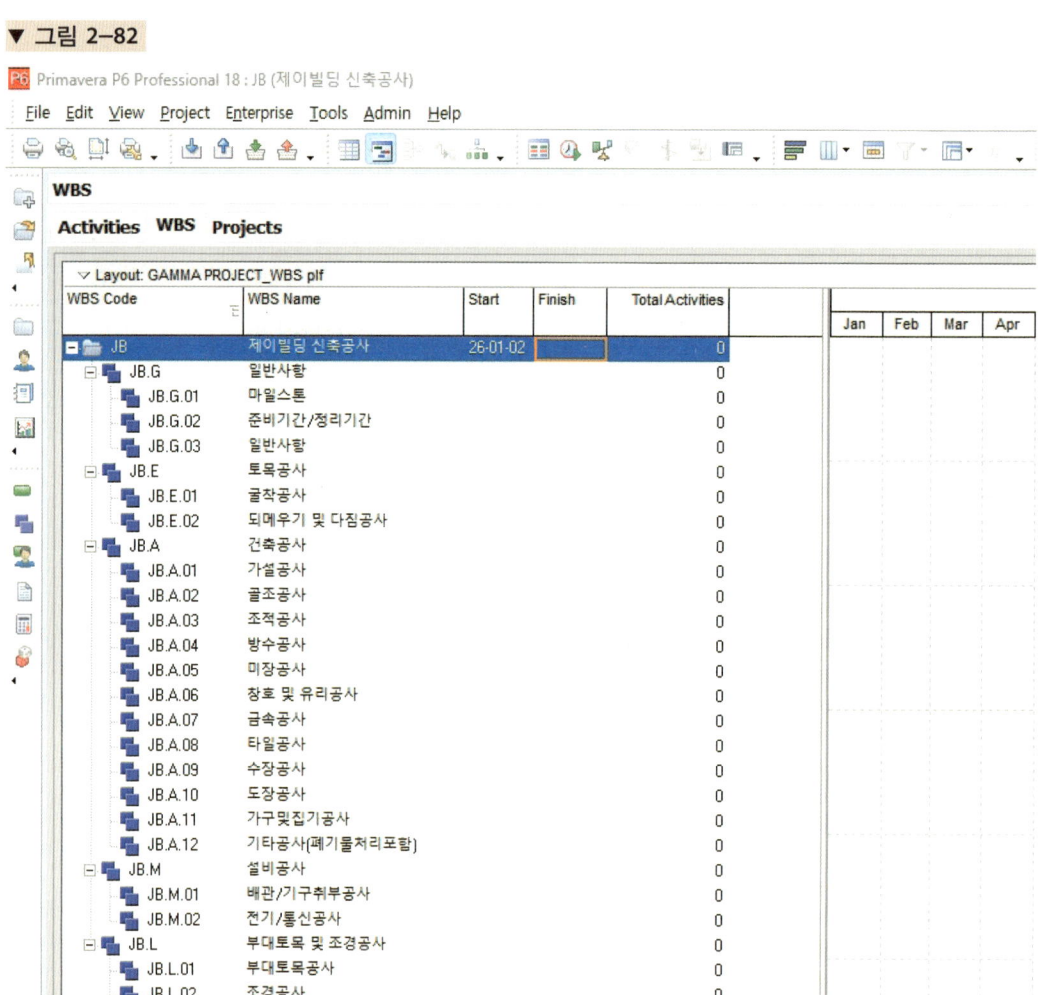

[작업순서]

① 메뉴 Bar에서 [Project] - [WBS] 선택 ▶ ② WBS 생성 ▶ ③ WBS Code / WBS Name 추가 ▶ ④ 하위레벨 만들기

6.1 WBS란?

■ **WBS 정의**

WBS란 Work Breakdown Structure의 약자로 '작업 분류체계'의 의미를 갖습니다.
이는 Project를 체계적으로 관리하기 위해 Project를 산출물 중심으로 표현한 것입니다.

WBS(작업 분류체계)의 분류 기준은 일반적으로 1) 비용관리를 위한 분류 2) 일정 관리를 위한 분류 3) 자원관리를 위한 분류 4) 품질관리를 위한 분류 5) 견적 관리를 위한 분류로 나뉘며, 어떻게 Project를 중점적으로 다룰지에 따라 기준이 정해집니다.
또한, 기준이 정해지면 체계는 수평적이 아닌 아래 그림 2-83과 같이 수직적으로 표현됩니다.

▼ 그림 2-83

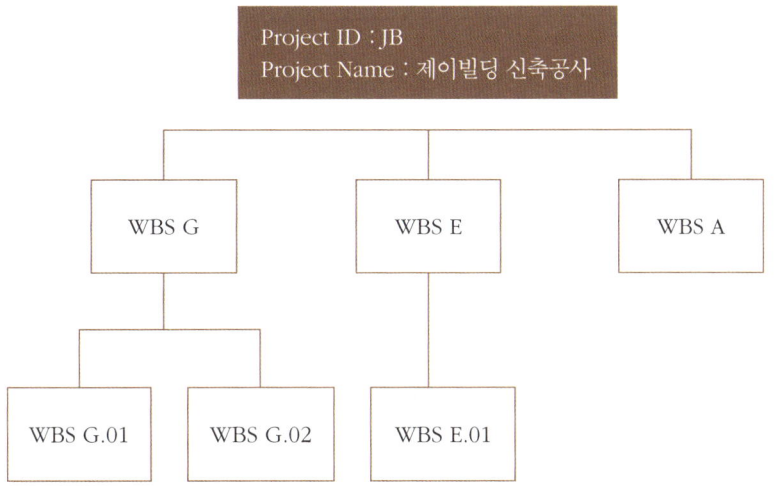

[작성 시 유의 사항]

- 프로젝트가 실행되기 이전에 관계자의 의견을 수렴하여 합의되어야 합니다.
- 빠지거나 겹치는 부분이 없도록 작성되어야 합니다.
- WBS Level에 대하여 명시된 절차서가 있는 경우 이를 반영해야 합니다.

6.2 WBS 생성하기

■ **메뉴 Bar에서 [Project] – [WBS] 선택**

메뉴 Bar에서 ❶[Project]를 선택한 후 ❷[WBS]를 선택합니다.

▼ 그림 2-84

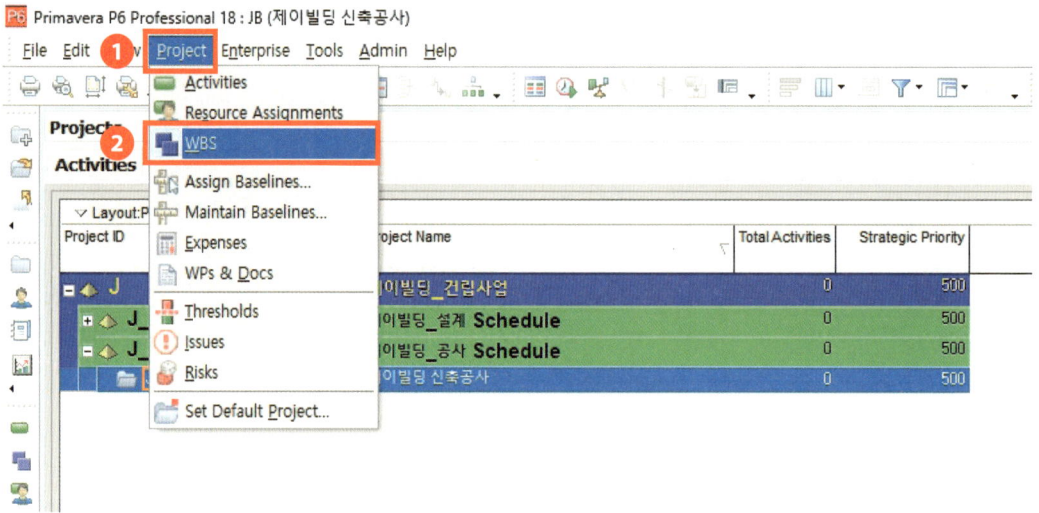

■ **WBS 생성**

WBS를 만들기 위해 ❶마우스 오른쪽 버튼을 클릭 – [ADD] 버튼 클릭하여 WBS를 생성합니다.

▼ 그림 2-85

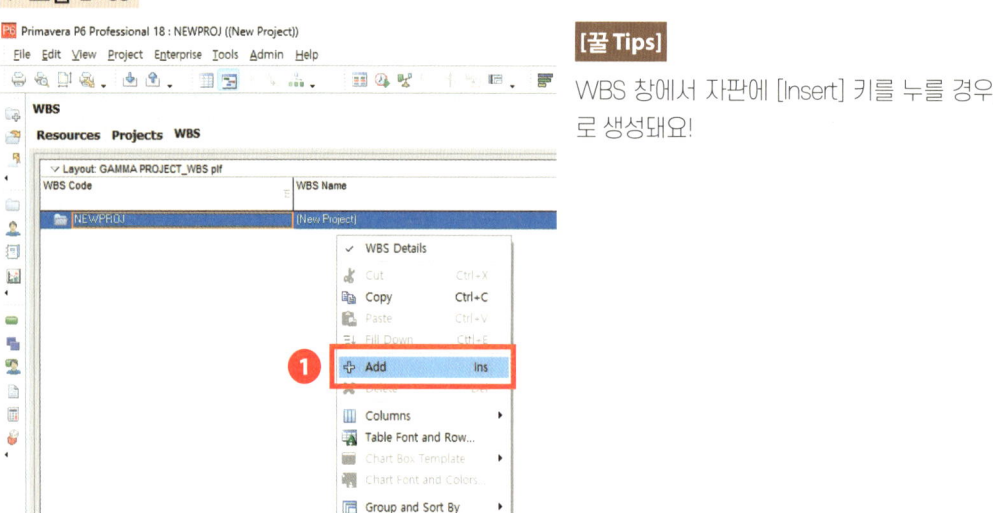

[꿀Tips]

WBS 창에서 자판에 [Insert] 키를 누를 경우, 바로 생성돼요!

■ WBS Code / WBS Name 추가

WBS Code와 WBS Name에 작성할 내용을 기재합니다.

▼ 그림 2-86

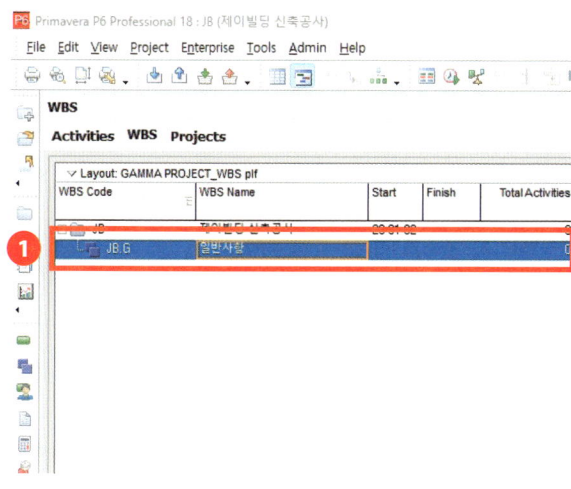

[Note]
WBS Code에 구성은 [프로젝트 ID + 사용자가 입력한 WBS Code]로 구성됩니다. 이때, WBS Code는 보통 '공종 + 숫자'로 구성되며, 공종의 경우 해당 공사의 이니셜로 표기, 숫자체계는 두 자릿수로 표현됩니다.

■ 하위레벨 만들기

추가로 WBS를 생성할 경우, 앞서 '6.1 WBS란?'에서 설명한 바와 같이 WBS는 수직적 구조로 구성되기 때문에 기본적으로 하위레벨로 생성됩니다.

▼ 그림 2-87

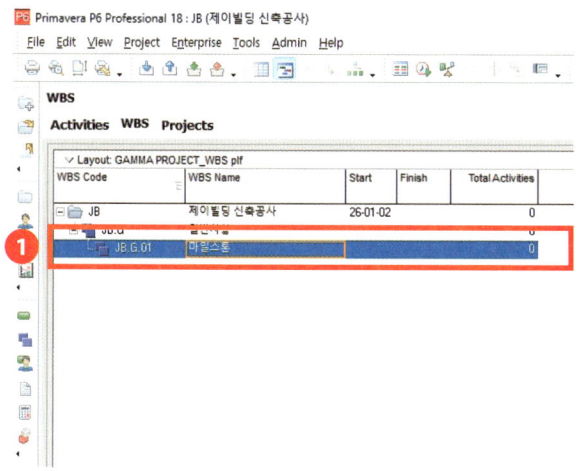

[Note]
레벨 변경이 필요할 경우 자판에 [Ctrl] + 화살표 키를 사용하면, 쉽게 변경할 수 있어요.

6.3 실전 적용하기

■ 실제 대규모의 Project 공정표 작성 시 WBS의 구성이 대공종 뿐만 아니라 중공종, 층, 조닝 등 더욱 세분화되어 구성될 필요성이 있으므로내역서 만으로는 작성할 수 없습니다.(※해당 내용은 심화편에서 다룰 예정입니다.) 그러나, 교재에서 다루는 Project의 경우 규모가 작아 앞서 말한 수준의 WBS 구성이 요구되지 않으므로 내역서를 기초로 하여 WBS를 작성해보겠습니다.

(※http://www.jhvc.co.kr/ ▶ 홍보센터 ▶ 자료실 ▶ [제이빌딩] BOQ 파일 참고)

① 내역서 상 대공종 확인(BOQ_제이빌딩 Excel 파일 내 (1)Raw Data 시트 참고)

▼ 그림 2-88

② WBS 분류(BOQ_제이빌딩 Excel 파일 내 (2)WBS생성 시트 참고)

▼ 그림 2-89

■ 그림 2-88과 그림 2-89의 과정을 통해 작성한 WBS 계획서는 다음과 같습니다.
(※http://www.jhvc.co.kr/ ▶ 홍보센터 ▶ 자료실 ▶ [제이빌딩] BOQ 파일 참고)

▼ 그림 2-90

명칭	규격	WBS_Level1	WBS_Level2	단위	수량
간접비		일반사항	일반사항	식	1.0
컨테이너가설사무소	6×2.4×2.6m, 7개월	일반사항	준비기간/정리기간	동	1.0
컨테이너가설창고	6×2.4×2.6m, 7개월	일반사항	준비기간/정리기간	동	1.0
가설휀스	EGI 2.4M	일반사항	준비기간/정리기간	M	60.0
강관동바리(벽식구조)	6개월 4.2M이하	일반사항	준비기간/정리기간	M2	265.0
강관비계(쌍줄)	10M이하 8개월(발판포함)	건축공사	가설공사	M2	600.0
준공청소		건축공사	가설공사	식	1.0
터파기	자갈(흐트러진상태), 백호0.7m³	토목공사	굴착공사	M3	1,063.2
되메우고다지기	(백호0.7M3+램머80KG)다짐30CM	토목공사	되메우기 및 다짐공사	M3	212.6
방습필름설치	바닥 0.03mm×2겹	건축공사	골조공사	M3	53.2
기초지정(잡석지정)	소운반, 고르기 및 다짐포함	건축공사	골조공사	M3	17.0
버림 레미콘	25-180-8	건축공사	골조공사	M3	4.0
버림 펌프카배관타설(무근,25/20)	50m³미만, 슬럼프8-12	건축공사	골조공사	M3	4.0
기초 레미콘	25-210-15	건축공사	골조공사	M3	15.0
기초 이형철근	HD-13 SD35-40	건축공사	골조공사	TON	9.5
기초 펌프카붐타설(철근,25/20)	300m³이상,슬럼프15	건축공사	골조공사	M3	15.0
B1층 레미콘	25-240-15	건축공사	골조공사	M3	166.9
B1층 펌프카붐타설(철근,25/20)	300m³이상,슬럼프15	건축공사	골조공사	M3	178.4
B1층 합판거푸집	3회	건축공사	골조공사	M2	85.2
B1층 합판거푸집	4회	건축공사	골조공사	M2	22.3
B1층 유로폼	벽	건축공사	골조공사	M2	408.0
B1층 이형철근	HD-10 SD35-40	건축공사	골조공사	TON	2.2
B1층 이형철근	HD-13 SD35-40	건축공사	골조공사	TON	11.4
B1층 이형철근	HD-19 SD35-40	건축공사	골조공사	TON	3.7
B1층 철근가공조립	간단(미할증)	건축공사	골조공사	TON	17.3
1층 레미콘	25-240-15	건축공사	골조공사	M3	57.7
1층 펌프카붐타설(철근,25/20)	300m³이상,슬럼프15	건축공사	골조공사	M3	57.7
1층 합판거푸집	3회	건축공사	골조공사	M2	36.9
1층 합판거푸집	4회	건축공사	골조공사	M2	10.7
1층 유로폼	벽	건축공사	골조공사	M2	252.1
1층 이형철근	HD-10 SD35-40	건축공사	골조공사	TON	1.1
1층 이형철근	HD-13 SD35-40	건축공사	골조공사	TON	4.7
1층 이형철근	HD-19 SD35-40	건축공사	골조공사	TON	2.0
1층 철근가공조립	간단(미할증)	건축공사	골조공사	TON	8.9
2층 레미콘	25-240-15	건축공사	골조공사	M3	49.9
2층 펌프카붐타설(철근,25/20)	300m³이상,슬럼프15	건축공사	골조공사	M3	49.9
2층 합판거푸집	3회	건축공사	골조공사	M2	31.9
2층 합판거푸집	4회	건축공사	골조공사	M2	9.2
2층 유로폼	벽	건축공사	골조공사	M2	218.0
2층 이형철근	HD-10 SD35-40	건축공사	골조공사	TON	1.0
2층 이형철근	HD-13 SD35-40	건축공사	골조공사	TON	4.1
2층 이형철근	HD-19 SD35-40	건축공사	골조공사	TON	1.8
2층 철근가공조립	간단(미할증)	건축공사	골조공사	TON	7.7

명칭	규격	WBS_Level1	WBS_Level2	단위	수량
3층 레미콘	25-240-15	건축공사	골조공사	M3	49.9
3층 펌프카붐타설(철근,25/20)	300㎥이상,슬럼프15	건축공사	골조공사	M3	49.9
3층 합판거푸집	3회	건축공사	골조공사	M2	31.9
3층 합판거푸집	4회	건축공사	골조공사	M2	9.2
3층 유로폼	벽	건축공사	골조공사	M2	218.0
3층 이형철근	HD-10 SD35-40	건축공사	골조공사	TON	1.0
3층 이형철근	HD-13 SD35-40	건축공사	골조공사	TON	4.1
3층 이형철근	HD-19 SD35-40	건축공사	골조공사	TON	1.8
3층 철근가공조립	간단(미할증)	건축공사	골조공사	TON	7.7
4층 레미콘	25-240-15	건축공사	골조공사	M3	49.9
4층 펌프카붐타설(철근,25/20)	300㎥이상,슬럼프15	건축공사	골조공사	M3	49.9
4층 합판거푸집	3회	건축공사	골조공사	M2	31.9
4층 합판거푸집	4회	건축공사	골조공사	M2	9.2
4층 유로폼	벽	건축공사	골조공사	M2	218.0
4층 이형철근	HD-10 SD35-40	건축공사	골조공사	TON	1.0
4층 이형철근	HD-13 SD35-40	건축공사	골조공사	TON	4.1
4층 이형철근	HD-19 SD35-40	건축공사	골조공사	TON	1.8
4층 철근가공조립	간단(미할증)	건축공사	골조공사	TON	7.7
5층 레미콘	25-240-15	건축공사	골조공사	M3	49.9
5층 펌프카붐타설(철근,25/20)	300㎥이상,슬럼프15	건축공사	골조공사	M3	49.9
5층 합판거푸집	3회	건축공사	골조공사	M2	31.9
5층 합판거푸집	4회	건축공사	골조공사	M2	9.2
5층 유로폼	벽	건축공사	골조공사	M2	218.0
5층 이형철근	HD-10 SD35-40	건축공사	골조공사	TON	1.0
5층 이형철근	HD-13 SD35-40	건축공사	골조공사	TON	4.1
5층 이형철근	HD-19 SD35-40	건축공사	골조공사	TON	1.8
5층 철근가공조립	간단(미할증)	건축공사	골조공사	TON	7.7
옥탑층 레미콘	25-240-15	건축공사	골조공사	M3	39.5
옥탑층 펌프카붐타설(철근,25/20)	300㎥이상,슬럼프15	건축공사	골조공사	M3	39.5
옥탑층 합판거푸집	3회	건축공사	골조공사	M2	25.2
옥탑층 합판거푸집	4회	건축공사	골조공사	M2	7.3
옥탑층 유로폼	벽	건축공사	골조공사	M2	172.6
옥탑층 이형철근	HD-10 SD35-40	건축공사	골조공사	TON	0.8
옥탑층 이형철근	HD-13 SD35-40	건축공사	골조공사	TON	3.2
옥탑층 이형철근	HD-19 SD35-40	건축공사	골조공사	TON	1.4
옥탑층 철근가공조립	간단(미할증)	건축공사	골조공사	TON	6.1
외장 벽돌	아이보리 후레싱 190×90×57	건축공사	조적공사	매	20,300.0
외장벽돌 치장쌓기	아이보리 후레싱 190×90×57	건축공사	조적공사	매	20,300.0
발수제도포	수용성	건축공사	조적공사	식	0.5
B1층 시멘트벽돌		건축공사	조적공사	매	200.0
2층 시멘트벽돌		건축공사	조적공사	매	200.0
3층 시멘트벽돌		건축공사	조적공사	매	200.0
4층 시멘트벽돌		건축공사	조적공사	매	200.0
5층 시멘트벽돌		건축공사	조적공사	매	200.0
B1층 시멘트벽돌쌓기		건축공사	조적공사	매	200.0
2층 시멘트벽돌쌓기		건축공사	조적공사	매	200.0
3층 시멘트벽돌쌓기		건축공사	조적공사	매	200.0
4층 시멘트벽돌쌓기		건축공사	조적공사	매	200.0

명칭	규격	WBS_Level1	WBS_Level2	단위	수량
5층 시멘트벽돌쌓기		건축공사	조적공사	매	200.0
B1층 화장실 타일	타일,수전,위생기 외	건축공사	타일공사	개소	2.0
B1층 기타 타일	탕비실벽체	건축공사	타일공사	개소	1.0
B1층 데코타일	Barro Terrazo 3993	건축공사	타일공사	박스	33.0
2층 화장실 타일	타일,수전,위생기 외	건축공사	타일공사	개소	2.0
2층 기타 타일	탕비실벽체	건축공사	타일공사	개소	1.0
2층 데코타일	Barro Terrazo 3993	건축공사	타일공사	박스	29.0
3층 화장실 타일	타일,수전,위생기 외	건축공사	타일공사	개소	2.0
3층 기타 타일	탕비실벽체	건축공사	타일공사	개소	1.0
3층 데코타일	Barro Terrazo 3993	건축공사	타일공사	박스	29.0
4층 화장실 타일	타일,수전,위생기 외	건축공사	타일공사	개소	2.0
4층 기타 타일	탕비실벽체	건축공사	타일공사	개소	1.0
4층 데코타일	Barro Terrazo 3993	건축공사	타일공사	박스	29.0
5층 화장실 타일	타일,수전,위생기 외	건축공사	타일공사	개소	2.0
5층 기타 타일	탕비실벽체	건축공사	타일공사	개소	1.0
5층 데코타일	Barro Terrazo 3993	건축공사	타일공사	박스	29.0
B1층 시멘트액체방수	1종	건축공사	방수공사	M2	13.9
2층 시멘트액체방수	1종	건축공사	방수공사	M2	13.9
3층 시멘트액체방수	1종	건축공사	방수공사	M2	13.9
4층 시멘트액체방수	1종	건축공사	방수공사	M2	13.9
5층 시멘트액체방수	1종	건축공사	방수공사	M2	13.9
옥상층 우레탄방수	1종	건축공사	방수공사	M2	157.2
계단난간	12T,9T 평철	건축공사	금속공사	M	37.6
선홈통	0.5T 금속시트	건축공사	금속공사	M	30.0
B1층 모르타르바름		건축공사	미장공사	M2	680.9
B1층 경량기포CONC	바닥 타설	건축공사	미장공사	M2	150.8
2층 모르타르바름		건축공사	미장공사	M2	662.9
2층 경량기포CONC	바닥 타설	건축공사	미장공사	M2	130.6
2층 복도,계단바닥	에폭시 라이닝	건축공사	미장공사	M2	83.7
3층 모르타르바름		건축공사	미장공사	M2	662.9
3층 경량기포CONC	바닥 타설	건축공사	미장공사	M2	130.6
3층 복도,계단바닥	에폭시 라이닝	건축공사	미장공사	M2	83.7
4층 모르타르바름		건축공사	미장공사	M2	662.9
4층 경량기포CONC	바닥 타설	건축공사	미장공사	M2	130.6
4층 복도,계단바닥	에폭시 라이닝	건축공사	미장공사	M2	83.7
5층 모르타르바름		건축공사	미장공사	M2	662.9
5층 경량기포CONC	바닥 타설	건축공사	미장공사	M2	130.6
5층 복도,계단바닥	에폭시 라이닝	건축공사	미장공사	M2	83.7
B1층 방화문	1200×2100	건축공사	창호및유리공사	개	1.0
B1층 화장실용 도어	900×2100	건축공사	창호및유리공사	개	3.0
1층 주출입구문	S.ST 1800×2300	건축공사	창호및유리공사	개	1.0
1층 도어록	디지털 도어락	건축공사	창호및유리공사	개	3.0
1층 Fi×Project		건축공사	창호및유리공사	개	1.0
2층 시스템 FI×BR70	2000×2000	건축공사	창호및유리공사	개	1.0
2층 3중 유리유리	39T 로이	건축공사	창호및유리공사	개	1.0
2층 BF225 이중창	22T 로이	건축공사	창호및유리공사	개	12.0
2층 Fi×Project		건축공사	창호및유리공사	개	4.0
2층 방화문	1200×2100	건축공사	창호및유리공사	개	1.0

명칭	규격	WBS_Level1	WBS_Level2	단위	수량
2층 화장실용 도어	900×2100	건축공사	창호및유리공사	개	2.0
3층 시스템 FI× BR70	2000 × 2000	건축공사	창호및유리공사	개	1.0
3층 3중 유리유리	39T 로이	건축공사	창호및유리공사	개	1.0
3층 BF225 이중창	22T 로이	건축공사	창호및유리공사	개	12.0
3층 Fi× Project		건축공사	창호및유리공사	개	4.0
3층 방화문	1200×2100	건축공사	창호및유리공사	개	1.0
3층 화장실용 도어	900×2100	건축공사	창호및유리공사	개	2.0
4층 시스템 FI× BR70	2000 × 2000	건축공사	창호및유리공사	개	1.0
4층 3중 유리유리	39T 로이	건축공사	창호및유리공사	개	1.0
4층 BF225 이중창	22T 로이	건축공사	창호및유리공사	개	12.0
4층 Fi× Project		건축공사	창호및유리공사	개	4.0
4층 방화문	1200×2100	건축공사	창호및유리공사	개	1.0
4층 화장실용 도어	900×2100	건축공사	창호및유리공사	개	2.0
5층 시스템 FI× BR70	2000 × 2000	건축공사	창호및유리공사	개	1.0
5층 3중 유리유리	39T 로이	건축공사	창호및유리공사	개	1.0
5층 BF225 이중창	22T 로이	건축공사	창호및유리공사	개	12.0
5층 Fi× Project		건축공사	창호및유리공사	개	4.0
5층 방화문	1200×2100	건축공사	창호및유리공사	개	2.0
5층 화장실용 도어	900×2100	건축공사	창호및유리공사	개	2.0
전층 시스템 도어락	지문인식+RF	건축공사	창호및유리공사	개	4.0
B1층 지정도장 스프레이	전층내부천정/수성페인트	건축공사	도장공사	M2	289.8
B1층 비닐 페인트 로우러칠	내부벽체 2회 1급	건축공사	도장공사	M2	442.5
1층 지정도장 스프레이	전층내부천정/수성페인트	건축공사	도장공사	M2	241.5
1층 비닐 페인트 로우러칠	내부벽체 2회 1급	건축공사	도장공사	M2	368.8
1층 조합 페인트	철재면 3회 1급	건축공사	도장공사	M2	16.8
2층 지정도장 스프레이	전층내부천정/수성페인트	건축공사	도장공사	M2	281.8
2층 비닐 페인트 로우러칠	내부벽체 2회 1급	건축공사	도장공사	M2	430.2
2층 조합 페인트	철재면 3회 1급	건축공사	도장공사	M2	19.6
3층 지정도장 스프레이	전층내부천정/수성페인트	건축공사	도장공사	M2	281.8
3층 비닐 페인트 로우러칠	내부벽체 2회 1급	건축공사	도장공사	M2	430.2
3층 조합 페인트	철재면 3회 1급	건축공사	도장공사	M2	19.6
4층 지정도장 스프레이	전층내부천정/수성페인트	건축공사	도장공사	M2	281.8
4층 비닐 페인트 로우러칠	내부벽체 2회 1급	건축공사	도장공사	M2	430.2
4층 조합 페인트	철재면 3회 1급	건축공사	도장공사	M2	19.6
5층 지정도장 스프레이	전층내부천정/수성페인트	건축공사	도장공사	M2	281.8
5층 비닐 페인트 로우러칠	내부벽체 2회 1급	건축공사	도장공사	M2	430.2
5층 조합 페인트	철재면 3회 1급	건축공사	도장공사	M2	19.6
주차장 차선도색작업		건축공사	도장공사	식	1.0
B1층 걸레받이	라바베리스	건축공사	수장공사	M	309.6
B1층 비드법보온판2종 2호(벽/천정/바닥)		건축공사	수장공사	M2	426.2
1층 걸레받이	라바베리스	건축공사	수장공사	M	258.0
1층 비드법보온판2종 2호(벽/천정/바닥)		건축공사	수장공사	M2	355.2
2층 걸레받이	라바베리스	건축공사	수장공사	M	301.0
2층 비드법보온판2종 2호(벽/천정/바닥)		건축공사	수장공사	M2	414.4
3층 걸레받이	라바베리스	건축공사	수장공사	M	301.0
3층 비드법보온판2종 2호(벽/천정/바닥)		건축공사	수장공사	M2	414.4
4층 걸레받이	라바베리스	건축공사	수장공사	M	301.0
4층 비드법보온판2종 2호(벽/천정/바닥)		건축공사	수장공사	M2	414.4

명칭	규격	WBS_Level1	WBS_Level2	단위	수량
5층 걸레받이	라바베리스	건축공사	수장공사	M	301.0
5층 비드법보온판2종 2호(벽/천정/바닥)		건축공사	수장공사	M2	414.4
지붕 비드법보온판2종 2호	T=220	건축공사	수장공사	M2	428.0
B1층 헬스기구	벤치프레스 외	건축공사	가구및집기공사	SET	1.0
2층 가구 및 집기등	책상,옷장,서랍장,의자	건축공사	가구및집기공사	SET	15.0
3층 가구 및 집기등	책상,옷장,서랍장,의자	건축공사	가구및집기공사	개소	7.0
4층 가구 및 집기등	책상,옷장,서랍장,의자	건축공사	가구및집기공사	개소	7.0
5층 가구 및 집기등	책상,옷장,서랍장,의자	건축공사	가구및집기공사	개소	7.0
폐자재처리수수료	폐콘크리트 등	건축공사	기타공사(폐기물처리포함)	TON	50.0
공용 사인몰		건축공사	기타공사(폐기물처리포함)	식	1.0
1층 사인몰		건축공사	기타공사(폐기물처리포함)	식	1.0
2층 사인몰		건축공사	기타공사(폐기물처리포함)	식	1.0
3층 사인몰		건축공사	기타공사(폐기물처리포함)	식	1.0
4층 사인몰		건축공사	기타공사(폐기물처리포함)	식	1.0
5층 사인몰		건축공사	기타공사(폐기물처리포함)	식	1.0
카 스토퍼	주차장	건축공사	기타공사(폐기물처리포함)	EA	20.0
도로굴착 외,배수관로연결	지자체 등록업체	부대토목 및 조경공사	부대토목공사	동	1.0
건물주위 포장공사	우수맨홀포함	부대토목 및 조경공사	부대토목공사	식	1.0
소나무 식재	H4.0×W2.0×R15	부대토목 및 조경공사	조경공사	주	4.0
영산홍 식재	H0.3×W0.4	부대토목 및 조경공사	조경공사	주	20.0
금연 안내판	200×200	부대토목 및 조경공사	부대토목공사	EA	1.0
조경물 설치		부대토목 및 조경공사	조경공사	식	1.0
B1층 위생설비배관		설비공사	배관/기구취부공사	식	1.0
B1층 위생기구	양변기, 소변기 외	설비공사	배관/기구취부공사	식	1.0
2층 위생설비배관		설비공사	배관/기구취부공사	식	1.0
2층 위생기구	양변기, 샤워기	설비공사	배관/기구취부공사	식	1.0
3층 위생설비배관		설비공사	배관/기구취부공사	식	1.0
3층 위생기구	양변기, 샤워기	설비공사	배관/기구취부공사	식	1.0
4층 위생설비배관		설비공사	배관/기구취부공사	식	1.0
4층 위생기구	양변기, 샤워기	설비공사	배관/기구취부공사	식	1.0
5층 위생설비배관		설비공사	배관/기구취부공사	식	1.0
5층 위생기구	양변기, 샤워기	설비공사	배관/기구취부공사	식	1.0
B1층 전등,전열,통신배관, 배선		설비공사	전기/통신공사	평	81.0
B1층 전등,전열,통기구	(통신,등기구포함)	설비공사	전기/통신공사	식	1.0
1층 전등,전열,통신배관, 배선		설비공사	전기/통신공사	평	81.0

명칭	규격	WBS_Level1	WBS_Level2	단위	수량
1층 전등,전열,통기구	(통신,등기구포함)	설비공사	전기/통신공사	식	1.0
2층 전등,전열,통신배관, 배선		설비공사	전기/통신공사	평	81.0
2층 전등,전열,통기구	(통신,등기구포함)	설비공사	전기/통신공사	식	1.0
3층 전등,전열,통신배관, 배선		설비공사	전기/통신공사	평	81.0
3층 전등,전열,통기구	(통신,등기구포함)	설비공사	전기/통신공사	식	1.0
4층 전등,전열,통신배관, 배선		설비공사	전기/통신공사	평	81.0
4층 전등,전열,통기구	(통신,등기구포함)	설비공사	전기/통신공사	식	1.0
5층 전등,전열,통신배관, 배선		설비공사	전기/통신공사	평	81.0
5층 전등,전열,통기구	(통신,등기구포함)	설비공사	전기/통신공사	식	1.0

■ 그림 2-90을 정리한 표 2-3을 이용하여 Primavera P6에 WBS를 생성합니다.

▼ 표 2-3

실전 적용 WBS			
WBS Code – 1	WBS Code – 2	WBS Name	비 고
G	-	일반사항	
G	01	마일스톤	일반사항의 하위레벨
G	02	준비기간/정리기간	일반사항의 하위레벨
G	03	일반사항	일반사항의 하위레벨
E	-	토목공사	
E	01	굴착공사	토목공사의 하위레벨
E	02	되메우기 및 다짐공사	토목공사의 하위레벨
A	-	건축공사	
A	01	가설공사	건축공사의 하위레벨
A	02	골조공사	건축공사의 하위레벨
A	03	조적공사	건축공사의 하위레벨
A	04	방수공사	건축공사의 하위레벨
A	05	미장공사	건축공사의 하위레벨
A	06	창호 및 유리공사	건축공사의 하위레벨
A	07	금속공사	건축공사의 하위레벨
A	08	타일공사	건축공사의 하위레벨
A	09	수장공사	건축공사의 하위레벨
A	10	도장공사	건축공사의 하위레벨
A	11	가구및집기공사	건축공사의 하위레벨
A	12	기타공사 (폐기물처리포함)	건축공사의 하위레벨
M	-	설비공사	
M	01	배관/기구취부공사	설비공사의 하위레벨
M	02	전기/통신공사	설비공사의 하위레벨
L	-	부대토목 및 조경공사	
L	01	부대토목공사	부대토목 및 조경공사의 하위레벨
L	02	조경공사	부대토목 및 조경공사의 하위레벨

- 아래 그림 2-91의 결과물이 생성됨을 확인할 수 있습니다.

▼ 그림 2-91

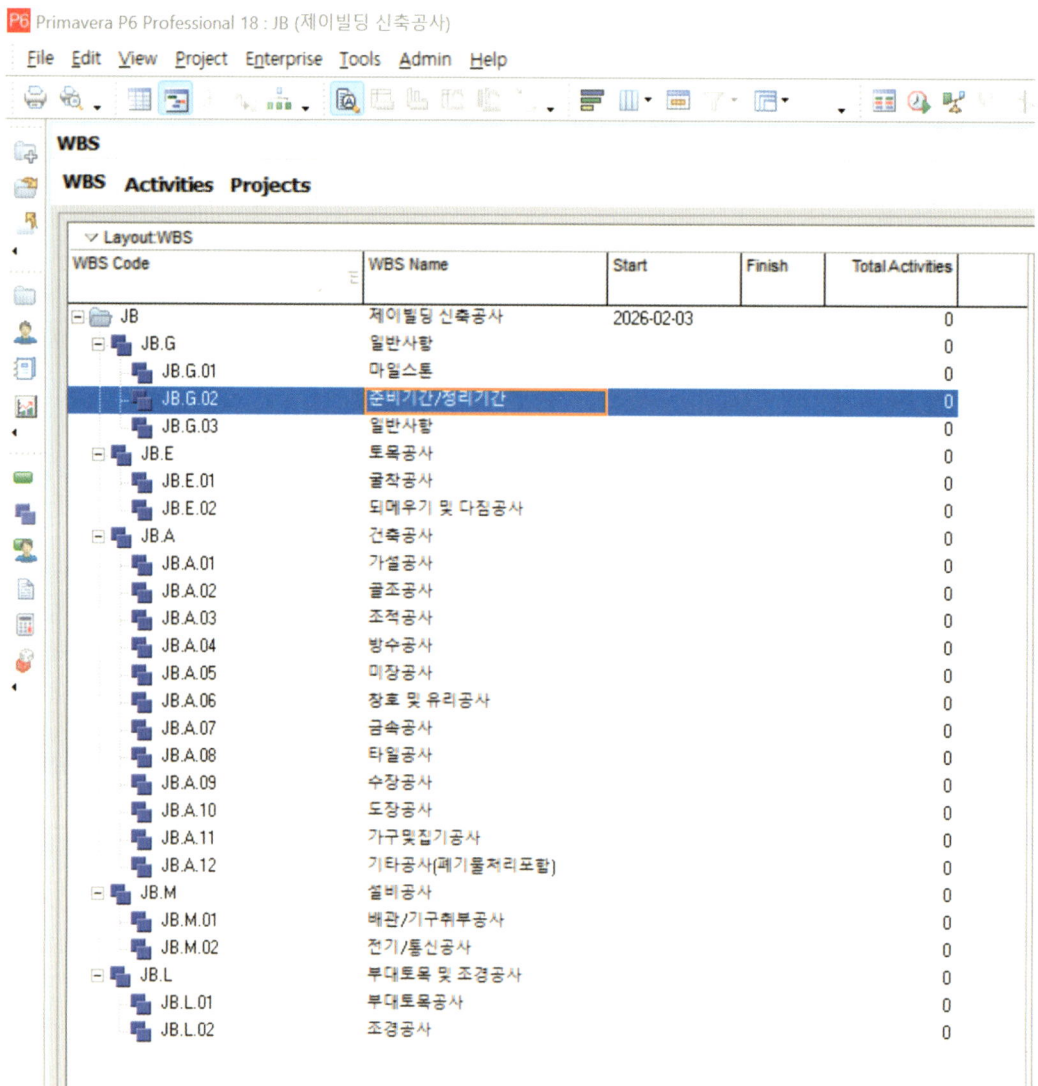

7 Activity 생성하기

【Preview】

▼ 그림 2-92

Activity ID	Activity Name	Original Duration	Start	Finish
JB 제이빌딩 신축공사		6d	2026-02-03	2026-02-08
JB.G 일반사항		5d	2026-02-03	2026-02-07
JB.G.01 마일스톤		5d	2026-02-03	2026-02-07
JBG01010	착공	5d	2026-02-03	2026-02-07
JBG01020	토공사 착수	5d	2026-02-03	2026-02-07
JBG01030	토공사 완료	5d	2026-02-03	2026-02-07
JBG01040	골조공사 착수	5d	2026-02-03	2026-02-07
JBG01050	주차장 상판공사 완료	5d	2026-02-03	2026-02-07
JBG01060	골조공사 완료	5d	2026-02-03	2026-02-07
JBG01070	마감공사 착수	5d	2026-02-03	2026-02-07
JBG01080	마감공사 완료	5d	2026-02-03	2026-02-07
JBG01090	준공	5d	2026-02-03	2026-02-07
JB.G.02 준비기간/정리기간		5d	2026-02-03	2026-02-07
JBG02010	공통공사.공통_준비기간(공통가설공사포함)	5d	2026-02-03	2026-02-07
JBG02020	공통공사.공통_정리기간	5d	2026-02-03	2026-02-07
JB.G.03 일반사항		5d	2026-02-03	2026-02-07
JBG03010	간접비	5d	2026-02-03	2026-02-07
JB.E 토목공사		5d	2026-02-03	2026-02-07
JB.E.01 굴착공사		5d	2026-02-03	2026-02-07

[작업순서]

① 메뉴 Bar에서 [Project] - [Activities] 선택 ▶ ② Activity 생성 ▶ ③ Activity ID / Activity Name 추가 ▶ ④ WBS 지정 ▶ ⑤ Activity Type 지정 ▶ ⑥ Assign Resources 지정 ▶ ⑦ Duration Type 지정 ▶ ⑧ Activity Units and Duration 지정 ▶ ⑨ Dependent Activities 지정 ▶ ⑩ More Details 지정 ▶ ⑪ Activity 생성 완료

7.1 Activity란?

■ **Activity 정의**

Activity란 Project 공정표의 가장 최하위 단위로 ① Project의 세부 일정, ② Activity 별 상관관계, ③ 비용, 인원, 장비 등의 자원, ④ 작업분류를 위한 Code 정보, ⑤ 주요 일정의 지정 등의 핵심적인 요소들로 이루어집니다.

▼ 그림 2-93

■ **Activity Type**

아래 그림 2-94에서 확인할 수 있듯이, Primavera P6에서 Activity는 그 성격에 따라 6가지의 Type으로 구성됩니다.

▼ 그림 2-94

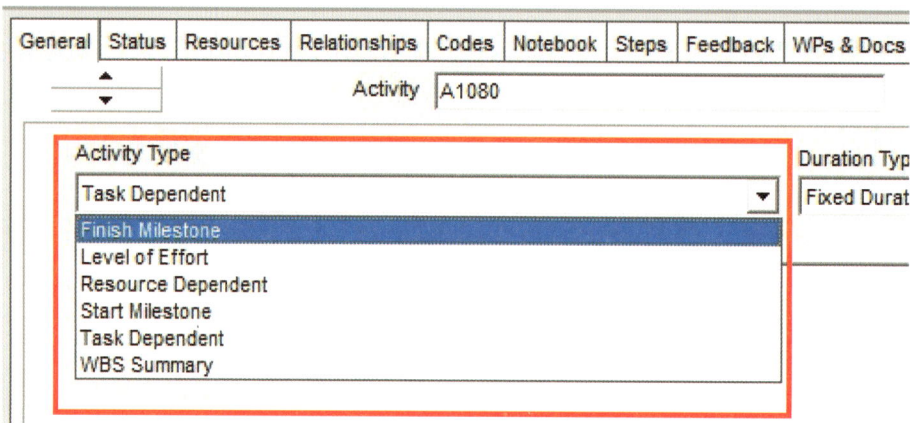

① Finish Milestone

Project의 준공 시점을 알리거나 주요 Activity의 종료를 표시하기 위해 사용됩니다.

- Zero-Duration으로 Finish Date만 존재
- Constraints, Expenses, Work Products and Documents, Roles 지정 가능
- 기본 Resource를 제외한 Resource 지정 불가

② Level of Effort

관계를 체결한 Activity에 의해 Duration이 결정되는 Activity입니다.

- 선행과 후행 Activity, 적용된 Calendar에 의해 Duration이 결정
- Constraints를 지정할 수 없음
- Hammock Activity 라고 불리움

③ Resource Dependent

해당 Activity에 지정된 다수의 Resource 항목이 독립적으로 작업할 수 있을 때 사용됩니다.

- Activity의 Resources는 각각의 Resource Calendar에 의해 작업 진행
- Activity에서 작업 시 지정된 Resources의 유용성에 의해 Duration 결정

④ Start Milestone

Project의 착공 시점을 알리거나 주요 Activity의 착수를 표시하기 위해 사용됩니다.

- Zero-Duration으로 Start Date만 존재
- Constraints, Expenses, Work Products and Documents, Roles 지정 가능
- 기본 Resource를 제외한 Resource 지정 불가

⑤ Task Dependent

가장 일반적으로 사용되는 Activity Type으로 Activity에 지정된 Resource의 유용성과 관계없이 주어진 시간 이내에 완수가 되어야 할 때 사용됩니다.

- Activity의 Resources는 Activity Calendar에 의해 작업 진행
- 지정된 Calendar의 작업일수에 의해 Duration이 결정

⑥ WBS Summary

WBS 레벨을 요약하기 위해 사용됩니다.

- WBS Level을 공유하는 Activity의 그룹으로 구성
- 계산된 Dates는 그룹 내 Activity의 Earliest Start Date와 Latest Finish Date가 기초

- 지정된 Calendar를 기준으로 Duration 계산
- Constraints 지정 불가

7.2 Activity 생성하기

■ 메뉴 Bar에서 [Project] – [Activities] 선택

Activity 화면을 활성화하기 위해 메뉴 Bar에서 [Project]를 선택한 후 [Activities]를 선택합니다.

▼ 그림 2-95

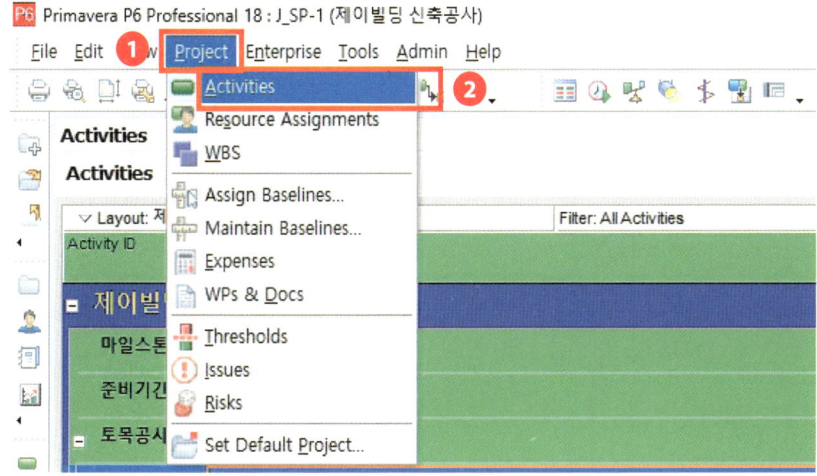

■ Activity 생성

Activity를 생성하기 위해 메뉴 Bar에서 [Edit]를 선택한 후 [Add]를 선택합니다.

▼ 그림 2-96

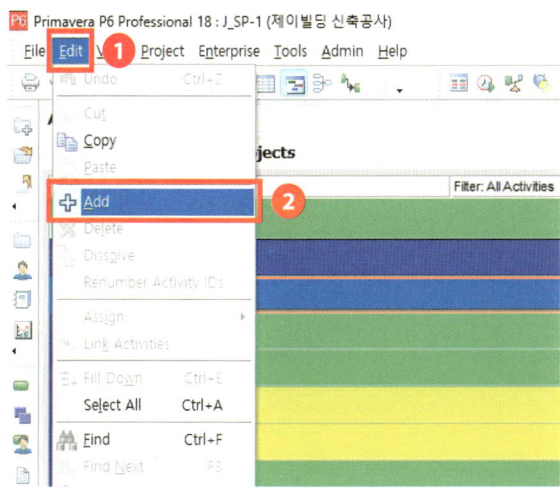

[꿀 Tips]

Activities 창에서 자판에 [Insert] 키를 누를 경우, 바로 생성돼요!
단, 이런 경우 Activity 마법사가 나오지 않는데 해당 내용은 Activity Details 창(뒤에서 설명)에서 기재할 수 있어요.

■ Activity ID / Activity Name 추가

Activity ID와 Activity Name에 작성할 내용을 작성합니다. 다음 단계를 위해 Next 버튼을 선택합니다.

▼ 그림 2-97

■ WBS 지정

Activity가 생성될 WBS를 지정하기 위해 ⋯ 버튼을 클릭하여 Select WBS 대화상자를 활성화한 후, 지정할 WBS를 더블 클릭합니다. 다음 단계를 위해 Next 버튼을 클릭합니다.

▼ 그림 2-98

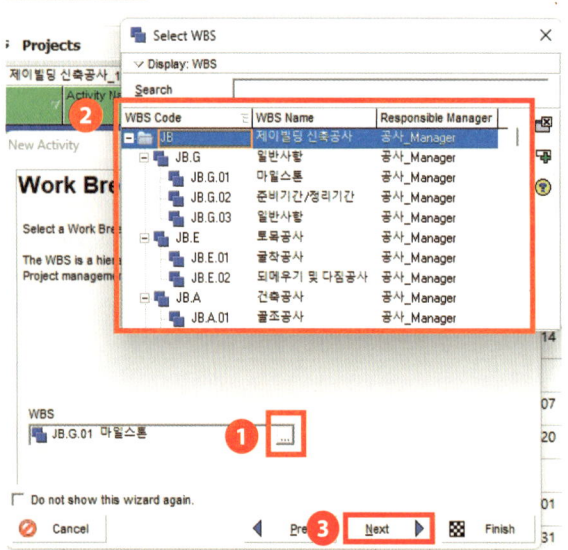

[Note]

Select WBS 대화상자에서 앞서 Project 생성 시, 지정한 책임관리자(Responsible Manager)가 기본값으로 지정돼 있음을 확인 할 수 있어요.

■ **Activity Type 지정**

Activity Type 지정을 위해 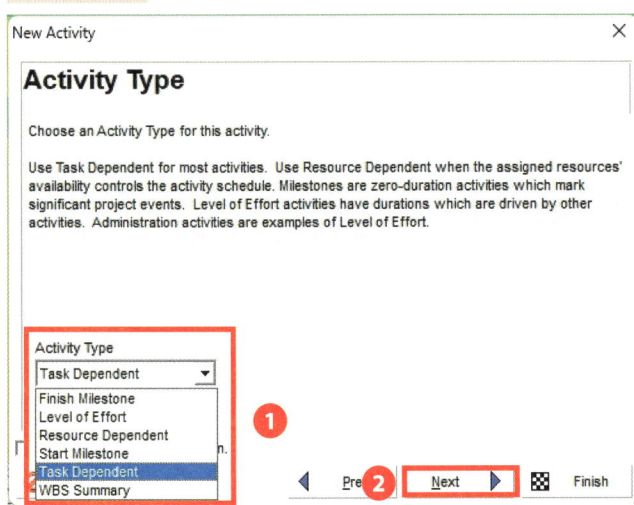 버튼을 클릭한 후 지정할 Activity Type을 선택합니다.(기본적으로 많이 사용하는 Task Dependent 선택) 다음 단계를 위해 Next 버튼을 클릭합니다.

▼ 그림 2-99

■ **Assign Resources 지정**

Activity의 Resource를 지정해 주는 단계입니다. Resource와 관련해서는 Part 3에서 다룰 것이므로 현재는 작성을 생략하고 다음 단계를 위해 Next 버튼을 클릭합니다.

▼ 그림 2-100

■ Duration Type 지정

Duration Type 지정을 위해 ▼ 버튼을 클릭한 후 지정할 Duration Type을 선택합니다.(기본적으로 많이 사용하는 Fixed Duration & Units 선택) 다음 단계를 위해 Next 버튼을 클릭합니다.

▼ 그림 2-101

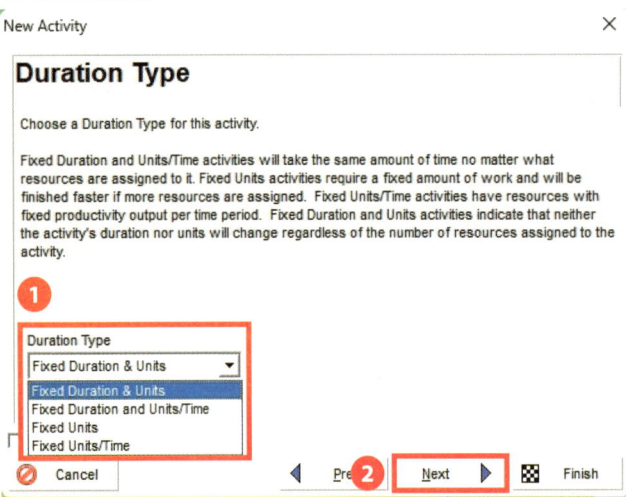

[Note]

① Fixed Duration & Units
일반적으로 가장 많이 쓰이는 설정으로 Unit이나 Duration 값에 상관없이 사용자 지정대로 Duration과 Unit을 정합니다. 이 설정은 일정과 자원이 정해진 Activity에 적용됩니다.(현재 교재에서 Activity는 모두 이 Type으로 지정)

② Fixed Duration and Units / Time
Unit을 변경하여도 Duration은 변경되지 않지만, Duration이 변경되면 Unit은 Duration에 따라 변경됩니다. 이 설정은 Unit에 제한이 없는 Project에 적용이 되며 시간이 늘어날수록 사용되는 Unit은 증가합니다.

③ Fixed Units
Duration을 변경해도 Unit은 변경되지 않지만, Unit을 변경하면 Duration이 Unit에 따라 변경됩니다. 이 설정은 Unit에 제한이 있고 Duration이 제한이 없을 때 사용합니다.

④ Fixed Units / Time
Unit과 Duration이 모두 지정되지 않았을 때 사용되는 설정이며 Unit이 변하건 Duration이 변하건 모두 하나의 변화에 따라 함께 변하게 됩니다. 이 설정은 Duration과 Unit이 정해져 있지 않은 Project에서 사용됩니다.

■ **Activity Units and Duration 지정**

Activity에 할당된 Resource의 투입량 및 Activity의 Duration을 입력하는 곳입니다. 해당 내용은 사용자가 이후에 필요에 따라 기재하는 것이 더 효율적이므로 생략하고 다음 단계를 위해 Next 버튼을 클릭합니다.

▼ 그림 2-102

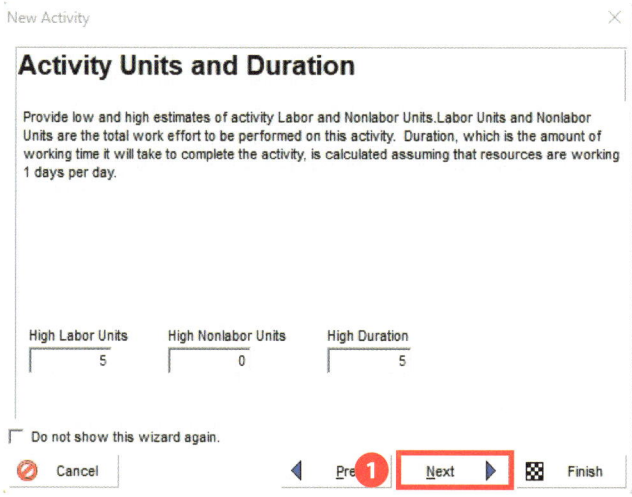

■ **Dependent Activities 지정**

연관 관계를 지정하는 화면으로 [No, continue]를 선택한 후, 다음 단계를 위해 Next 버튼을 클릭합니다.

▼ 그림 2-103

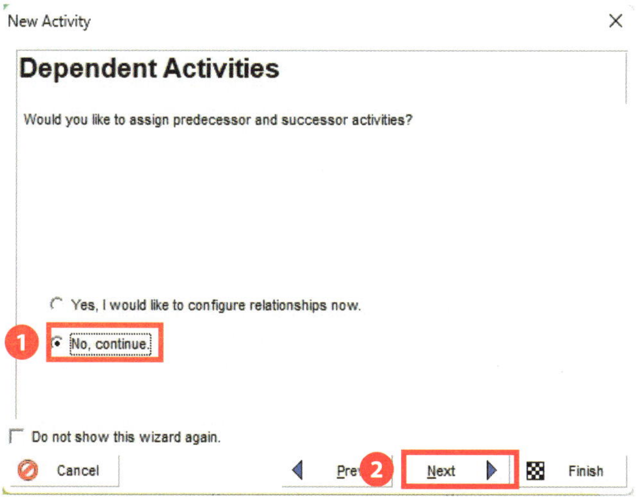

■ More Details 지정

Activity의 상세 내용을 기재하는 단계로 비용, Activity 코드, 필요 문서 등을 지정하는 화면입니다. 현재는 [No, Thanks]를 선택한 후, 다음 단계를 위해 Next 버튼을 클릭합니다.

▼ 그림 2-104

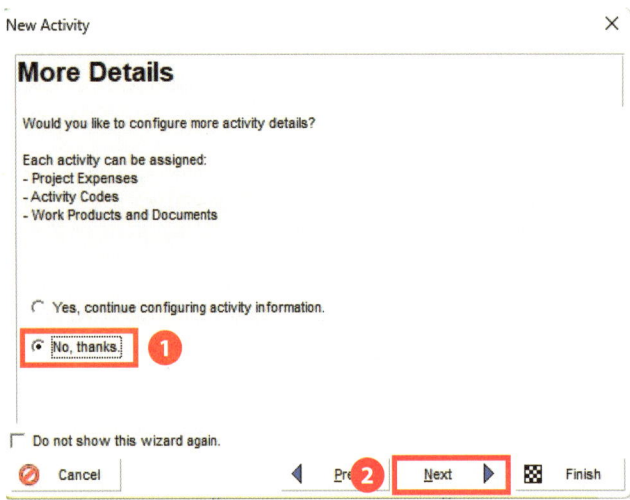

■ Activity 생성 완료

Finish 버튼을 클릭하여 Activity 생성을 마칩니다.

▼ 그림 2-105

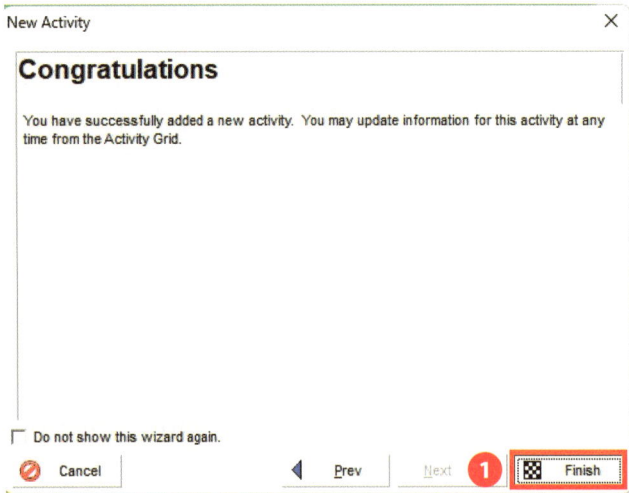

[꿀 Tips]

지금까지 마법사를 이용하여 Activity를 생성했습니다. 그러나, 실제 공정표 작성 시 해당 방법은 많은 시간이 소요됩니다. 따라서, 효율적인 방법을 소개하고자 합니다.

Activity를 생성하는 효율적인 방법으로는 두 가지 방법이 있습니다.
  ① [Insert] 키를 이용해 Activity 생성
  ② Excel을 이용해 Activity 생성

2가지 방법 중 교재에서는 ①을 이용한 Activity를 생성하는 방법을 다루겠습니다.

■ [Insert] 키를 이용한 Activity 생성

Activity를 생성하고자 하는 WBS에서 [Insert] 키를 이용하여 Activity를 생성합니다.

▼ 그림 2-106

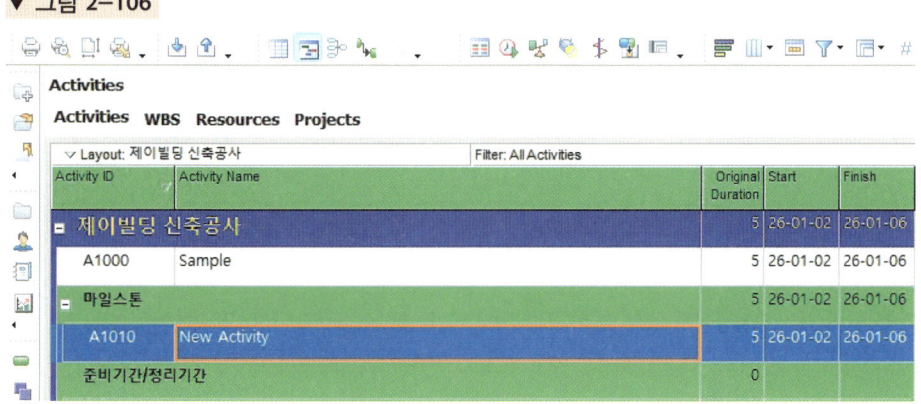

▶ 앞서 작성한 Sample Activity 아래에 New Activity가 생성된 것을 확인 가능

■ Activity Details 창을 이용한 세부 사항 입력

앞서 진행한 모든 정보는 아래 [Activity Details] 창 - [General]에서 입력할 수 있습니다. 각 항목이 의미하는 바를 자세히 살펴봅시다.

▼ 그림 2-107

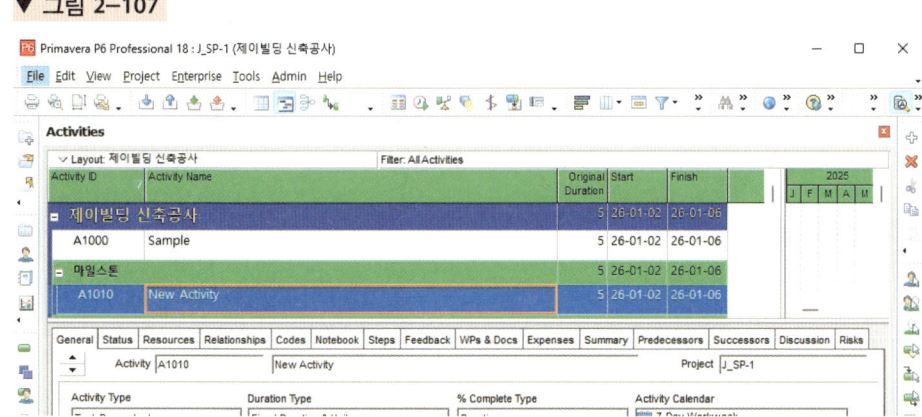

- Activity ID : Activity ID 확인 및 수정 가능(Activity ID는 생성된 Activity에서 바로 수정하는 것이 더 간편합니다.)
- Activity Name : Activity의 Name 확인 및 수정 가능(Activity Name은 생성된 Activity에서 바로 수정하는 것이 더 간편합니다.)
- Activity Type : Activity Type을 설정
- Duration Type : Duration Type을 설정
- % Complete Type : Activity의 진도율을 적용할 % Complete Type을 설정하는 것으로 기본값 Duration을 일반적으로 사용
- Activity Calendar : Activity의 Calendar를 설정(Chapter 8에서 자세히 다룰 예정)
- WBS : Activity가 위치하는 WBS 설정
- Responsible Manager : 해당 WBS의 책임자를 확인 가능
- Primary Resource : Activity 작업 실무 책임 Resource 설정

마일스톤(Milestone)에 대해 알아보기!

■ **마일스톤(Milestone) 정의**

마일스톤(Milestone)이란 사전적 의미로는 중대한 사건, 시기로 정의되어 있습니다. 공정표 상에도 비슷하게 사용되지만, 공정관리의 개념에서는 조금 다르게 이해할 필요가 있습니다. 공정관리 측면에서 마일스톤이란 Project 진행 중에 반드시 지켜야 할 시간적 조건입니다. 쉽게 말해, Project가 진행되는 동안 공사 수행자가 발주처의 시간적 요구사항을 만족시키기 위해 지정해 놓은 시점이라는 의미입니다.

■ **마일스톤(Milestone) 생성**

마일스톤을 지정할 Activity를 선택한 후, Activity Detail창의 General Tab에서 Activity Type 목록상자를 클릭하여 지정하고자 하는 마일스톤을 선택합니다.

▼ 그림 2-108

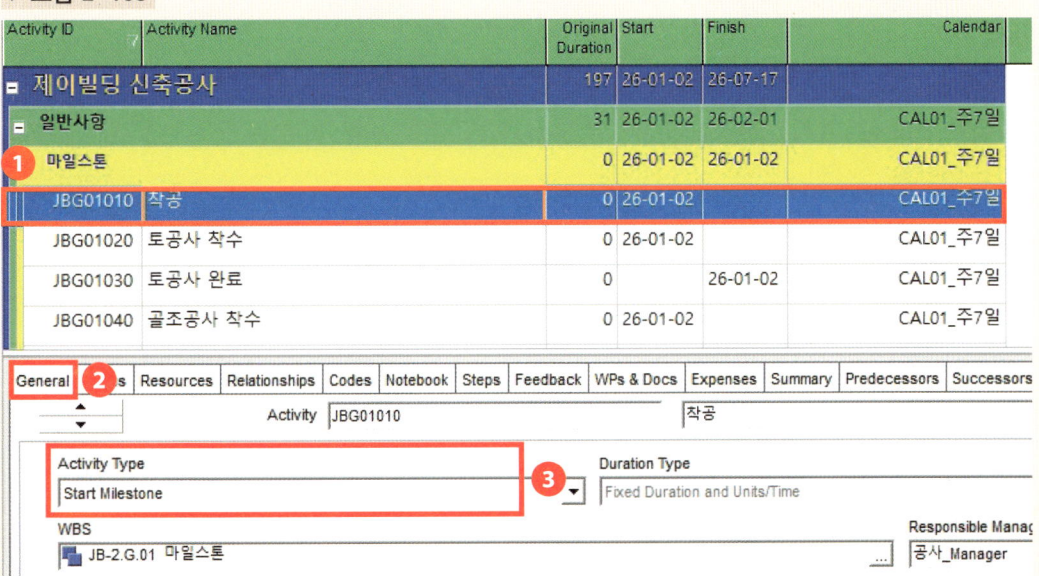

7.3 실전 적용하기

- 내역서의 각각의 품목에 대하여 적절한 Activity명을 지정합니다.

(※http://www.jhvc.co.kr/ ▶ 홍보센터 ▶ 자료실 ▶ [제이빌딩] BOQ파일 참고)

▼ 그림 2-109

명칭	규격	WBS_Level1	WBS_Level2	Activity Name	단위	수량
간접비		일반사항	일반사항	간접비	식	1.0
컨테이너 가설사무소	6×2.4×2.6m, 7개월	일반사항	준비기간/정리기간	공통공사, 공통_준비기간 (공통가설공사포함)	동	1.0
컨테이너 가설창고	6×2.4×2.6m, 7개월	일반사항	준비기간/정리기간		동	1.0
가설휀스	EGI 2.4M	일반사항	준비기간/정리기간		M	60.0
준공청소		일반사항	준비기간/정리기간	공통공사, 공통_정리기간	식	1.0
강관동바리(벽식구조)	6개월 4.2M이하	건축공사	가설공사	건축, 골조공사, 공통_가설공사	M2	265.0
강관비계(쌍줄)	10M이하 8개월 (발판포함)	건축공사	가설공사		M2	600.0
터파기	자갈(흐트러진 상태), 백호 0.7㎥	토목공사	굴착공사	토목, 토공사, 공통_굴착공사	M3	1,063.2
되메우고다지기	(백호 0.7M3+ 램머 80KG)다짐 30CM	토목공사	되메우기 및 다짐공사	토목, 토공사, 공통_되메우기 및 다짐공사	M3	212.6
방습필름설치	바닥 0.03mm×2겹	건축공사	골조공사	건축, 골조공사, FT층_버림콘크리트공사	M3	53.2
기초지정(잡석지정)	소운반, 고르기 및 다짐포함	건축공사	골조공사		M3	17.0
버림 레미콘	25-180-8	건축공사	골조공사		M3	4.0
버림 펌프카배관 타설(무근, 25/20)	50㎥미만, 슬럼프8-12	건축공사	골조공사		M3	4.0
기초 레미콘	25-210-15	건축공사	골조공사	건축, 골조공사, FT층_철근콘크리트공사	M3	15.0
기초 이형철근	HD-13 SD35-40	건축공사	골조공사		TON	9.5
기초 펌프카붐 타설(철근,25/20)	300㎥ 이상, 슬럼프15	건축공사	골조공사		M3	15.0
B1층 레미콘	25-240-15	건축공사	골조공사	건축, 골조공사, B1층_철근콘크리트공사	M3	166.9
B1층 펌프카붐 타설(철근, 25/20)	300㎥ 이상, 슬럼프15	건축공사	골조공사		M3	178.4
B1층 합판거푸집	3회	건축공사	골조공사	건축, 골조공사, B1층_철근콘크리트공사	M2	85.2
B1층 합판거푸집	4회	건축공사	골조공사		M2	22.3
B1층 유로폼	벽	건축공사	골조공사		M2	408.0
B1층 이형철근	HD-10 SD35-40	건축공사	골조공사		TON	2.2
B1층 이형철근	HD-13 SD35-40	건축공사	골조공사	건축, 골조공사, B1층_철근콘크리트공사	TON	11.4
B1층 이형철근	HD-19 SD35-40	건축공사	골조공사		TON	3.7
B1층 철근가공조립	간단(미할증)	건축공사	골조공사		TON	17.3
1층 레미콘	25-240-15	건축공사	골조공사	건축, 골조공사, 1층_철근콘크리트공사	M3	57.7
1층 펌프카붐타설 (철근,25/20)	300㎥이상, 슬럼프15	건축공사	골조공사		M3	57.7
1층 합판거푸집	3회	건축공사	골조공사		M2	36.9
1층 합판거푸집	4회	건축공사	골조공사		M2	10.7
1층 유로폼	벽	건축공사	골조공사		M2	252.1

명 칭	규 격	WBS_Level1	WBS_Level2	Activity Name	단위	수량
1층 이형철근	HD-10 SD35-40	건축공사	골조공사	건축, 골조공사, 1층_철근콘크리트공사	TON	1.1
1층 이형철근	HD-13 SD35-40	건축공사	골조공사		TON	4.7
1층 이형철근	HD-19 SD35-40	건축공사	골조공사		TON	2.0
1층 철근가공조립	간단(미할증)	건축공사	골조공사		TON	8.9
2층 레미콘	25-240-15	건축공사	골조공사	건축, 골조공사, 2층_철근콘크리트공사	M3	49.9
2층 펌프카붐타설 (철근,25/20)	300㎥이상, 슬럼프15	건축공사	골조공사		M3	49.9
2층 합판거푸집	3회	건축공사	골조공사		M2	31.9
2층 합판거푸집	4회	건축공사	골조공사		M2	9.2
2층 유로폼	벽	건축공사	골조공사		M2	218.0
2층 이형철근	HD-10 SD35-40	건축공사	골조공사		TON	1.0
2층 이형철근	HD-13 SD35-40	건축공사	골조공사		TON	4.1
2층 이형철근	HD-19 SD35-40	건축공사	골조공사		TON	1.8
2층 철근가공조립	간단(미할증)	건축공사	골조공사		TON	7.7
3층 레미콘	25-240-15	건축공사	골조공사	건축, 골조공사, 3층_철근콘크리트공사	M3	49.9
3층 펌프카붐타설 (철근, 25/20)	300㎥이상, 슬럼프15	건축공사	골조공사		M3	49.9
3층 합판거푸집	3회	건축공사	골조공사		M2	31.9
3층 합판거푸집	4회	건축공사	골조공사		M2	9.2
3층 유로폼	벽	건축공사	골조공사		M2	218.0
3층 이형철근	HD-10 SD35-40	건축공사	골조공사		TON	1.0
3층 이형철근	HD-13 SD35-40	건축공사	골조공사		TON	4.1
3층 이형철근	HD-19 SD35-40	건축공사	골조공사		TON	1.8
3층 철근가공조립	간단(미할증)	건축공사	골조공사		TON	7.7
4층 레미콘	25-240-15	건축공사	골조공사	건축, 골조공사, 4층_철근콘크리트공사	M3	49.9
4층 펌프카붐타설 (철근, 25/20)	300㎥이상, 슬럼프15	건축공사	골조공사		M3	49.9
4층 합판거푸집	3회	건축공사	골조공사		M2	31.9
4층 합판거푸집	4회	건축공사	골조공사		M2	9.2
4층 유로폼	벽	건축공사	골조공사		M2	218.0
4층 이형철근	HD-10 SD35-40	건축공사	골조공사		TON	1.0
4층 이형철근	HD-13 SD35-40	건축공사	골조공사		TON	4.1
4층 이형철근	HD-19 SD35-40	건축공사	골조공사	건축, 골조공사, 4층_철근콘크리트공사	TON	1.8
4층 철근가공조립	간단(미할증)	건축공사	골조공사		TON	7.7
5층 레미콘	25-240-15	건축공사	골조공사	건축, 골조공사, 5층_철근콘크리트공사	M3	49.9
5층 펌프카붐타설 (철근,25/20)	300㎥이상, 슬럼프15	건축공사	골조공사		M3	49.9
5층 합판거푸집	3회	건축공사	골조공사		M2	31.9
5층 합판거푸집	4회	건축공사	골조공사		M2	9.2
5층 유로폼	벽	건축공사	골조공사		M2	218.0
5층 이형철근	HD-10 SD35-40	건축공사	골조공사		TON	1.0
5층 이형철근	HD-13 SD35-40	건축공사	골조공사		TON	4.1
5층 이형철근	HD-19 SD35-40	건축공사	골조공사		TON	1.8
5층 철근가공조립	간단(미할증)	건축공사	골조공사		TON	7.7
옥탑층 레미콘	25-240-15	건축공사	골조공사	건축, 골조공사, PH층_철근콘크리트공사	M3	39.5
옥탑층 펌프카붐 타설 (철근, 25/20)	300㎥이상, 슬럼프15	건축공사	골조공사		M3	39.5

명 칭	규 격	WBS_Level1	WBS_Level2	Activity Name	단위	수량
옥탑층 합판거푸집	3회	건축공사	골조공사	건축, 골조공사, PH층_철근콘크리트공사	M2	25.2
옥탑층 합판거푸집	4회	건축공사	골조공사		M2	7.3
옥탑층 유로폼	벽	건축공사	골조공사		M2	172.6
옥탑층 이형철근	HD-10 SD35-40	건축공사	골조공사		TON	0.8
옥탑층 이형철근	HD-13 SD35-40	건축공사	골조공사		TON	3.2
옥탑층 이형철근	HD-19 SD35-40	건축공사	골조공사		TON	1.4
옥탑층 철근가공조립	간단(미할증)	건축공사	골조공사		TON	6.1
외장 벽돌	아이보리 후레싱 190×90×57	건축공사	조적공사	건축, 마감공사, 외부_외장마감공사	매	20,300.0
외장벽돌 치장쌓기	아이보리 후레싱 190×90×57	건축공사	조적공사		매	20,300.0
발수제도포	수용성	건축공사	조적공사		식	0.5
B1층 시멘트벽돌		건축공사	조적공사	건축, 마감공사, B1층_조적공사	매	200.0
2층 시멘트벽돌		건축공사	조적공사		매	200.0
3층 시멘트벽돌		건축공사	조적공사	건축, 마감공사, 2층_조적공사	매	200.0
4층 시멘트벽돌		건축공사	조적공사		매	200.0
5층 시멘트벽돌		건축공사	조적공사	건축, 마감공사, 3층_조적공사	매	200.0
B1층 시멘트 벽돌쌓기		건축공사	조적공사		매	200.0
2층 시멘트 벽돌쌓기		건축공사	조적공사	건축, 마감공사, 4층_조적공사	매	200.0
3층 시멘트 벽돌쌓기		건축공사	조적공사		매	200.0
4층 시멘트 벽돌쌓기		건축공사	조적공사	건축, 마감공사, 5층_조적공사	매	200.0
5층 시멘트 벽돌쌓기		건축공사	조적공사		매	200.0
B1층 화장실 타일	타일, 수전, 위생기 외	건축공사	타일공사	건축, 마감공사, B1층_세라믹 타일공사	개소	2.0
B1층 기타 타일	탕비실벽체	건축공사	타일공사		개소	1.0
B1층 데코타일	Barro Terrazo 3993	건축공사	타일공사	건축, 마감공사, B1층_데코타일공사	박스	33.0
2층 화장실 타일	타일, 수전, 위생기 외	건축공사	타일공사	건축, 마감공사, 2층_세라믹 타일공사	개소	2.0
2층 기타 타일	탕비실벽체	건축공사	타일공사		개소	1.0
2층 데코타일	Barro Terrazo 3993	건축공사	타일공사	건축, 마감공사, 2층_데코타일공사	박스	29.0
3층 화장실 타일	타일, 수전, 위생기 외	건축공사	타일공사	건축, 마감공사, 3층_세라믹 타일공사	개소	2.0
3층 기타 타일	탕비실벽체	건축공사	타일공사		개소	1.0
3층 데코타일	Barro Terrazo 3993	건축공사	타일공사	건축, 마감공사, 3층_데코타일공사	박스	29.0
4층 화장실 타일	타일, 수전, 위생기 외	건축공사	타일공사	건축, 마감공사, 4층_세라믹 타일공사	개소	2.0
4층 기타 타일	탕비실벽체	건축공사	타일공사		개소	1.0
4층 데코타일	Barro Terrazo 3993	건축공사	타일공사	건축, 마감공사, 4층_데코타일공사	박스	29.0
5층 화장실 타일	타일, 수전, 위생기 외	건축공사	타일공사	건축, 마감공사, 5층_세라믹 타일공사	개소	2.0
5층 기타 타일	탕비실벽체	건축공사	타일공사		개소	1.0
5층 데코타일	Barro Terrazo 3993	건축공사	타일공사	건축, 마감공사, 5층_데코타일공사	박스	29.0
B1층 시멘트액체방수	1종	건축공사	방수공사	건축, 마감공사, B1층_방수공사	M2	13.9
2층 시멘트액체방수	1종	건축공사	방수공사	건축, 마감공사, 2층_방수공사	M2	13.9
3층 시멘트액체방수	1종	건축공사	방수공사	건축, 마감공사, 3층_방수공사	M2	13.9
4층 시멘트액체방수	1종	건축공사	방수공사	건축, 마감공사, 4층_방수공사	M2	13.9
5층 시멘트액체방수	1종	건축공사	방수공사	건축, 마감공사, 5층_방수공사	M2	13.9
옥상층 우레탄방수	1종	건축공사	방수공사	건축, 마감공사, PH층_방수공사	M2	157.2
계단난간	12T,9T 평철	건축공사	금속공사	건축, 마감공사, 공통_금속공사	M	37.6
선홈통	0.5T 금속시트	건축공사	금속공사		M	30.0
B1층 모르타르바름		건축공사	미장공사	건축, 마감공사, B1층_미장공사	M2	680.9
B1층 경량기포 CONC	바닥 타설	건축공사	미장공사		M2	150.8

명 칭	규 격	WBS_Level1	WBS_Level2	Activity Name	단위	수량
2층 모르타르바름		건축공사	미장공사	건축, 마감공사, 2층_미장공사	M2	662.9
2층 경량기포 CONC	전층세대바닥 타설	건축공사	미장공사	건축, 마감공사, 2층_미장공사	M2	130.6
2층 복도,계단바닥	에폭시 라이닝	건축공사	미장공사		M2	83.7
3층 모르타르바름		건축공사	미장공사	건축, 마감공사, 3층_미장공사	M2	662.9
3층 경량기포 CONC	전층세대바닥 타설	건축공사	미장공사		M2	130.6
3층 복도,계단바닥	에폭시 라이닝	건축공사	미장공사		M2	83.7
4층 모르타르바름		건축공사	미장공사	건축, 마감공사, 4층_미장공사	M2	662.9
4층 경량기포 CONC	전층세대바닥 타설	건축공사	미장공사		M2	130.6
4층 복도,계단바닥	에폭시 라이닝	건축공사	미장공사		M2	83.7
5층 모르타르바름		건축공사	미장공사	건축, 마감공사, 5층_미장공사	M2	662.9
5층 경량기포 CONC	전층세대바닥 타설	건축공사	미장공사		M2	130.6
5층 복도,계단바닥	에폭시 라이닝	건축공사	미장공사		M2	83.7
B1층 방화문	1200×2100	건축공사	창호및유리공사	건축, 마감공사, B1층_내부창호공사	개	1.0
B1층 화장실용 도어	900×2100	건축공사	창호및유리공사		개	3.0
1층 주출입구문	S.ST 1800×2300	건축공사	창호및유리공사	건축, 마감공사, 1층_내부창호공사	개	1.0
1층 도어록	디지털 도어락	건축공사	창호및유리공사	건축, 마감공사, 공통_창호 액세서리설치	개	3.0
1층 Fix Project		건축공사	창호및유리공사	건축, 마감공사, 1층_외부창호및유리공사	개	1.0
2층 시스템 FIX BR70	2000×2000	건축공사	창호및유리공사	건축, 마감공사, 2층_외부창호및유리공사	개	1.0
2층 3중 유리유리	39T 로이	건축공사	창호및유리공사		개	1.0
2층 BF225 이중창	22T 로이	건축공사	창호및유리공사		개	12.0
2층 Fix Project		건축공사	창호및유리공사		개	4.0
2층 방화문	1200×2100	건축공사	창호및유리공사	건축, 마감공사, 2층_내부창호공사	개	1.0
2층 화장실용 도어	900×2100	건축공사	창호및유리공사		개	2.0
3층 시스템 FIX BR70	2000×2000	건축공사	창호및유리공사	건축, 마감공사, 3층_외부창호및유리공사	개	1.0
3층 3중 유리유리	39T 로이	건축공사	창호및유리공사		개	1.0
3층 BF225 이중창	22T 로이	건축공사	창호및유리공사		개	12.0
3층 Fix Project		건축공사	창호및유리공사		개	4.0
3층 방화문	1200×2100	건축공사	창호및유리공사	건축, 마감공사, 3층_내부창호공사	개	1.0
3층 화장실용 도어	900×2100	건축공사	창호및유리공사	건축, 마감공사, 3층_내부창호공사	개	2.0
4층 시스템 FIX BR70	2000×2000	건축공사	창호및유리공사	건축, 마감공사, 4층_외부창호및유리공사	개	1.0
4층 3중 유리유리	39T 로이	건축공사	창호및유리공사		개	1.0
4층 BF225 이중창	22T 로이	건축공사	창호및유리공사		개	12.0
4층 Fix Project		건축공사	창호및유리공사		개	4.0
4층 방화문	1200×2100	건축공사	창호및유리공사	건축, 마감공사, 4층_내부창호공사	개	1.0
4층 화장실용 도어	900×2100	건축공사	창호및유리공사		개	2.0
5층 시스템 FIX BR70	2000×2000	건축공사	창호및유리공사	건축, 마감공사, 5층_외부창호및유리공사	개	1.0
5층 3중 유리유리	39T 로이	건축공사	창호및유리공사		개	1.0
5층 BF225 이중창	22T 로이	건축공사	창호및유리공사		개	12.0
5층 Fix Project		건축공사	창호및유리공사		개	4.0
5층 방화문	1200×2100	건축공사	창호및유리공사	건축, 마감공사, 5층_내부창호공사	개	2.0
5층 화장실용 도어	900×2100	건축공사	창호및유리공사		개	2.0
전층 시스템 도어락	지문인식+RF	건축공사	창호및유리공사	건축, 마감공사, 공통_창호 액세서리설치	개	4.0
B1층 지정도장 스프레이	전층내부천정/수성페인트	건축공사	도장공사	건축, 마감공사, B1층_도장공사	M2	289.8
B1층 비닐 페인트 로우러칠	내부벽체 2회 1급	건축공사	도장공사		M2	442.5

명 칭	규 격	WBS_Level1	WBS_Level2	Activity Name	단위	수량
1층 지정도장 스프레이	전층내부천정/수성페인트	건축공사	도장공사	건축, 마감공사, 1층_도장공사	M2	241.5
1층 비닐 페인트 로우러칠	내부벽체 2회 1급	건축공사	도장공사		M2	368.8
1층 조합 페인트	철재면 3회 1급	건축공사	도장공사		M2	16.8
2층 지정도장 스프레이	전층내부천정/수성페인트	건축공사	도장공사	건축, 마감공사, 2층_도장공사	M2	281.8
2층 비닐 페인트 로우러칠	내부벽체 2회 1급	건축공사	도장공사		M2	430.2
2층 조합 페인트	철재면 3회 1급	건축공사	도장공사		M2	19.6
3층 지정도장 스프레이	전층내부천정/수성페인트	건축공사	도장공사	건축, 마감공사, 3층_도장공사	M2	281.8
3층 비닐 페인트 로우러칠	내부벽체 2회 1급	건축공사	도장공사		M2	430.2
3층 조합 페인트	철재면 3회 1급	건축공사	도장공사		M2	19.6
4층 지정도장 스프레이	전층내부천정/수성페인트	건축공사	도장공사	건축, 마감공사, 4층_도장공사	M2	281.8
4층 비닐 페인트 로우러칠	내부벽체 2회 1급	건축공사	도장공사		M2	430.2
4층 조합 페인트	철재면 3회 1급	건축공사	도장공사		M2	19.6
5층 지정도장 스프레이	전층내부천정/수성페인트	건축공사	도장공사	건축, 마감공사, 5층_도장공사	M2	281.8
5층 비닐 페인트 로우러칠	내부벽체 2회 1급	건축공사	도장공사		M2	430.2
5층 조합 페인트	철재면 3회 1급	건축공사	도장공사		M2	19.6
주차장 차선도색작업		건축공사	도장공사		식	1.0
B1층 걸레받이	라바베리스	건축공사	수장공사	건축, 마감공사, B1층_수장공사	M	309.6
B1층 비드법 보온판2종 2호 (벽/천정/바닥)		건축공사	수장공사		M2	426.2
1층 걸레받이	라바베리스	건축공사	수장공사	건축, 마감공사, 1층_수장공사	M	258.0
1층 비드법 보온판2종 2호 (벽/천정/바닥)		건축공사	수장공사		M2	355.2
2층 걸레받이	라바베리스	건축공사	수장공사	건축, 마감공사, 2층_수장공사	M	301.0
2층 비드법 보온판2종 2호 (벽/천정/바닥)		건축공사	수장공사		M2	414.4
3층 걸레받이	라바베리스	건축공사	수장공사	건축, 마감공사, 3층_수장공사	M	301.0
3층 비드법 보온판2종 2호 (벽/천정/바닥)		건축공사	수장공사		M2	414.4
4층 걸레받이	라바베리스	건축공사	수장공사	건축, 마감공사, 4층_수장공사	M	301.0
4층 비드법 보온판2종 2호 (벽/천정/바닥)		건축공사	수장공사		M2	414.4
5층 걸레받이	라바베리스	건축공사	수장공사	건축, 마감공사, 5층_수장공사	M	301.0
5층 비드법 보온판2종 2호 (벽/천정/바닥)		건축공사	수장공사		M2	414.4

명 칭	규 격	WBS_Level1	WBS_Level2	Activity Name	단위	수량
지붕 비드법 보온판2종 2호	T=220	건축공사	수장공사	건축, 마감공사, PH층_수장공사	M2	428.0
B1층 헬스기구	벤치프레스 외	건축공사	가구및집기공사	건축, 마감공사, B1층_가구및집기공사	SET	1.0
2층 가구 및 집기등	책상,옷장,서랍장, 의자	건축공사	가구및집기공사	건축, 마감공사, 2층_가구및집기공사	SET	15.0
3층 가구 및 집기등	책상,옷장,서랍장, 의자	건축공사	가구및집기공사	건축, 마감공사, 3층_가구및집기공사	개소	7.0
4층 가구 및 집기등	책상,옷장,서랍장, 의자	건축공사	가구및집기공사	건축, 마감공사, 4층_가구및집기공사	개소	7.0
5층 가구 및 집기등	책상,옷장,서랍장, 의자	건축공사	가구및집기공사	건축, 마감공사, 5층_가구및집기공사	개소	7.0
폐자재처리수수료	폐콘크리트 등	건축공사	기타공사 (폐기물처리포함)	건축, 마감공사, 공통_폐기물처리	TON	50.0
공용 사인몰		건축공사	기타공사 (폐기물처리포함)	건축, 마감공사, 공통_기타공사(사인몰 등)	식	1.0
1층 사인몰		건축공사	기타공사 (폐기물처리포함)	건축, 마감공사, 공통_기타공사(사인몰 등)	식	1.0
2층 사인몰		건축공사	기타공사 (폐기물처리포함)		식	1.0
3층 사인몰		건축공사	기타공사 (폐기물처리포함)		식	1.0
4층 사인몰		건축공사	기타공사 (폐기물처리포함)		식	1.0
5층 사인몰		건축공사	기타공사 (폐기물처리포함)		식	1.0
카 스토퍼	주차장	건축공사	기타공사 (폐기물처리포함)		EA	20.0
도로굴착 오,배수관로연결	지자제 등록업체	부대토목 및 조경공사	부대토목공사	부대공사, 부대토목공사, 공통_부대토목공사	동	1.0
건물주위 포장공사	우수맨홀포함	부대토목 및 조경공사	부대토목공사		식	1.0
소나무 식재	H4.0×W2.0×R15	부대토목 및 조경공사	조경공사		주	4.0
영산홍 식재	H0.3×W0.4	부대토목 및 조경공사	조경공사	부대공사, 조경공사, 공통_조경공사	주	20.0
금연 안내판	200×200	부대토목 및 조경공사	부대토목공사		EA	1.0
조경물 설치		부대토목 및 조경공사	조경공사		식	1.0
B1층 위생설비배관		설비공사	배관/기구취부공사		식	1.0
B1층 위생기구	양변기, 소변기 외	설비공사	배관/기구취부공사		식	1.0
2층 위생설비배관		설비공사	배관/기구취부공사	설비, 배관/기구취부공사, 공통_배관/기구취부공사	식	1.0
2층 위생기구	양변기, 샤워기	설비공사	배관/기구취부공사		식	1.0
3층 위생설비배관		설비공사	배관/기구취부공사		식	1.0
3층 위생기구	양변기, 샤워기	설비공사	배관/기구취부공사		식	1.0
4층 위생설비배관		설비공사	배관/기구취부공사		식	1.0
4층 위생기구	양변기, 샤워기	설비공사	배관/기구취부공사	설비, 배관/기구취부공사, 공통_배관/기구취부공사	식	1.0
5층 위생설비배관		설비공사	배관/기구취부공사		식	1.0
5층 위생기구	양변기, 샤워기	설비공사	배관/기구취부공사		식	1.0

명 칭	규 격	WBS_Level1	WBS_Level2	Activity Name	단위	수량
B1층 전등,전열, 통신배관, 배선		설비공사	전기/통신공사	설비, 전기/통신공사, 공통_전기/통신공사	평	81.0
B1층 전등,전열, 통기구	(통신,등기구포함)	설비공사	전기/통신공사		식	1.0
1층 전등,전열, 통신배관, 배선		설비공사	전기/통신공사		평	81.0
1층 전등,전열,통기구	(통신,등기구포함)	설비공사	전기/통신공사		식	1.0
2층 전등,전열, 통신배관, 배선		설비공사	전기/통신공사		평	81.0
2층 전등,전열, 통기구	(통신,등기구포함)	설비공사	전기/통신공사	설비, 전기/통신공사, 공통_전기/통신공사	식	1.0
3층 전등,전열, 통신배관, 배선		설비공사	전기/통신공사		평	81.0
3층 전등,전열, 통기구	(통신,등기구포함)	설비공사	전기/통신공사		식	1.0
4층 전등,전열, 통신배관, 배선		설비공사	전기/통신공사		평	81.0
4층 전등,전열, 통기구	(통신,등기구포함)	설비공사	전기/통신공사		식	1.0
5층 전등,전열, 통신배관, 배선		설비공사	전기/통신공사		평	81.0
5층 전등,전열, 통기구	(통신,등기구포함)	설비공사	전기/통신공사		식	1.0

- **그림 2-209를 정리한 표 2-4를 이용하여 Primavera P6에 Activity를 작성합니다.**

(※비고란에 따로 Activity Type이 표기된 Activity 외에는 Task Dependent로 생성)

▼ 표 2-4

	실전 적용 Activity	
Activity ID	Activity Name	비 고
JBG01010	착공	Start Milestone
JBG01020	토공사 착수	Start Milestone
JBG01030	토공사 완료	Finish Milestone
JBG01040	골조공사 착수	Start Milestone
JBG01050	주차장 상판공사 완료	Finish Milestone
JBG01060	골조공사 완료	Finish Milestone
JBG01070	마감공사 착수	Start Milestone
JBG01080	마감공사 완료	Finish Milestone
JBG01090	준공	Finish Milestone
JBG02010	공통공사,공통_준비기간(공통가설공사포함)	
JBG02020	공통공사,공통_정리기간	
JBG03010	간접비	Level of Effort
JBE01010	토목,토공사,공통_굴착공사	
JBE02010	토목,토공사,공통_되메우기및다짐공사	
JBA01010	건축,골조공사,공통_가설공사	Level of Effort
JBA01020	건축,골조공사,FT층_버림콘크리트공사	
JBA01030	건축,골조공사,FT층_철근콘크리트공사	
JBA01040	건축,골조공사,B1층_철근콘크리트공사	
JBA01050	건축,골조공사,1층_철근콘크리트공사	
JBA01060	건축,골조공사,2층_철근콘크리트공사	
JBA01070	건축,골조공사,3층_철근콘크리트공사	
JBA01080	건축,골조공사,4층_철근콘크리트공사	
JBA01090	건축,골조공사,5층_철근콘크리트공사	
JBA01100	건축,골조공사,PH층_철근콘크리트공사	
JBA02010	건축,마감공사,B1층_조적공사	
JBA02020	건축,마감공사,2층_조적공사	
JBA02030	건축,마감공사,3층_조적공사	
JBA02040	건축,마감공사,4층_조적공사	
JBA02050	건축,마감공사,5층_조적공사	
JBA02060	건축,마감공사,외부_외장마감공사	
JBA03010	건축,마감공사,B1층_방수공사	
JBA03020	건축,마감공사,2층_방수공사	
JBA03030	건축,마감공사,3층_방수공사	
JBA03040	건축,마감공사,4층_방수공사	
JBA03050	건축,마감공사,5층_방수공사	

	실전 적용 Activity	
Activity ID	**Activity Name**	비 고
JBA03060	건축,마감공사,PH층_방수공사	
JBA04010	건축,마감공사,B1층_미장공사	
JBA04020	건축,마감공사,2층_미장공사	
JBA04030	건축,마감공사,3층_미장공사	
JBA04040	건축,마감공사,4층_미장공사	
JBA04050	건축,마감공사,5층_미장공사	
JBA05010	건축,마감공사,1층_외부창호및유리공사	
JBA05020	건축,마감공사,2층_외부창호및유리공사	
JBA05030	건축,마감공사,3층_외부창호및유리공사	
JBA05040	건축,마감공사,4층_외부창호및유리공사	
JBA05050	건축,마감공사,5층_외부창호및유리공사	
JBA05060	건축,마감공사,B1층_내부창호공사	
JBA05070	건축,마감공사,1층_내부창호공사	
JBA05080	건축,마감공사,2층_내부창호공사	
JBA05090	건축,마감공사,3층_내부창호공사	
JBA05100	건축,마감공사,4층_내부창호공사	
JBA05110	건축,마감공사,5층_내부창호공사	
JBA05120	건축,마감공사,공통_창호 액세서리설치	
JBA06010	건축,마감공사,공통_금속공사	
JBA07010	건축,마감공사,B1층_세라믹 타일공사	
JBA07020	건축,마감공사,2층_세라믹 타일공사	
JBA07030	건축,마감공사,3층_세라믹 타일공사	
JBA07040	건축,마감공사,4층_세라믹 타일공사	
JBA07050	건축,마감공사,5층_세라믹 타일공사	
JBA07060	건축,마감공사,B1층_데코타일공사	
JBA07070	건축,마감공사,2층_데코타일공사	
JBA07080	건축,마감공사,3층_데코타일공사	
JBA07090	건축,마감공사,4층_데코타일공사	
JBA07100	건축,마감공사,5층_데코타일공사	
JBA08010	건축,마감공사,B1층_수장공사	
JBA08020	건축,마감공사,1층_수장공사	
JBA08030	건축,마감공사,2층_수장공사	
JBA08040	건축,마감공사,3층_수장공사	
JBA08050	건축,마감공사,4층_수장공사	
JBA08060	건축,마감공사,5층_수장공사	
JBA08070	건축,마감공사,PH층_수장공사	
JBA09010	건축,마감공사,B1층_도장공사	
JBA09020	건축,마감공사,1층_도장공사	
JBA09030	건축,마감공사,2층_도장공사	
JBA09040	건축,마감공사,3층_도장공사	

실전 적용 Activity		
Activity ID	Activity Name	비 고
JBA09050	건축,마감공사,4층_도장공사	
JBA09060	건축,마감공사,5층_도장공사	
JBA10010	건축,마감공사,B1층_가구및집기공사	
JBA10020	건축,마감공사,2층_가구및집기공사	
JBA10030	건축,마감공사,3층_가구및집기공사	
JBA10040	건축,마감공사,4층_가구및집기공사	
JBA10050	건축,마감공사,5층_가구및집기공사	
JBA11010	건축,마감공사,공통_기타공사(사인몰 등)	
JBA11020	건축,마감공사,공통_폐기물처리	Level of Effort
JBM01010	설비,배관/기구취부공사,공통_배관/기구 취부공사	
JBM02010	설비,전기/통신공사,공통_전기/통신공사	
JBL01010	부대공사,부대토목공사,공통_부대토목공사	
JBL02010	부대공사,조경공사,공통_조경공사	

■ **Primavera P6에 Activity를 생성한 결과물은 아래와 같습니다.**

▼ 그림 2-110

Activity ID	Activity Name	Original Duration	Start	Finish
JB 제이빌딩 신축공사		7d	2026-02-03	2026-02-09
JB.G 일반사항		5d	2026-02-03	2026-02-07
JB.G.01 마일스톤		0d	2026-02-03	2026-02-03
JBG01010	착공	0d	2026-02-03	
JBG01020	토공사 착수	0d	2026-02-03	
JBG01030	토공사 완료	0d		2026-02-03
JBG01040	골조공사 착수	0d	2026-02-03	
JBG01050	주차장 상판공사 완료	0d		2026-02-03
JBG01060	골조공사 완료	0d		2026-02-03
JBG01070	마감공사 착수	0d	2026-02-03	
JBG01080	마감공사 완료	0d		2026-02-03
JBG01090	준공	0d		2026-02-03
JB.G.02 준비기간/정리기간		5d	2026-02-03	2026-02-07
JBG02010	공통공사,공통_준비기간(공통가설공사포함)	5d	2026-02-03	2026-02-07
JBG02020	공통공사,공통_정리기간	5d	2026-02-03	2026-02-07
JB.G.03 일반사항		5d	2026-02-03	2026-02-07
JBG03010	간접비	5d	2026-02-03	2026-02-07
JB.E 토목공사		5d	2026-02-03	2026-02-07
JB.E.01 굴착공사		5d	2026-02-03	2026-02-07
JBE01010	토목,토공사,공통_굴착공사	5d	2026-02-03	2026-02-07
JB.E.02 되메우기 및 다짐공사		5d	2026-02-03	2026-02-07
JBE02010	토목,토공사,공통_되메우기및다짐공사	5d	2026-02-03	2026-02-07
JB.A 건축공사		7d	2026-02-03	2026-02-09
JB.A.01 가설공사		6d	2026-02-04	2026-02-09
JBA01010	건축,골조공사,공통_가설공사	6d	2026-02-04	2026-02-09
JB.A.02 골조공사		5d	2026-02-04	2026-02-08
JBA01040	건축,골조공사,B1층_철근콘크리트공사	5d	2026-02-04	2026-02-08
JBA01030	건축,골조공사,FT층_철근콘크리트공사	5d	2026-02-04	2026-02-08
JBA01050	건축,골조공사,1층_철근콘크리트공사	5d	2026-02-04	2026-02-08
JBA01060	건축,골조공사,2층_철근콘크리트공사	5d	2026-02-04	2026-02-08
JBA01070	건축,골조공사,3층_철근콘크리트공사	5d	2026-02-04	2026-02-08
JBA01080	건축,골조공사,4층_철근콘크리트공사	5d	2026-02-04	2026-02-08
JBA01090	건축,골조공사,5층_철근콘크리트공사	5d	2026-02-04	2026-02-08
JBA01100	건축,골조공사,PH층_철근콘크리트공사	5d	2026-02-04	2026-02-08
JBA01020	건축,골조공사,FT층_버림콘크리트공사	5d	2026-02-04	2026-02-08
JB.A.03 조적공사		5d	2026-02-03	2026-02-07
JBA02060	건축,마감공사,외부_외장마감공사	5d	2026-02-03	2026-02-07
JBA02010	건축,마감공사,B1층_조적공사	5d	2026-02-03	2026-02-07
JBA02020	건축,마감공사,2층_조적공사	5d	2026-02-03	2026-02-07
JBA02030	건축,마감공사,3층_조적공사	5d	2026-02-03	2026-02-07
JBA02040	건축,마감공사,4층_조적공사	5d	2026-02-03	2026-02-07
JBA02050	건축,마감공사,5층_조적공사	5d	2026-02-03	2026-02-07
JB.A.04 방수공사		5d	2026-02-03	2026-02-07

Activity ID	Activity Name	Original Duration	Start	Finish
JBA03060	건축,마감공사,PH층_방수공사	5d	2026-02-03	2026-02-07
JBA03010	건축,마감공사,B1층_방수공사	5d	2026-02-03	2026-02-07
JBA03020	건축,마감공사,2층_방수공사	5d	2026-02-03	2026-02-07
JBA03030	건축,마감공사,3층_방수공사	5d	2026-02-03	2026-02-07
JBA03040	건축,마감공사,4층_방수공사	5d	2026-02-03	2026-02-07
JBA03050	건축,마감공사,5층_방수공사	5d	2026-02-03	2026-02-07
JB.A.05 미장공사		5d	2026-02-03	2026-02-07
JBA04010	건축,마감공사,B1층_미장공사	5d	2026-02-03	2026-02-07
JBA04020	건축,마감공사,2층_미장공사	5d	2026-02-03	2026-02-07
JBA04030	건축,마감공사,3층_미장공사	5d	2026-02-03	2026-02-07
JBA04040	건축,마감공사,4층_미장공사	5d	2026-02-03	2026-02-07
JBA04050	건축,마감공사,5층_미장공사	5d	2026-02-03	2026-02-07
JB.A.06 창호 및 유리공사		5d	2026-02-03	2026-02-07
JBA05010	건축,마감공사,1층_외부창호및유리공사	5d	2026-02-03	2026-02-07
JBA05020	건축,마감공사,2층_외부창호및유리공사	5d	2026-02-03	2026-02-07
JBA05030	건축,마감공사,3층_외부창호및유리공사	5d	2026-02-03	2026-02-07
JBA05040	건축,마감공사,4층_외부창호및유리공사	5d	2026-02-03	2026-02-07
JBA05050	건축,마감공사,5층_외부창호및유리공사	5d	2026-02-03	2026-02-07
JBA05070	건축,마감공사,1층_내부창호공사	5d	2026-02-03	2026-02-07
JBA05080	건축,마감공사,2층_내부창호공사	5d	2026-02-03	2026-02-07
JBA05090	건축,마감공사,3층_내부창호공사	5d	2026-02-03	2026-02-07
JBA05100	건축,마감공사,4층_내부창호공사	5d	2026-02-03	2026-02-07
JBA05110	건축,마감공사,5층_내부창호공사	5d	2026-02-03	2026-02-07
JBA05060	건축,마감공사,B1층_내부창호공사	5d	2026-02-03	2026-02-07
JBA05120	건축,마감공사,공통_창호 엑세서리설치	5d	2026-02-03	2026-02-07
JB.A.07 금속공사		5d	2026-02-03	2026-02-07
JBA06010	건축,마감공사,공통_금속공사	5d	2026-02-03	2026-02-07
JB.A.08 타일공사		5d	2026-02-03	2026-02-07
JBA07010	건축,마감공사,B1층_세라믹 타일공사	5d	2026-02-03	2026-02-07
JBA07020	건축,마감공사,2층_세라믹 타일공사	5d	2026-02-03	2026-02-07
JBA07030	건축,마감공사,3층_세라믹 타일공사	5d	2026-02-03	2026-02-07
JBA07040	건축,마감공사,4층_세라믹 타일공사	5d	2026-02-03	2026-02-07
JBA07050	건축,마감공사,5층_세라믹 타일공사	5d	2026-02-03	2026-02-07
JBA07060	건축,마감공사,B1층_데코타일공사	5d	2026-02-03	2026-02-07
JBA07070	건축,마감공사,2층_데코타일공사	5d	2026-02-03	2026-02-07
JBA07080	건축,마감공사,3층_데코타일공사	5d	2026-02-03	2026-02-07
JBA07090	건축,마감공사,4층_데코타일공사	5d	2026-02-03	2026-02-07
JBA07100	건축,마감공사,5층_데코타일공사	5d	2026-02-03	2026-02-07
JB.A.09 수장공사		5d	2026-02-03	2026-02-07
JBA08010	건축,마감공사,B1층_수장공사	5d	2026-02-03	2026-02-07
JBA08030	건축,마감공사,2층_수장공사	5d	2026-02-03	2026-02-07
JBA08040	건축,마감공사,3층_수장공사	5d	2026-02-03	2026-02-07
JBA08050	건축,마감공사,4층_수장공사	5d	2026-02-03	2026-02-07

Activity ID	Activity Name	Original Duration	Start	Finish
JBA08060	건축,마감공사,5층_수장공사	5d	2026-02-03	2026-02-07
JBA08020	건축,마감공사,1층_수장공사	5d	2026-02-03	2026-02-07
JBA08070	건축,마감공사,PH층_수장공사	5d	2026-02-03	2026-02-07
JB.A.10 도장공사		5d	2026-02-03	2026-02-07
JBA09020	건축,마감공사,1층_도장공사	5d	2026-02-03	2026-02-07
JBA09030	건축,마감공사,2층_도장공사	5d	2026-02-03	2026-02-07
JBA09040	건축,마감공사,3층_도장공사	5d	2026-02-03	2026-02-07
JBA09050	건축,마감공사,4층_도장공사	5d	2026-02-03	2026-02-07
JBA09060	건축,마감공사,5층_도장공사	5d	2026-02-03	2026-02-07
JBA09010	건축,마감공사,B1층_도장공사	5d	2026-02-03	2026-02-07
JB.A.11 가구및집기공사		5d	2026-02-03	2026-02-07
JBA10010	건축,마감공사,B1층_가구및집기공사	5d	2026-02-03	2026-02-07
JBA10020	건축,마감공사,2층_가구및집기공사	5d	2026-02-03	2026-02-07
JBA10030	건축,마감공사,3층_가구및집기공사	5d	2026-02-03	2026-02-07
JBA10040	건축,마감공사,4층_가구및집기공사	5d	2026-02-03	2026-02-07
JBA10050	건축,마감공사,5층_가구및집기공사	5d	2026-02-03	2026-02-07
JB.A.12 기타공사(폐기물처리포함)		5d	2026-02-03	2026-02-07
JBA11010	건축,마감공사,공통_기타공사(사인물 등)	5d	2026-02-03	2026-02-07
JBA11020	건축,마감공사,공통_폐기물처리	5d	2026-02-03	2026-02-07
JB.M 설비공사		5d	2026-02-03	2026-02-07
JB.M.01 배관/기구취부공사		5d	2026-02-03	2026-02-07
JBM01010	설비,배관/기구취부공사,공통_배관/기구취부공사	5d	2026-02-03	2026-02-07
JB.M.02 전기/통신공사		5d	2026-02-03	2026-02-07
JBM02010	설비,전기/통신공사,공통_전기/통신공사	5d	2026-02-03	2026-02-07
JB.L 부대토목 및 조경공사		5d	2026-02-03	2026-02-07
JB.L.01 부대토목공사		5d	2026-02-03	2026-02-07
JBL01010	부대공사,부대토목공사,공통_부대토목공사	5d	2026-02-03	2026-02-07
JB.L.02 조경공사		5d	2026-02-03	2026-02-07
JBL02010	부대공사,조경공사,공통_조경공사	5d	2026-02-03	2026-02-07

8 Multi-Calendar 생성하기

【Preview】

▼ 그림 2-111

《CAL02_토공 및 부대공사》(1)

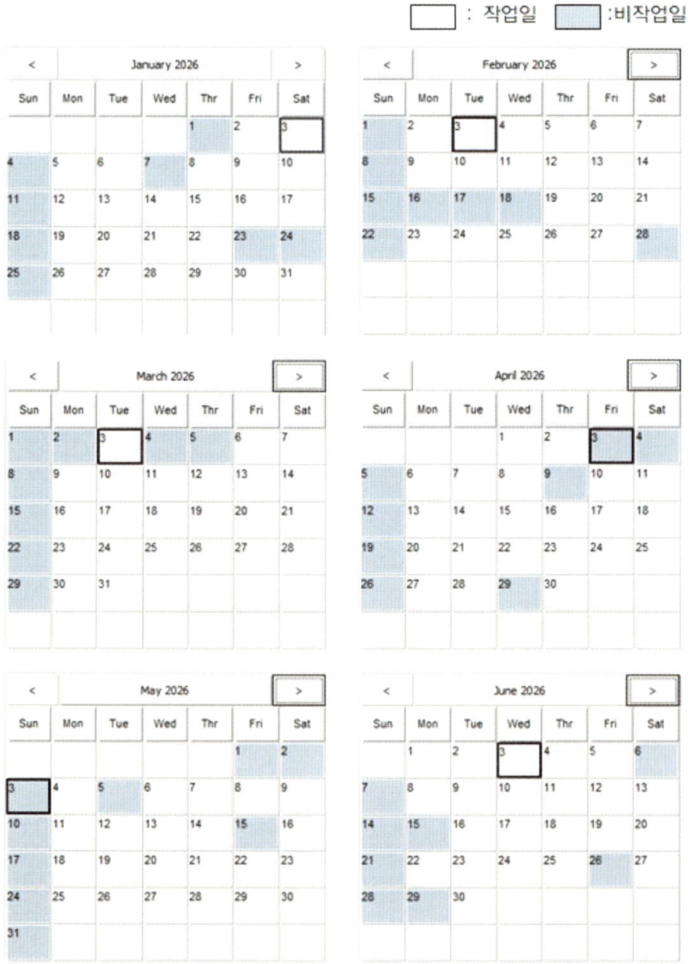

☐ : 작업일   ☐ :비작업일

[작업순서]

① 메뉴 Bar에서 [Enterprise] - [Calendars] 선택 ▶ ② [Calendar] 기본값 확인 ▶ ③ Project Calendar 추가 ▶ ④ Calendar Name 수정 ▶ ⑤ Non-Work 지정 ▶ ⑥ Workweek / Time Periods 확인 ▶ ⑦ Detailed Work hours/day 지정 ▶ ⑧ 요일별 작업시간 지정 ▶ ⑨ Calendar 열 활성화 ▶ ⑩ Activity에 Calendar 지정

★ 위 작업 순서는 참고용으로, 부록 'J-NWC' Manual 순서에 따라 작성 바람.

8.1 Multi-Calendar란?

■ Multi-Calendar 정의

Multi-Calendar란 '다중 달력'의 의미로 작업자가 세우고자 하는 조건의 개수만큼 생성하여 각 Activity 별로 다르게 지정할 수 있습니다. 이는 CPM(Critical Path Method) 계산 시 작업일수와 비작업일수를 고려하여 일정에 대한 품질을 보장합니다.

■ Calendar Type

Calendar에는 ①Global Calendar, ②Resource Calendar, ③Project Calendar 3가지 타입이 존재하며 각각은 다음과 같은 특징을 가집니다.

① Global Calendar

데이터베이스 내 모든 프로젝트에 의해 사용될 수 있는 Calendar를 포함합니다.

데이터베이스 내에 모든 Project, Activity, Resource에서 사용할 수 있습니다.

② Resource Calendar

각각의 Resource에 대한 분리된 Calendar를 포함합니다.

③ Project Calendar

현재의 Project에만 사용할 수 있습니다.

■ Calendar의 비작업일수 기준 설정

Project를 수행하면서 법정 공휴일 및 기후 불능일의 비작업일수가 발생하고 이를 반영하게 도와주는 기능이 P6의 Calendar 기능입니다. 이때 비작업일수를 산정하기 위해서는 다음 **표 2-5**와 같은 기준이 필요합니다(아래 기준은 예시임).

▼ 표 2-5

기후 불능일 산정 기준	법정 공휴일 산정 기준
① 혹서기 : 일 최고기온 33℃ 이상	① 일요일
② 혹한기 : 일 최저기온 -12℃ 이하	② 명절 : 설 연휴, 추석 연휴
③ 일 강수량 : 일 강수량 10mm 이상	③ 국경일 : 3·1절, 광복절, 개천절, 한글날
④ 적설량 : 신적설량 5cm 이상	④ 기타 : 신정, 근로자의 날, 어린이날, 석가탄신일, 대체공휴일
⑤ 풍속 : 최대순간풍속 15㎧ 이상	
※ 기후 데이터의 경우 기상청 개방 포털 사이트(https://data.kma.go.kr/)에서 수집	

8.2 Multi-Calendar 생성하기

■ 메뉴 Bar에서 [Enterprise] - [Calendars] 선택

Calendars 화면을 활성화하기 위해 메뉴 Bar에서 [Enterprise]를 선택한 후 [Calendars]를 선택합니다.

▼ 그림 2-112

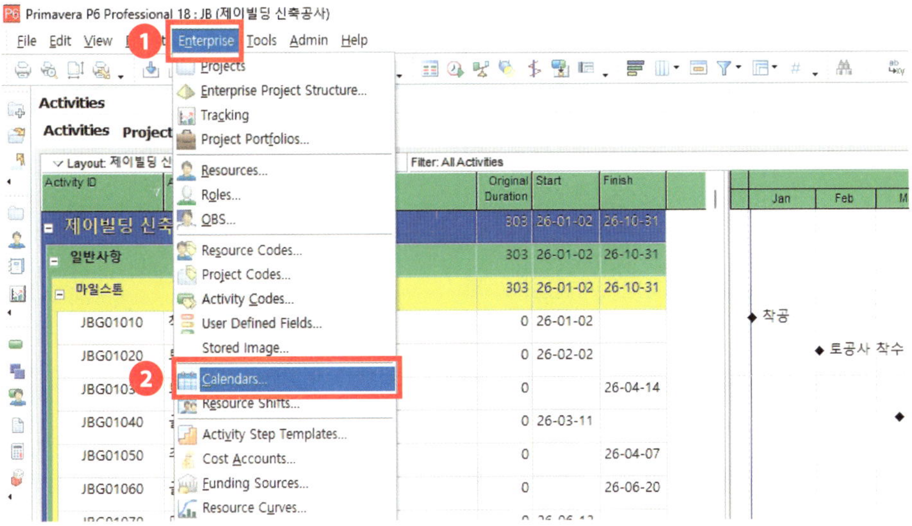

■ [Calendar] 기본값 확인

기본값으로 설정된 Calendar를 확인하기 위해 [Global] 버튼을 클릭합니다. [Global] 창에서 Calendar를 생성해도 되지만 현재 프로젝트에만 적용하는 Calendar를 생성하기 위해 [Project]를 클릭합니다.

▼ 그림 2-113

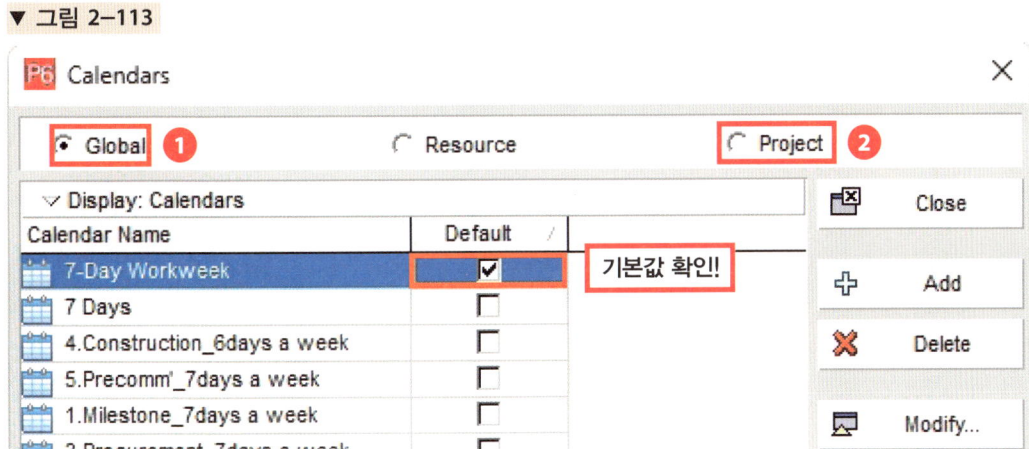

■ **Project Calendar 추가**

[Project] 창에서 [Add] 버튼을 클릭한 후 새로 만들 Calendar를 기존의 어떤 Calendar를 복사하여 생성할 것인지를 선택합니다(기본값으로 지정된 '7-Day Workweek' 클릭).

▼ 그림 2-114

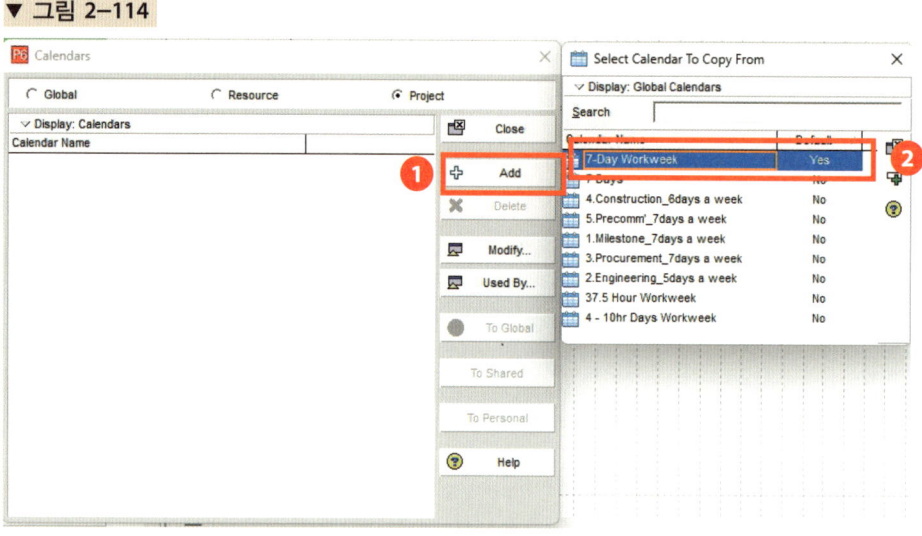

■ **Calendar Name 수정**

새롭게 만들어진 Calendar Name에 'Sample Calendar'를 입력하고 세부적인 사항을 변경하기 위해 [Modify] 버튼을 클릭합니다.

▼ 그림 2-115

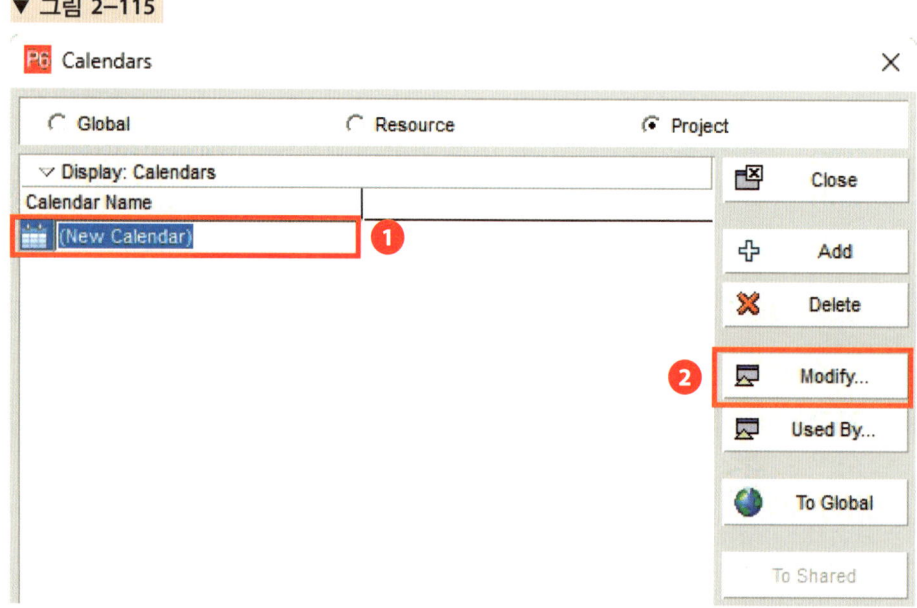

- **Non-Work 지정**

휴일로 지정하고 싶은 날에 해당 일자를 선택하여 오른쪽의 [Nonwork] 버튼을 클릭합니다. 휴일로 지정되면 Work hours/day가 0시간이 된 것을 확인할 수 있습니다.

▼ 그림 2-116

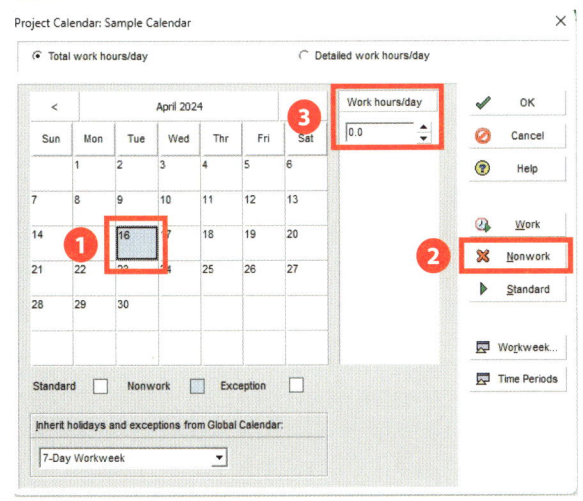

[Note]

[Inherit holidays and exceptions from Global Calendar]는 Project Calendar 설정 시, 활성화되며 해당 달력에 Global Calendar의 Nonwork와 Exception을 적용할 수 있으며, 적용된 달력의 해당 날짜에는 지구본 모양(🌐)으로 표현돼요!

- **Workweek / Time Periods 확인**

[Workweek] 버튼을 클릭합니다. 해당 창은 현재 설정된 요일마다의 근로시간을 확인 및 수정할 수 있습니다. [Time Periods] 버튼을 클릭합니다. 해당 창은 각 시간 단위별로 설정된 근로 시간 시간을 확인 및 수정할 수 있습니다.

▼ 그림 2-117

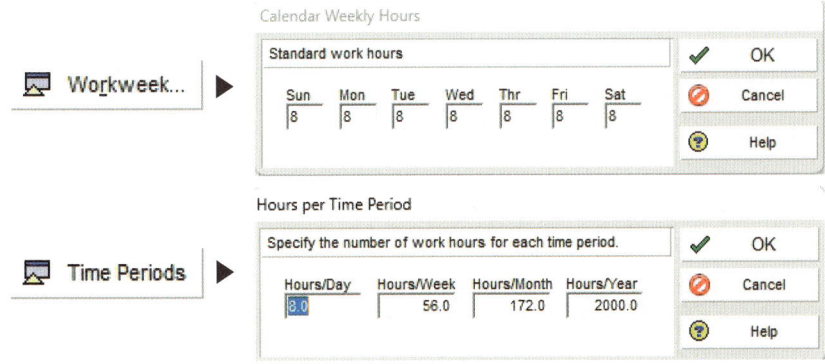

■ **Detailed Work hours/day 지정**

Detailed Work hours/day를 클릭합니다. Total work hours/day에서 전체적인 하루 근무 시간을 설정했다면, Detailed Work hours/day는 하루 24시간 중 근무 시간을 원하는 대로 지정할 수 있습니다. 기본적으로 08:00 AM~16:00 PM으로 지정되어 있음을 확인할 수 있습니다. 원하는 시간대를 일괄 적용하기 위해 [Workweek] 버튼을 클릭합니다.

▼ 그림 2-118

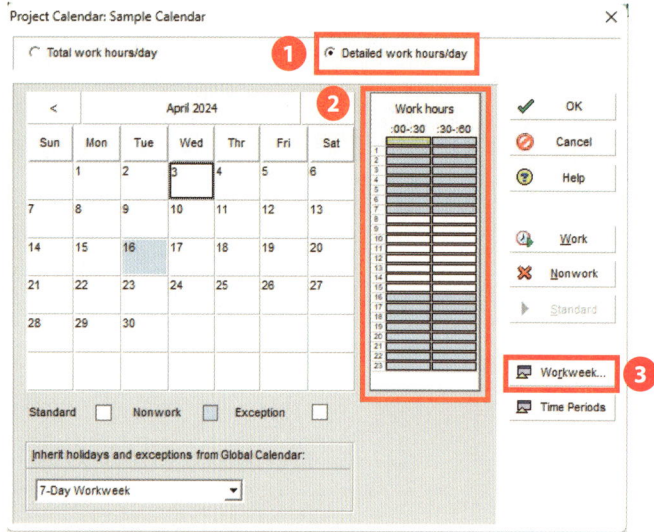

■ **요일별 작업시간 지정**

[Work] / [Nonwork] 버튼을 클릭하여 시간대별 작업시간을 변경합니다.

▼ 그림 2-119

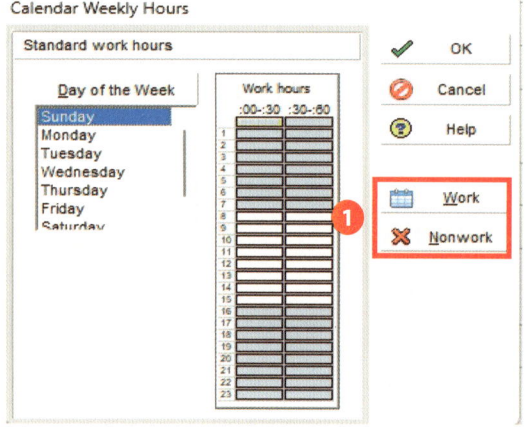

[꿀 Tips]

일괄적으로 동일하게 작업시간을 변경할 경우, 각 요일마다 별도로 지정하는 것보다 [Sunday]를 클릭 ▶ 자판[Shift]을 누른 상태로 Saturday까지 클릭한 후 변경하면 한 번에 변경할 수 있어요!

■ **Calendar 열 활성화**

캘린더 대화상자를 종료하고 Activities 화면에서 우클릭을 통해 Columns 대화상자를 열고 [General]에서 Calendar를 선택한 후 ▸ 클릭하여 Selected Options에 추가 합니다. 추가 되면 Apply 버튼을 눌러 대화상자를 종료합니다.

▼ 그림 2-120

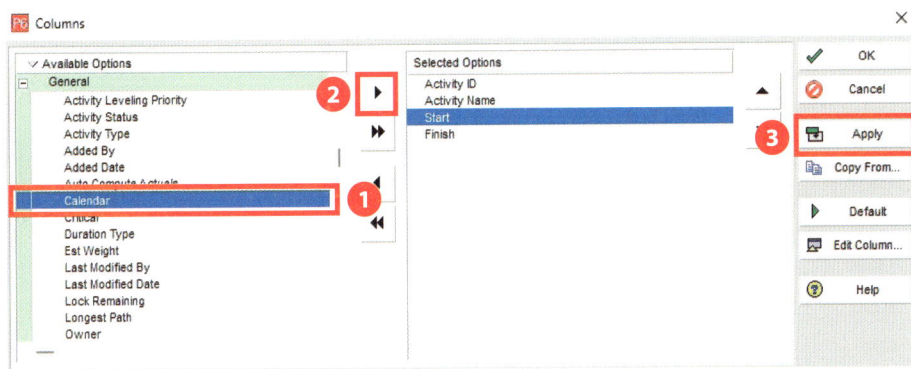

■ **Activity에 Calendar 지정**

Calendar를 변경할 Activity를 선택 후 Calendar 열에 있는 기본값에 Calendar를 더블 클릭하여 Select Activity Calendar 대화상자를 활성화합니다. 추가할 Calendar를 더블 클릭하여 추가합니다.

▼ 그림 2-121

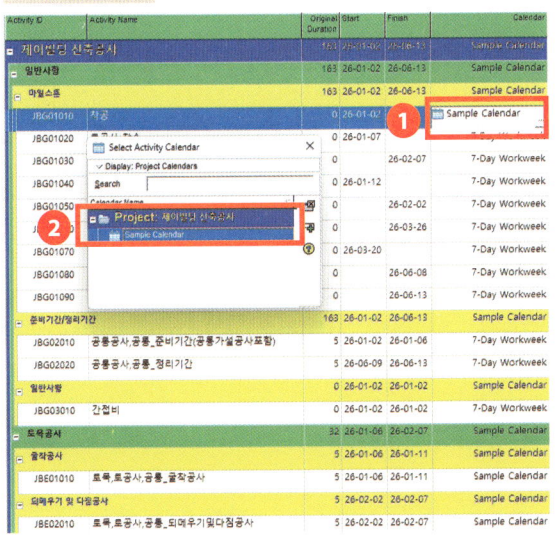

[꿀 Tips]

현재 지정한 Calendar를 다수의 Activity에 동일하게 반영하려 할 경우, 현재 방법은 시간 소요가 많이 듭니다. 따라서, 다수의 Activity를 자판의 [Shift] 키를 이용해 선택 후, Fill Down 기능(단축키 : Ctrl + E)을 이용하면 한 번에 넣을 수 있어요! 아울러, 해당 기능은 어느 열에서나 사용 가능하니 꼭 기억합시다.

8.3 기후불능일 분석하기

① 기상 데이터 및 법정 공휴일 자료 수집

비작업일수를 산출하기 위해서는 기후 데이터와 법정 공휴일을 기준으로 자료를 수집해야 합니다. 기상정보는 기상자료개방 포털(https://data.kma.go.kr)을 통해 취합할 수 있습니다.

▼ 그림 2-122

기상 데이터

① 기상청 데이터 수집
(※ 일반적으로 Project 착수년도 기준 과거 10개년 데이터 수집)

② 데이터 DB화(Excel 프로그램 이용)

법정 공휴일

1) 일요일

2) 명절 : 설 연휴, 추석 연휴

3) 국경일 : 3.1절, 광복절, 개천절, 한글날

4) 기타 : 신정, 어린이날, 근로자의 날, 석가탄신일, 현충일, 성탄절, 대체공휴일

② 기후 불능조건 설정

기후 불능조건은 공사의 품질확보와 현장 근로자의 안전 확보를 위해 관계 법령 기준을 분석하여 아래 표 2-6과 같이 공사 종류별로 작업이 제한되는 기상 조건을 적용합니다.

▼ 표 2-6

공 종	비(강수량) 10mm 이상	바람(풍속) 15㎧ 이상	눈(신적설) 5cm 이상	혹서기 33℃ 이상 (50% 반영)	혹한기 -12℃ 이상
A 공사	O	O	O	O	O
B 공사	O		O	O	O
C 공사	O			O	

※일반적으로 혹서기의 경우 전일 중단이 아닌 가장 무더운 시간대에 작업이 중단되므로 50%만 반영하여 산출함

③ 월별 기후 불능일 취합

수집한 기상 데이터(Project 착수년도 기준 과거 10개년 데이터)를 설정한 기상 조건에 따라 분류하여 월별 기후 불능일수를 취합합니다.

▼ 그림 2-123

기준		월											
		1	2	3	4	5	6	7	8	9	10	11	12
비(강수량)	10mm 이상	0.3	0.8	1.1	2.1	3.0	3.5	5.8	6.0	2.6	2.0	2.1	0.9
바람(풍속)	15m/s 이상	0.4	0.1	1.0	1.1	1.2	0.3	0.4	0.8	0.6	0.3	0.6	0.8
눈(신적설)	5cm 이상	0.4	0.2	-	-	-	-	-	-	-	-	0.1	0.3
혹서기	33℃이상	-	-	-	-	0.1	0.3	3.6	3.9	-	-	-	-
혹한기	-12℃이하	2.1	0.4	-	-	-	-	-	-	-	-	-	1.9
합계		3.0	2.0	2.0	3.0	4.0	4.0	10.0	11.0	3.0	2.0	3.0	4.0

④ 비작업일수 산출

법정 공휴일과 기후 불능일수를 고려하여 산정한 비작업일수가 반영된 월별 Multi-Calendar를 작성하여 Primavera P6에 반영합니다(이때, 기후 불능일은 임의로 지정되는데 보통 공사에 적게 영향을 미칠수 있도록 격일/격주로 지정하는 경우가 많습니다).

▼ 그림 2-124

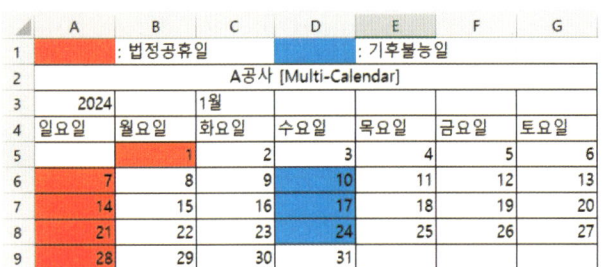

▼ 그림 2-125

〈CAL02_토공 및 부대공사〉(1)

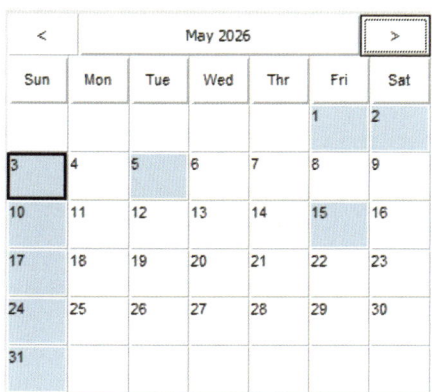

⟨CAL02_토공 및 부대공사⟩(2)

▢ : 작업일   ▨ : 비작업일

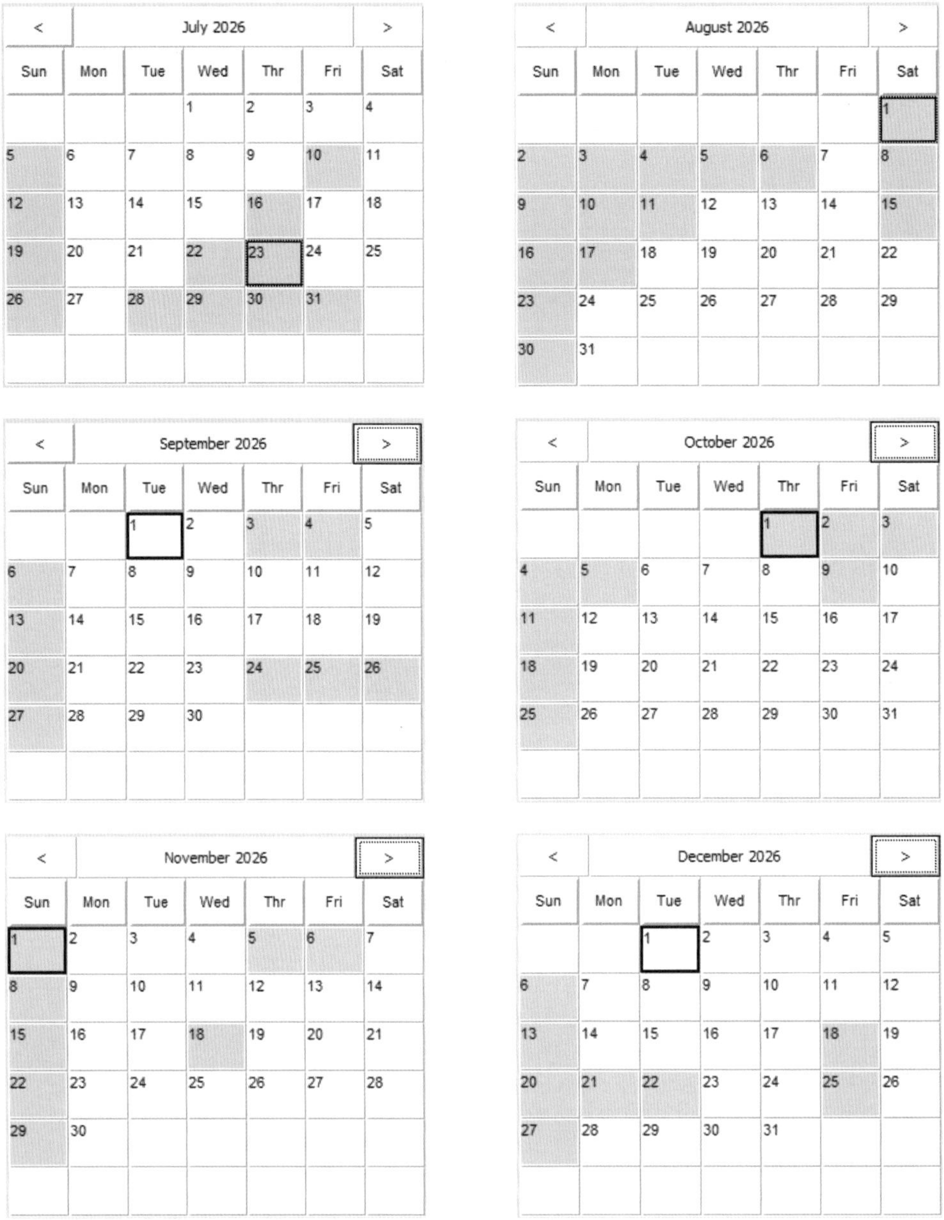

▼ 그림 2-126

〈CAL03_골조공사〉(1)

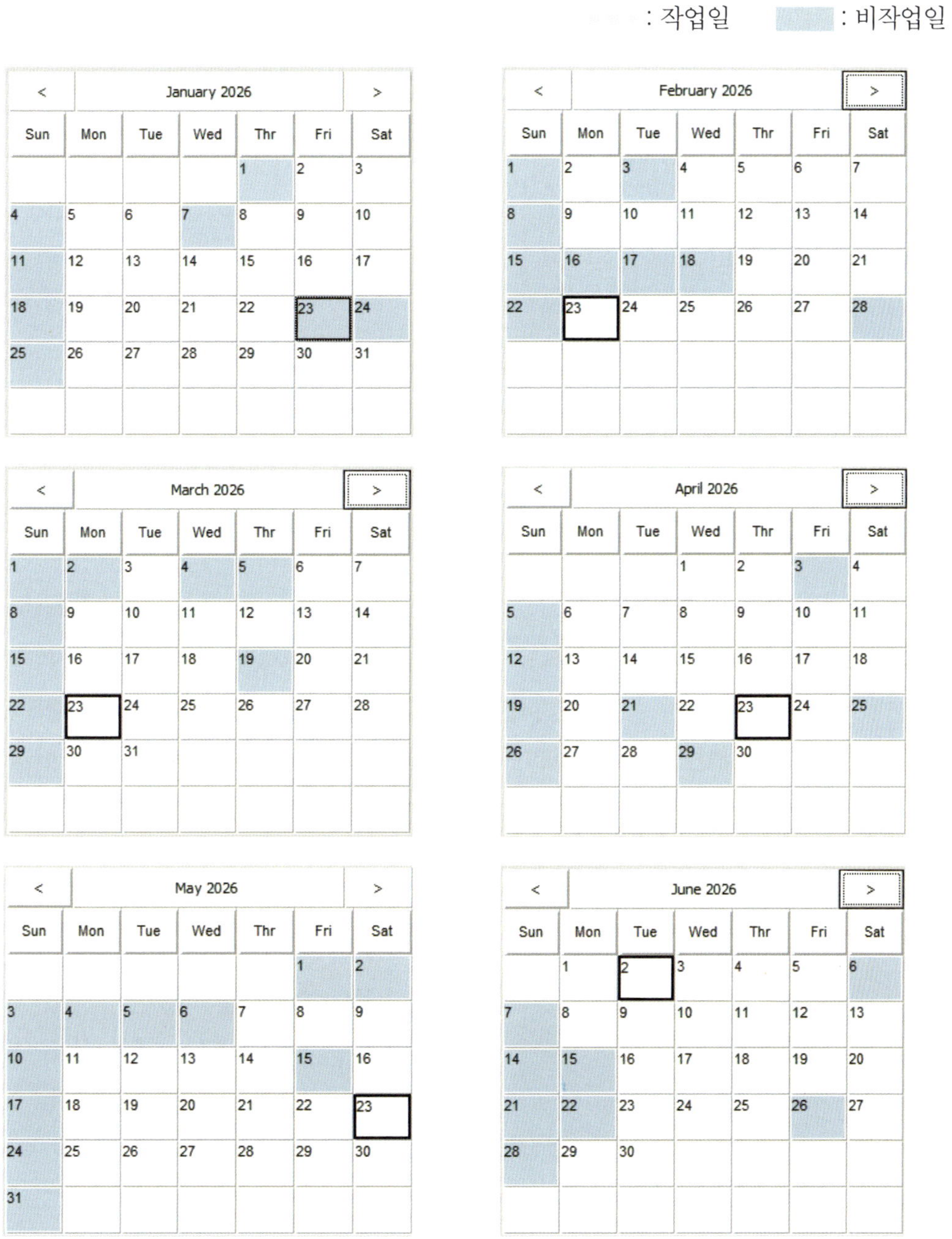

: 작업일   : 비작업일

〈CAL03_골조공사〉(2)

■ : 작업일   ▦ : 비작업일

July 2026
Sun	Mon	Tue	Wed	Thr	Fri	Sat
			1	2	3	4
5	6	7	8	9	10	11
12	13	14	15	16	17	18
19	20	21	22	23	24	25
26	27	28	29	30	31	

August 2026
Sun	Mon	Tue	Wed	Thr	Fri	Sat
						1
2	3	4	5	6	7	8
9	10	11	12	13	14	15
16	17	18	19	20	21	22
23	24	25	26	27	28	29
30	31					

September 2026
Sun	Mon	Tue	Wed	Thr	Fri	Sat
		1	2	3	4	5
6	7	8	9	10	11	12
13	14	15	16	17	18	19
20	21	22	23	24	25	26
27	28	29	30			

October 2026
Sun	Mon	Tue	Wed	Thr	Fri	Sat
				1	2	3
4	5	6	7	8	9	10
11	12	13	14	15	16	17
18	19	20	21	22	23	24
25	26	27	28	29	30	31

November 2026
Sun	Mon	Tue	Wed	Thr	Fri	Sat
1	2	3	4	5	6	7
8	9	10	11	12	13	14
15	16	17	18	19	20	21
22	23	24	25	26	27	28
29	30					

December 2026
Sun	Mon	Tue	Wed	Thr	Fri	Sat
		1	2	3	4	5
6	7	8	9	10	11	12
13	14	15	16	17	18	19
20	21	22	23	24	25	26
27	28	29	30	31		

▼ 그림 2-127

〈CAL04_마감 및 설비공사〉(1)

: 작업일   : 비작업일

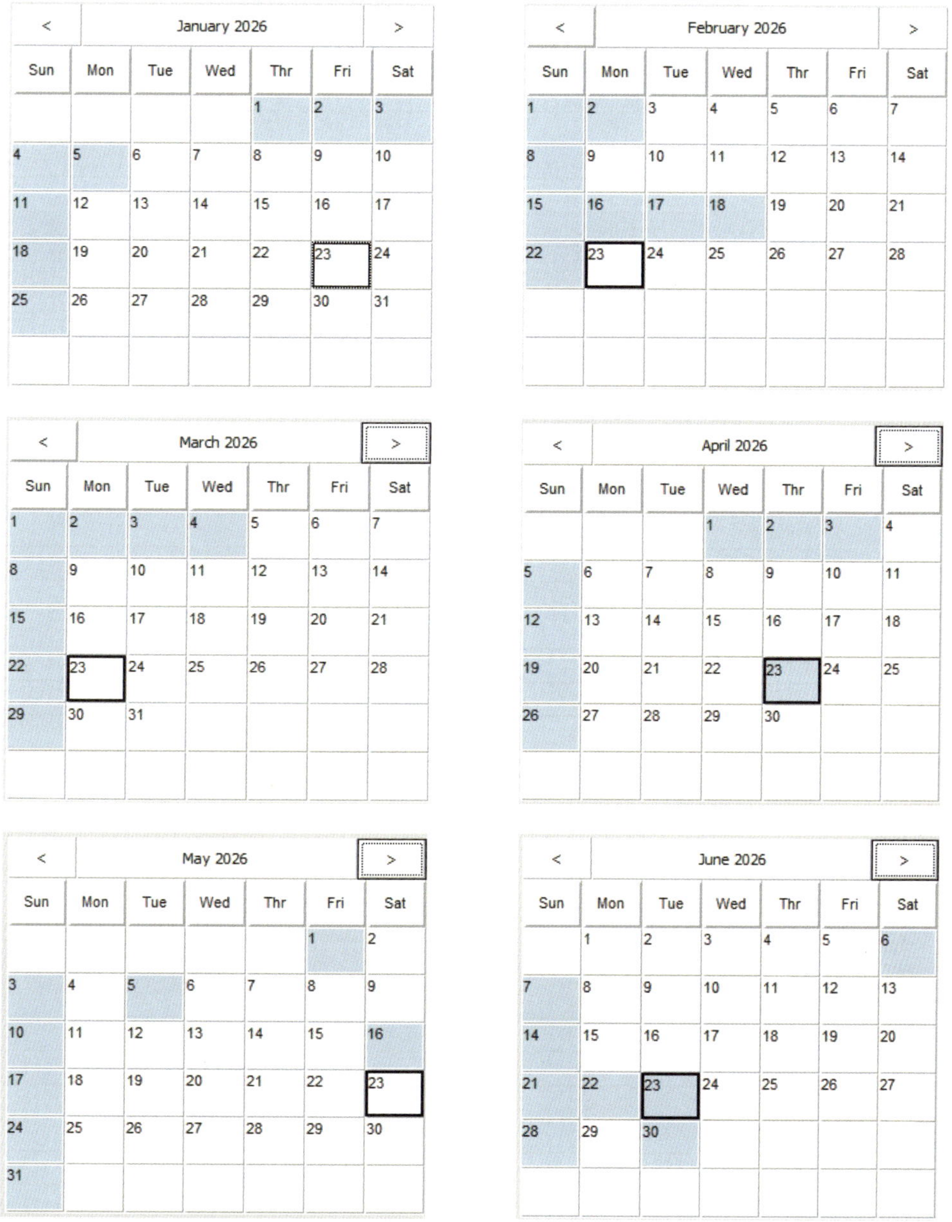

〈CAL04_마감 및 설비공사〉(2)

: 작업일   : 비작업일

	July 2026					
Sun	Mon	Tue	Wed	Thr	Fri	Sat
			1	2	3	4
5	6	7	8	9	10	11
12	13	14	15	16	17	18
19	20	21	22	**23**	24	25
26	27	28	29	30	31	

	August 2026					
Sun	Mon	Tue	Wed	Thr	Fri	Sat
						1
2	3	4	5	6	7	8
9	10	11	12	13	14	15
16	17	18	19	20	21	22
23	24	25	26	27	28	29
30	31					

	September 2026					
Sun	Mon	Tue	Wed	Thr	Fri	Sat
		1	2	3	4	5
6	7	8	9	10	11	12
13	14	15	16	17	18	19
20	21	22	**23**	24	25	26
27	28	29	30			

	October 2026					
Sun	Mon	Tue	Wed	Thr	Fri	Sat
				1	2	3
4	5	6	7	8	9	10
11	12	13	14	15	16	17
18	19	20	21	22	**23**	24
25	26	27	28	29	30	31

	November 2026					
Sun	Mon	Tue	Wed	Thr	Fri	Sat
1	2	3	4	5	6	7
8	9	10	11	12	13	14
15	16	17	18	19	20	21
22	**23**	24	25	26	27	28
29	30					

	December 2026					
Sun	Mon	Tue	Wed	Thr	Fri	Sat
		1	2	3	4	5
6	7	8	9	10	11	12
13	14	15	16	17	18	19
20	21	22	**23**	24	25	26
27	28	29	30	31		

8.4 Activity에 적용하기

- **Activity Coulmn의 Calendar 열을 확인한 후 Activity에 맞는 캘린더를 적용한다.**

▼ 그림 2-128

Activity ID	Activity Name	Original Duration	Start	Finish	Calendar
JB 제이빌딩 신축공사		7d	2026-02-03	2026-02-09	
JB.G 일반사항		5d	2026-02-03	2026-02-07	CAL01_주7일
JB.G.01 마일스톤		0d	2026-02-03	2026-02-03	CAL01_주7일
JBG01010	착공	0d	2026-02-03		CAL01_주7일
JBG01020	토공사 착수	0d	2026-02-03		CAL01_주7일
JBG01030	토공사 완료	0d		2026-02-03	CAL01_주7일
JBG01040	골조공사 착수	0d	2026-02-03		CAL01_주7일
JBG01050	주차장 상판공사 완료	0d		2026-02-03	CAL01_주7일
JBG01060	골조공사 완료	0d		2026-02-03	CAL01_주7일
JBG01070	마감공사 착수	0d	2026-02-03		CAL01_주7일
JBG01080	마감공사 완료	0d		2026-02-03	CAL01_주7일
JBG01090	준공	0d		2026-02-03	CAL01_주7일
JB.G.02 준비기간/정리기간		5d	2026-02-03	2026-02-07	CAL01_주7일
JBG02010	공통공사,공통_준비기간(공통가설공사포함)	5d	2026-02-03	2026-02-07	CAL01_주7일
JBG02020	공통공사,공통_정리기간	5d	2026-02-03	2026-02-07	CAL01_주7일
JB.G.03 일반사항		0d	2026-02-03	2026-02-03	CAL01_주7일
JBG03010	간접비	0d	2026-02-03	2026-02-03	CAL01_주7일
JB.E 토목공사		5d	2026-02-03	2026-02-07	CAL02_토공및부대공사
JB.E.01 굴착공사		5d	2026-02-03	2026-02-07	CAL02_토공및부대공사
JBE01010	토목,토공사,공통_굴착공사	5d	2026-02-03	2026-02-07	CAL02_토공및부대공사
JB.E.02 되메우기 및 다짐공사		5d	2026-02-03	2026-02-07	CAL02_토공및부대공사
JBE02010	토목,토공사,공통_되메우기및다짐공사	5d	2026-02-03	2026-02-07	CAL02_토공및부대공사
JB.A 건축공사		7d	2026-02-03	2026-02-09	
JB.A.01 가설공사		0d	2026-02-04	2026-02-04	CAL03_골조공사
JBA01010	건축,골조공사,공통_가설공사	0d	2026-02-04	2026-02-04	CAL03_골조공사
JB.A.02 골조공사		5d	2026-02-04	2026-02-09	CAL03_골조공사
JBA01020	건축,골조공사,FT층_버림콘크리트공사	5d	2026-02-04	2026-02-09	CAL03_골조공사
JBA01030	건축,골조공사,FT층_철근콘크리트공사	5d	2026-02-04	2026-02-09	CAL03_골조공사
JBA01040	건축,골조공사,B1층_철근콘크리트공사	5d	2026-02-04	2026-02-09	CAL03_골조공사
JBA01050	건축,골조공사,1층_철근콘크리트공사	5d	2026-02-04	2026-02-09	CAL03_골조공사
JBA01060	건축,골조공사,2층_철근콘크리트공사	5d	2026-02-04	2026-02-09	CAL03_골조공사
JBA01070	건축,골조공사,3층_철근콘크리트공사	5d	2026-02-04	2026-02-09	CAL03_골조공사
JBA01080	건축,골조공사,4층_철근콘크리트공사	5d	2026-02-04	2026-02-09	CAL03_골조공사
JBA01090	건축,골조공사,5층_철근콘크리트공사	5d	2026-02-04	2026-02-09	CAL03_골조공사
JBA01100	건축,골조공사,PH층_철근콘크리트공사	5d	2026-02-04	2026-02-09	CAL03_골조공사
JB.A.03 조적공사		5d	2026-02-03	2026-02-07	CAL04_마감및설비공사
JBA02010	건축,마감공사,B1층_조적공사	5d	2026-02-03	2026-02-07	CAL04_마감및설비공사
JBA02020	건축,마감공사,2층_조적공사	5d	2026-02-03	2026-02-07	CAL04_마감및설비공사
JBA02030	건축,마감공사,3층_조적공사	5d	2026-02-03	2026-02-07	CAL04_마감및설비공사
JBA02040	건축,마감공사,4층_조적공사	5d	2026-02-03	2026-02-07	CAL04_마감및설비공사
JBA02050	건축,마감공사,5층_조적공사	5d	2026-02-03	2026-02-07	CAL04_마감및설비공사
JBA02060	건축,마감공사,외부_외장마감공사	5d	2026-02-03	2026-02-07	CAL04_마감및설비공사
JB.A.04 방수공사		5d	2026-02-03	2026-02-07	CAL04_마감및설비공사

Activity ID	Activity Name	Original Duration	Start	Finish	Calendar
JBA03010	건축,마감공사,B1층_방수공사	5d	2026-02-03	2026-02-07	CAL04_마감및설비공사
JBA03020	건축,마감공사,2층_방수공사	5d	2026-02-03	2026-02-07	CAL04_마감및설비공사
JBA03030	건축,마감공사,3층_방수공사	5d	2026-02-03	2026-02-07	CAL04_마감및설비공사
JBA03040	건축,마감공사,4층_방수공사	5d	2026-02-03	2026-02-07	CAL04_마감및설비공사
JBA03050	건축,마감공사,5층_방수공사	5d	2026-02-03	2026-02-07	CAL04_마감및설비공사
JBA03060	건축,마감공사,PH층_방수공사	5d	2026-02-03	2026-02-07	CAL04_마감및설비공사
JB.A.05 미장공사		**5d**	**2026-02-03**	**2026-02-07**	**CAL04_마감및설비공사**
JBA04010	건축,마감공사,B1층_미장공사	5d	2026-02-03	2026-02-07	CAL04_마감및설비공사
JBA04020	건축,마감공사,2층_미장공사	5d	2026-02-03	2026-02-07	CAL04_마감및설비공사
JBA04030	건축,마감공사,3층_미장공사	5d	2026-02-03	2026-02-07	CAL04_마감및설비공사
JBA04040	건축,마감공사,4층_미장공사	5d	2026-02-03	2026-02-07	CAL04_마감및설비공사
JBA04050	건축,마감공사,5층_미장공사	5d	2026-02-03	2026-02-07	CAL04_마감및설비공사
JB.A.06 창호 및 유리공사		**5d**	**2026-02-03**	**2026-02-07**	**CAL04_마감및설비공사**
JBA05010	건축,마감공사,1층_외부창호및유리공사	5d	2026-02-03	2026-02-07	CAL04_마감및설비공사
JBA05020	건축,마감공사,2층_외부창호및유리공사	5d	2026-02-03	2026-02-07	CAL04_마감및설비공사
JBA05030	건축,마감공사,3층_외부창호및유리공사	5d	2026-02-03	2026-02-07	CAL04_마감및설비공사
JBA05040	건축,마감공사,4층_외부창호및유리공사	5d	2026-02-03	2026-02-07	CAL04_마감및설비공사
JBA05050	건축,마감공사,5층_외부창호및유리공사	5d	2026-02-03	2026-02-07	CAL04_마감및설비공사
JBA05070	건축,마감공사,1층_내부창호공사	5d	2026-02-03	2026-02-07	CAL04_마감및설비공사
JBA05080	건축,마감공사,2층_내부창호공사	5d	2026-02-03	2026-02-07	CAL04_마감및설비공사
JBA05090	건축,마감공사,3층_내부창호공사	5d	2026-02-03	2026-02-07	CAL04_마감및설비공사
JBA05100	건축,마감공사,4층_내부창호공사	5d	2026-02-03	2026-02-07	CAL04_마감및설비공사
JBA05110	건축,마감공사,5층_내부창호공사	5d	2026-02-03	2026-02-07	CAL04_마감및설비공사
JBA05060	건축,마감공사,B1층_내부창호공사	5d	2026-02-03	2026-02-07	CAL04_마감및설비공사
JBA05120	건축,마감공사,공통_창호 액세서리설치	5d	2026-02-03	2026-02-07	CAL04_마감및설비공사
JB.A.07 금속공사		**5d**	**2026-02-03**	**2026-02-07**	**CAL04_마감및설비공사**
JBA06010	건축,마감공사,공통_금속공사	5d	2026-02-03	2026-02-07	CAL04_마감및설비공사
JB.A.08 타일공사		**5d**	**2026-02-03**	**2026-02-07**	**CAL04_마감및설비공사**
JBA07010	건축,마감공사,B1층_세라믹 타일공사	5d	2026-02-03	2026-02-07	CAL04_마감및설비공사
JBA07020	건축,마감공사,2층_세라믹 타일공사	5d	2026-02-03	2026-02-07	CAL04_마감및설비공사
JBA07030	건축,마감공사,3층_세라믹 타일공사	5d	2026-02-03	2026-02-07	CAL04_마감및설비공사
JBA07040	건축,마감공사,4층_세라믹 타일공사	5d	2026-02-03	2026-02-07	CAL04_마감및설비공사
JBA07050	건축,마감공사,5층_세라믹 타일공사	5d	2026-02-03	2026-02-07	CAL04_마감및설비공사
JBA07060	건축,마감공사,B1층_데코타일공사	5d	2026-02-03	2026-02-07	CAL04_마감및설비공사
JBA07070	건축,마감공사,2층_데코타일공사	5d	2026-02-03	2026-02-07	CAL04_마감및설비공사
JBA07080	건축,마감공사,3층_데코타일공사	5d	2026-02-03	2026-02-07	CAL04_마감및설비공사
JBA07090	건축,마감공사,4층_데코타일공사	5d	2026-02-03	2026-02-07	CAL04_마감및설비공사
JBA07100	건축,마감공사,5층_데코타일공사	5d	2026-02-03	2026-02-07	CAL04_마감및설비공사
JB.A.09 수장공사		**5d**	**2026-02-03**	**2026-02-07**	**CAL04_마감및설비공사**
JBA08020	건축,마감공사,1층_수장공사	5d	2026-02-03	2026-02-07	CAL04_마감및설비공사
JBA08030	건축,마감공사,2층_수장공사	5d	2026-02-03	2026-02-07	CAL04_마감및설비공사
JBA08040	건축,마감공사,3층_수장공사	5d	2026-02-03	2026-02-07	CAL04_마감및설비공사
JBA08050	건축,마감공사,4층_수장공사	5d	2026-02-03	2026-02-07	CAL04_마감및설비공사

Activity ID	Activity Name	Original Duration	Start	Finish	Calendar
JBA08060	건축,마감공사,5층_수장공사	5d	2026-02-03	2026-02-07	CAL04_마감및설비공사
JBA08070	건축,마감공사,PH층_수장공사	5d	2026-02-03	2026-02-07	CAL04_마감및설비공사
JBA08010	건축,마감공사,B1층_수장공사	5d	2026-02-03	2026-02-07	CAL04_마감및설비공사
JB.A.10 도장공사		5d	2026-02-03	2026-02-07	CAL04_마감및설비공사
JBA09020	건축,마감공사,1층_도장공사	5d	2026-02-03	2026-02-07	CAL04_마감및설비공사
JBA09030	건축,마감공사,2층_도장공사	5d	2026-02-03	2026-02-07	CAL04_마감및설비공사
JBA09040	건축,마감공사,3층_도장공사	5d	2026-02-03	2026-02-07	CAL04_마감및설비공사
JBA09050	건축,마감공사,4층_도장공사	5d	2026-02-03	2026-02-07	CAL04_마감및설비공사
JBA09060	건축,마감공사,5층_도장공사	5d	2026-02-03	2026-02-07	CAL04_마감및설비공사
JBA09010	건축,마감공사,B1층_도장공사	5d	2026-02-03	2026-02-07	CAL04_마감및설비공사
JB.A.11 가구및집기공사		5d	2026-02-03	2026-02-07	CAL04_마감및설비공사
JBA10010	건축,마감공사,B1층_가구및집기공사	5d	2026-02-03	2026-02-07	CAL04_마감및설비공사
JBA10020	건축,마감공사,2층_가구및집기공사	5d	2026-02-03	2026-02-07	CAL04_마감및설비공사
JBA10030	건축,마감공사,3층_가구및집기공사	5d	2026-02-03	2026-02-07	CAL04_마감및설비공사
JBA10040	건축,마감공사,4층_가구및집기공사	5d	2026-02-03	2026-02-07	CAL04_마감및설비공사
JBA10050	건축,마감공사,5층_가구및집기공사	5d	2026-02-03	2026-02-07	CAL04_마감및설비공사
JB.A.12 기타공사(폐기물처리포함)		5d	2026-02-03	2026-02-07	
JBA11010	건축,마감공사,공통_기타공사(사인물 등)	5d	2026-02-03	2026-02-07	CAL04_마감및설비공사
JBA11020	건축,마감공사,공통_폐기물처리	0d	2026-02-03	2026-02-03	CAL01_주7일
JB.M 설비공사		5d	2026-02-03	2026-02-07	CAL04_마감및설비공사
JB.M.01 배관/기구취부공사		5d	2026-02-03	2026-02-07	CAL04_마감및설비공사
JBM01010	설비,배관/기구취부공사,공통_배관/기구취부공사	5d	2026-02-03	2026-02-07	CAL04_마감및설비공사
JB.M.02 전기/통신공사		5d	2026-02-03	2026-02-07	CAL04_마감및설비공사
JBM02010	설비,전기/통신공사,공통_전기/통신공사	5d	2026-02-03	2026-02-07	CAL04_마감및설비공사
JB.L 부대토목 및 조경공사		5d	2026-02-03	2026-02-07	CAL02_토공및부대공사
JB.L.01 부대토목공사		5d	2026-02-03	2026-02-07	CAL02_토공및부대공사
JBL01010	부대공사,부대토목공사,공통_부대토목공사	5d	2026-02-03	2026-02-07	CAL02_토공및부대공사
JB.L.02 조경공사		5d	2026-02-03	2026-02-07	CAL02_토공및부대공사
JBL02010	부대공사,조경공사,공통_조경공사	5d	2026-02-03	2026-02-07	CAL02_토공및부대공사

Multi-캘린더 'J-NWC'로 한방에 해결해요!

앞서 설명한 Multi-Calendar 생성하기 방법은 P6에서 직접 생성하는 가장 일반적인 방법입니다. 하지만, 실제 공정표 작성 시 Calendar의 비작업일수 기준은 법정 공휴일, 해당 공사 지역의 기후 데이터를 분석한 기후 불능일, 중복일수 등을 고려하여 산출되어야 하기에 굉장히 복잡하고 어렵습니다. 게다가, 해당 Calendar가 어떻게 지정되는지에 따라 공종별 공사 가동률도 결정되기 때문에 정확성도 매우 중요하다고 할 수 있습니다. 이런 모든 요소를 한방에! 해결할 수 있는 것이 ㈜제호바가 개발한 'J-NWC' 프로그램입니다. 지금부터 알아보도록 하겠습니다.

■ http://www.jhvc.co.kr/ ▶ 홍보센터 ▶ 자료실 ▶ [제이빌딩] J-NWC 사용자 매뉴얼 파일을 참고하여 교재 앞장에 제공한 쿠폰 내 PIN 번호를 이용하여 'J-NWC'에 로그인 한 후, 아래 내용을 기재하여 Multi-Calendar를 작성합니다.

① Project 추가 시 작성 할 내용
- 프로젝트명: 제이빌딩 신축공사
- 프로젝트 기간: 2026.01.02.~2026.12.31
- 현장 위치: 서울 송파구 송파대로36가길 22
- 기후 데이터: 서울
- 미세먼지 데이터: 서울권역
- 분석 기간: 10개년
- 일 최고기온 불능일 50% 적용 ☑
- 주 40시간 적용 ☑

② 기후 공종별 불능조건

▼ 표 2-7

조건	CAL01_주7일	CAL02_토공 및 부대공사	CAL03_골조공사	CAL03_마감 및 설비공사
일 최저기온	-	-12℃ 이하	-12℃ 이하	-
일 최고기온	-	33℃ 이상 (50% 적용)	33℃ 이상 (50% 적용)	35℃ 이상 (50% 적용)
일 강수량	-	10mm 이상	10mm 이상	50mm 이상
일 신적설	-	5cm 이상	5cm 이상	-
최대 순간풍속	-	-	15m/s 이상	-
미세먼지 경보발령	-	적용	적용	-
휴일 설정	-	주 6일 설정	주 6일 설정	주 6일 설정

※ Calendar 중 CAL01_주 7일 Calendar는 비작업일수가 없는 달력이므로 따로 불능조건 설정 필요 없음

③ 법정 공휴일 및 대체공휴일 지정 ▶체크박스 클릭한 후 적용 버튼 클릭

▼ 표 2-8

공휴일	대체공휴일 발효조건		
	토요일	일요일	다른 공휴일과 겹치는 경우
☑ 신정	☐	☐	
☑ 설날	☐	☑	
☑ 삼일절	☑	☑	
☑ 어린이날	☑	☑	☑다른 공휴일 (석가탄신일)
☑ 근로자의날	☐	☐	
☑ 석가탄신일	☐	☐	
☑ 현충일	☐	☐	
☑ 광복절	☑	☑	
☑ 추석	☐	☑	☑다른 공휴일 (개천절)
☑ 개천절	☑	☑	
☑ 한글날	☑	☑	
☑ 성탄절	☐	☐	

■ 'J-NWC'를 활용한 비작업일수 산출 방법

(※자세한 설명서 및 기능은 http://www.jhvc.co.kr/ 홍보센터 ▶ 자료실 ▶ [제이빌딩] J-NWC 사용자 매뉴얼 파일을 확인해 주세요)

① 'J-NWC' 접속

'J-NWC'(http://nwc.jhvc.co.kr/)에 접속하여 부여받은 PIN 번호를 기재하여 접속합니다.

▼ 그림 2-129

② Project 추가

[프로젝트 추가] 버튼을 클릭하여 Project 생성 화면을 활성화합니다.

▼ 그림 2-130

③ Project 정보 입력

해당 Project에 적합한 정보를 기재하고 분석할 기간과 필요에 따라 기타 설정을 선택한 후 확인 버튼을 눌러 추가합니다.

▼ 그림 2-131

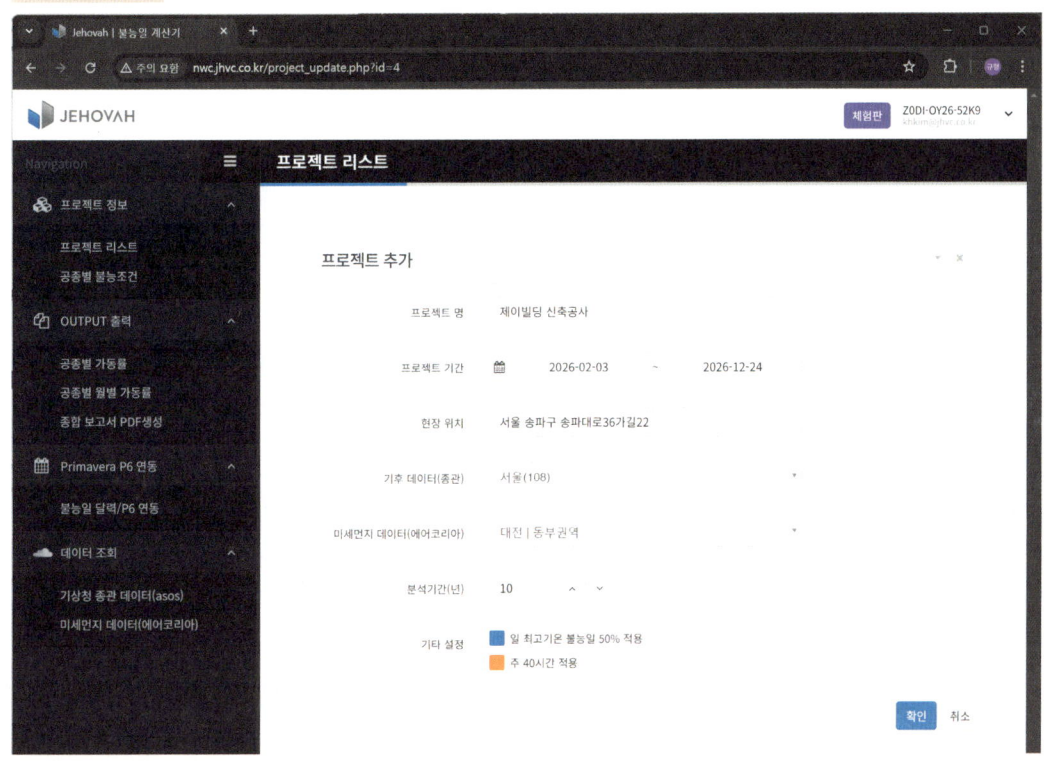

④ 공종별 불능조건 기입

왼쪽에 [공종별 불능조건] Tab을 클릭하여 기후 공종별 불능조건과 공휴일에 대해 지정합니다.

▼ 그림 2-132

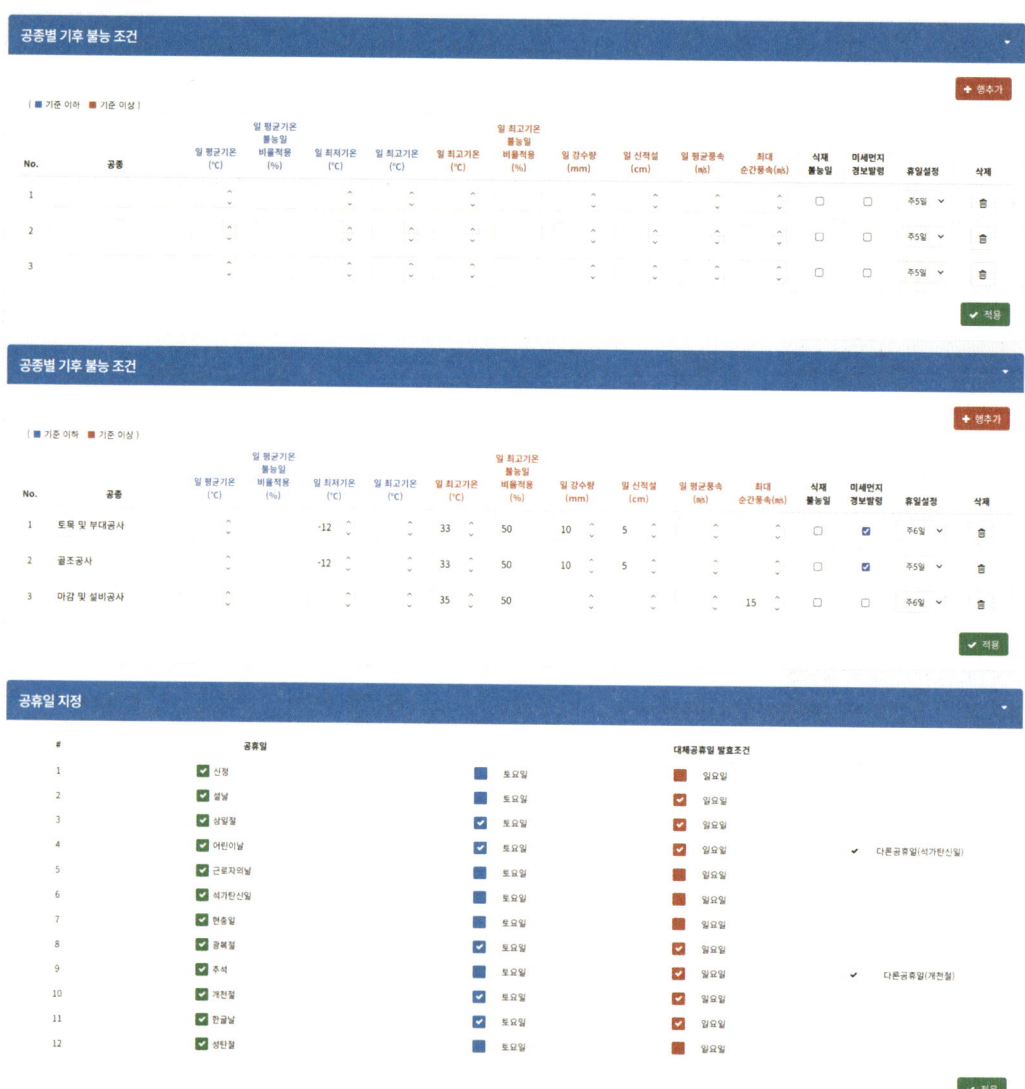

▼ 그림 2-133

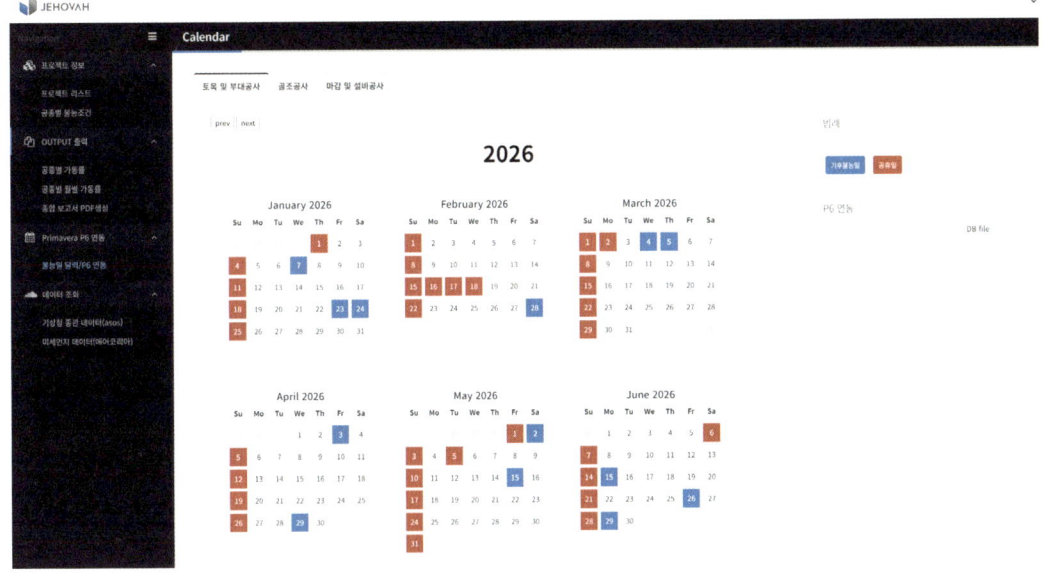

⑤ 불능일 달력 생성 확인 후 Primavera P6 연동

왼쪽 [불능일 달력] Tab을 클릭하여 달력이 생성된 것을 확인하고 Primavera P6와 연동하여 Primavera P6 Calendar 상에 비작업일수가 반영된 Multi-Calendar를 자동으로 생성합니다.

■ 'J-NWC' 사용 효과

기존 비작업일수 산출 방법과 'J-NWC'를 이용한 산출 방법을 간략하게 살펴봤습니다. 기존의 비작업일수 산출 방법은 'J-NWC'에 비하여 소요 시간이 오래 걸릴 뿐만 아니라, 기후 불능일 일자 선정에서도 정확성이 떨어질 수밖에 없다는 것을 확인하였습니다. 그 외에도 'J-NWC'를 사용하여 비작업일수를 산출한다면 법정 근로시간, 미세먼지 경보발령일, 식재 불능일 등 작업자의 필요에 맞는 불능일 조건을 즉각 반영하여 산출할 수 있습니다.

▼ 표 2-9

구 분	기존 비작업일수 산출	'J-NWC' 비작업일수 산출
소요 시간	약 4시간	15분 내외
정확성(신뢰도)	낮음	매우 높음
Primavera P6 연계	불가	자동화
조건 반영	한정적	다양한 조건 반영 가능
난이도	어려움	매우 쉬움

9 O/D(Original Durationi) 산정하기

【Preview】

▼ 그림 2-134

Activity ID	Activity Name	Original Duration	Start	Finish	Calendar
■ JB 제이빌딩 신축공사		173d	2026-02-03	2026-07-25	
■ JB.G 일반사항		31d	2026-02-03	2026-03-05	CAL01_주7일
■ JB.G.01 마일스톤		0d	2026-02-03	2026-02-03	CAL01_주7일
JBG01010	착공	0d	2026-02-03		CAL01_주7일
JBG01020	토공사 착수	0d	2026-02-03		CAL01_주7일
JBG01030	토공사 완료	0d		2026-02-03	CAL01_주7일
JBG01040	골조공사 착수	0d	2026-02-03		CAL01_주7일
JBG01050	주차장 상판공사 완료	0d		2026-02-03	CAL01_주7일
JBG01060	골조공사 완료	0d		2026-02-03	CAL01_주7일
JBG01070	마감공사 착수	0d	2026-02-03		CAL01_주7일
JBG01080	마감공사 완료	0d		2026-02-03	CAL01_주7일
JBG01090	준공	0d		2026-02-03	CAL01_주7일
■ JB.G.02 준비기간/정리기간		31d	2026-02-03	2026-03-05	CAL01_주7일
JBG02010	공통공사,공통_준비기간(공통가설공사포함)	31d	2026-02-03	2026-03-05	CAL01_주7일
JBG02020	공통공사,공통_정리기간	30d	2026-02-03	2026-03-04	CAL01_주7일
■ JB.G.03 일반사항		0d	2026-02-03	2026-02-03	CAL01_주7일
JBG03010	간접비	0d	2026-02-03	2026-02-03	CAL01_주7일
■ JB.E 토목공사		28d	2026-02-03	2026-03-14	CAL02_토공및부대공사
■ JB.E.01 굴착공사		28d	2026-02-03	2026-03-14	CAL02_토공및부대공사
JBE01010	토목,토공사,공통_굴착공사	28d	2026-02-03	2026-03-14	CAL02_토공및부대공사
■ JB.E.02 되메우기 및 다짐공사		8d	2026-02-03	2026-02-11	CAL02_토공및부대공사
JBE02010	토목,토공사,공통_되메우기및다짐공사	8d	2026-02-03	2026-02-11	CAL02_토공및부대공사
■ JB.A 건축공사		22d	2026-02-03	2026-02-24	
■ JB.A.01 가설공사		0d	2026-02-04	2026-02-04	CAL03_골조공사
JBA01010	건축,골조공사,공통_가설공사	0d	2026-02-04	2026-02-04	CAL03_골조공사
■ JB.A.02 골조공사		15d	2026-02-04	2026-02-24	CAL03_골조공사
JBA01040	건축,골조공사,B1층_철근콘크리트공사	15d	2026-02-04	2026-02-24	CAL03_골조공사
JBA01030	건축,골조공사,FT층_철근콘크리트공사	8d	2026-02-04	2026-02-12	CAL03_골조공사
JBA01050	건축,골조공사,1층_철근콘크리트공사	8d	2026-02-04	2026-02-12	CAL03_골조공사

[작업순서]

① O/D열 활성화 ▶ ② Selected Options에 O/D열 추가 ▶ ③ 열 순서 정리 후 O/D 추가 ▶
④ O/D값 기입

9.1 O/D란?

■ O/D 정의

O/D란 Original Duration의 약자로 Activity의 총 소요일수 중 '작업일수(Working Day)'를 의미합니다.

▼ 그림 2-135

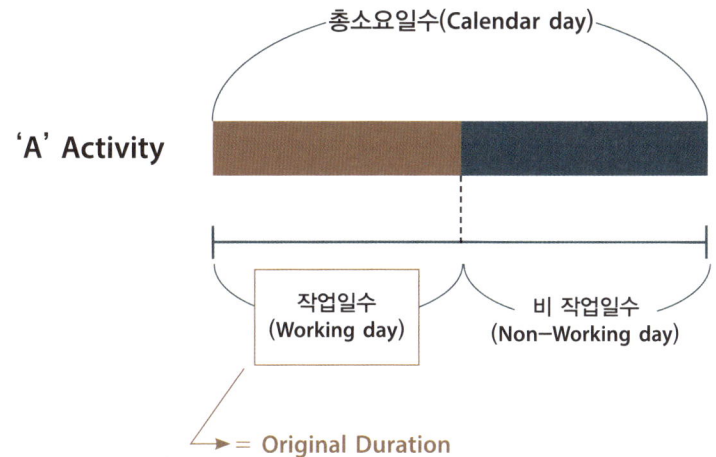

O/D를 산출하기 위해서는 현장 공사 담당자와 협의하거나 내역서의 품목, 해당 품목의 수량 및 1팀 1일 생산성, 투입팀수를 분석하여 산출합니다(생산성 산출 ▶ 작업일수 산출 방법은 '심화편'에서 자세히 다룰 예정입니다).

▼ 표 2-10

Activity Name	명칭	규격	단위	수량	1팀 1일 생산성	투입팀수	작업일수
'A' Activity	합판 거푸집	복잡	m^2	250	40	3	2.1
	철근조립	Type-Ⅱ	Ton	200	3.5	5	11.4
	펌프카 타설	80m^3이상, 슬럼프15	m^3	300	182	1	1.6
합 계							15일

작업일수 = 수량 / (1팀 1일 생산성 × 투입팀 수)
작업일수의 합계는 소수점 첫째 자리에서 반올림
※ 현재 제시된 생산성은 '2023년 적정공사 기간 확보를 위한 가이드라인'에서 발췌

9.2 O/D 생성하기

■ **O/D열 활성화**

O/D 열을 활성화하기 위해 Activities 화면에서 오른쪽 마우스 클릭 후 Columns를 선택합니다.

▼ 그림 2-136

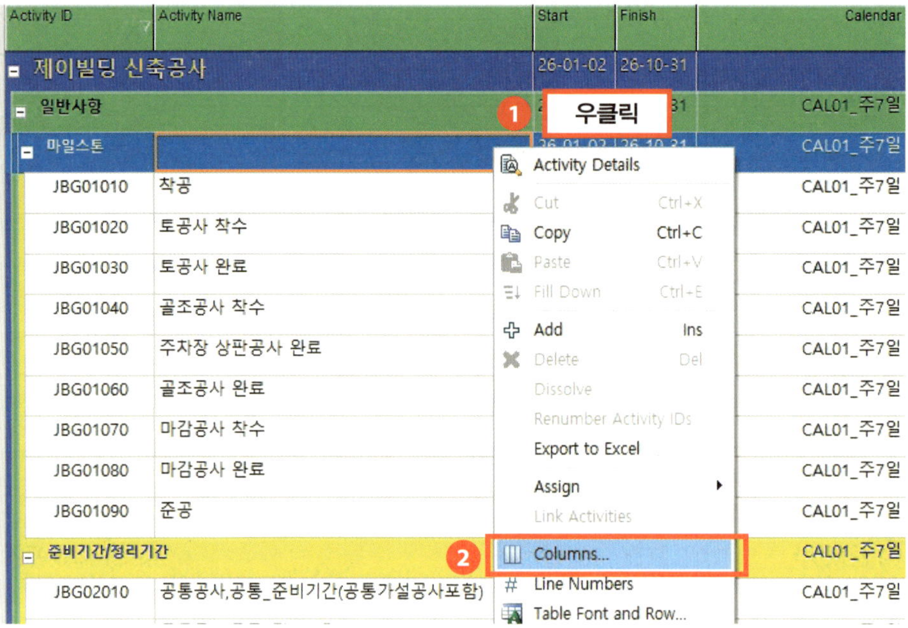

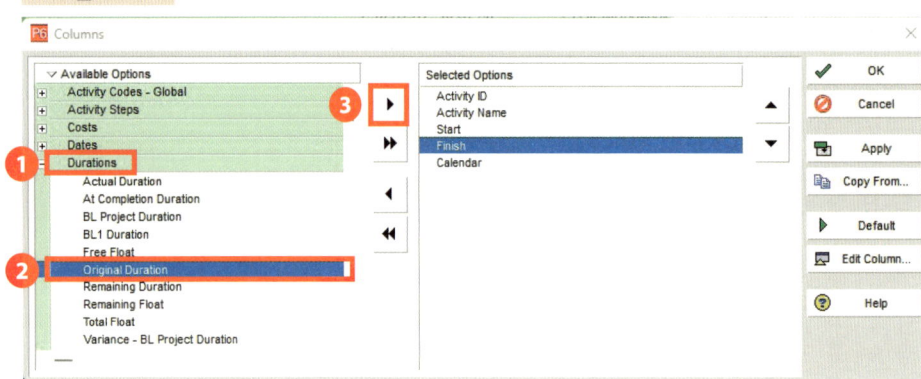

■ **Selected Options에 O/D열 추가**

Columns 대화상자가 열리면 Available Options가 있는 왼쪽 창에서 Durations를 클릭하고 Original Duration을 선택한 후 ▶ 클릭하여 Selected Options에 추가합니다.

▼ 그림 2-137

■ 열 순서 정리 후 O/D 추가

▲클릭하여 아래와 같이 열 순서를 정리한 후 Apply 버튼을 클릭합니다.

▼ 그림 2-138

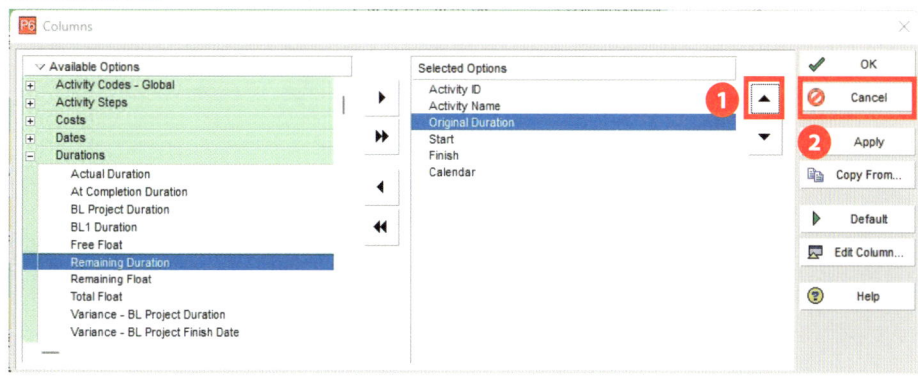

■ O/D값 기입

O/D값을 기입 할 Activity를 선택 후 입력하고자 하는 값을 기입합니다.

▼ 그림 2-139

Activity ID	Activity Name	Original Duration	Start	Finish	Calendar
제이빌딩 신축공사		303	26-01-02	26-10-31	
일반사항		303	26-01-02	26-10-31	CAL01_주7일
마일스톤		303	26-01-02	26-10-31	CAL01_주7일
JBG01010	착공	0	26-01-02		CAL01_주7일
JBG01020	토공사 착수	0	26-02-02		CAL01_주7일
JBG01030	토공사 완료	0		26-04-14	CAL01_주7일
JBG01040	골조공사 착수	0	26-03-11		CAL01_주7일
JBG01050	주차장 상판공사 완료	0		26-04-07	CAL01_주7일
JBG01060	골조공사 완료	0		26-06-20	CAL01_주7일
JBG01070	마감공사 착수	0	26-06-12		CAL01_주7일
JBG01080	마감공사 완료	0		26-10-01	CAL01_주7일
JBG01090	준공	0		26-10-31	CAL01_주7일
준비기간/정리기간		303	26-01-02	26-10-31	CAL01_주7일
JBG02010	공통공사,공통_준비기간(공통가설공사포함)	31	26-01-02	26-02-01	CAL01_주7일
JBG02020	공통공사,공통_정리기간	30	26-10-02	26-10-31	CAL01_주7일
일반사항		303	26-01-02	26-10-31	CAL01_주7일
JBG03010	간접비	303	26-01-02	26-10-31	CAL01_주7일
토목공사		52	26-02-02	26-04-14	CAL02_토공및부대공사
굴착공사		25	26-02-02	26-03-10	CAL02_토공및부대공사
JBE01010	토목,토공사,공통_굴착공사	25	26-02-02	26-03-10	CAL02_토공및부대공사

9.3 실전 적용하기

■ 앞서 표 2-10에서 소개한 바와 같이 실제 공사의 O/D(작업일수)의 산출은 생산성을 분석하여 작성하는 것이 원칙이지만, 해당 과정은 자세한 설명이 필요하므로 이번 교재에서는 생략(심화편에서 다룰 예정)하고 작업일수를 작성하겠습니다.

▼ 표 2-11

O/D(작업일수) 산출		
Activity Name	작업일수	비고
착공	0일	마일스톤 항목으로 작업일수 미기입
토공사 착수	0일	마일스톤 항목으로 작업일수 미기입
토공사 완료	0일	마일스톤 항목으로 작업일수 미기입
골조공사 착수	0일	마일스톤 항목으로 작업일수 미기입
주차장 상판공사 완료	0일	마일스톤 항목으로 작업일수 미기입
골조공사 완료	0일	마일스톤 항목으로 작업일수 미기입
마감공사 착수	0일	마일스톤 항목으로 작업일수 미기입
마감공사 완료	0일	마일스톤 항목으로 작업일수 미기입
준공	0일	마일스톤 항목으로 작업일수 미기입
공통공사,공통_준비기간(공통가설공사포함)	31일	
공통공사,공통_정리기간	30일	
간접비	-	LOE항목으로 작업일수 자동산출
토목,토공사,공통_굴착공사	28일	
토목,토공사,공통_되메우기및다짐공사	8일	
건축,골조공사,공통_가설공사	81일	
건축,골조공사,FT층_버림콘크리트공사	3일	
건축,골조공사,FT층_철근콘크리트공사	8일	
건축,골조공사,B1층_철근콘크리트공사	15일	
건축,골조공사,1층_철근콘크리트공사	8일	
건축,골조공사,2층_철근콘크리트공사	8일	
건축,골조공사,3층_철근콘크리트공사	8일	
건축,골조공사,4층_철근콘크리트공사	8일	
건축,골조공사,5층_철근콘크리트공사	8일	
건축,골조공사,PH층_철근콘크리트공사	7일	
건축,마감공사,B1층_조적공사	6일	
건축,마감공사,2층_조적공사	4일	
건축,마감공사,3층_조적공사	4일	
건축,마감공사,4층_조적공사	4일	
건축,마감공사,5층_조적공사	4일	
건축,마감공사,외부_외장마감공사	14일	
건축,마감공사,B1층_방수공사	5일	

O/D(작업일수) 산출		
Activity Name	작업일수	비고
건축,마감공사,2층_방수공사	4일	
건축,마감공사,3층_방수공사	4일	
건축,마감공사,4층_방수공사	4일	
건축,마감공사,5층_방수공사	4일	
건축,마감공사,PH층_방수공사	6일	
건축,마감공사,B1층_미장공사	5일	
건축,마감공사,2층_미장공사	5일	
건축,마감공사,3층_미장공사	5일	
건축,마감공사,4층_미장공사	5일	
건축,마감공사,5층_미장공사	5일	
건축,마감공사,1층_외부창호및유리공사	6일	
건축,마감공사,2층_외부창호및유리공사	6일	
건축,마감공사,3층_외부창호및유리공사	6일	
건축,마감공사,4층_외부창호및유리공사	6일	
건축,마감공사,5층_외부창호및유리공사	6일	
건축,마감공사,B1층_내부창호공사	4일	
건축,마감공사,1층_내부창호공사	4일	
건축,마감공사,2층_내부창호공사	4일	
건축,마감공사,3층_내부창호공사	4일	
건축,마감공사,4층_내부창호공사	4일	
건축,마감공사,5층_내부창호공사	4일	
건축,마감공사,공통_창호 액세서리설치	4일	
건축,마감공사,공통_금속공사	4일	
건축,마감공사,B1층_세라믹 타일공사	4일	
건축,마감공사,2층_세라믹 타일공사	4일	
건축,마감공사,3층_세라믹 타일공사	4일	
건축,마감공사,4층_세라믹 타일공사	4일	
건축,마감공사,5층_세라믹 타일공사	4일	
건축,마감공사,B1층_데코타일공사	3일	
건축,마감공사,2층_데코타일공사	3일	
건축,마감공사,3층_데코타일공사	3일	
건축,마감공사,4층_데코타일공사	3일	
건축,마감공사,5층_데코타일공사	3일	
건축,마감공사,B1층_수장공사	10일	
건축,마감공사,1층_수장공사	5일	
건축,마감공사,2층_수장공사	8일	
건축,마감공사,3층_수장공사	8일	
건축,마감공사,4층_수장공사	8일	
건축,마감공사,5층_수장공사	8일	
건축,마감공사,PH층_수장공사	3일	

O/D(작업일수) 산출		
Activity Name	작업일수	비고
건축,마감공사,B1층_도장공사	5일	
건축,마감공사,1층_도장공사	5일	
건축,마감공사,2층_도장공사	5일	
건축,마감공사,3층_도장공사	5일	
건축,마감공사,4층_도장공사	5일	
건축,마감공사,5층_도장공사	5일	
건축,마감공사,B1층_가구및집기공사	5일	
건축,마감공사,2층_가구및집기공사	5일	
건축,마감공사,3층_가구및집기공사	5일	
건축,마감공사,4층_가구및집기공사	5일	
건축,마감공사,5층_가구및집기공사	5일	
건축,마감공사,공통_기타공사(사인몰 등)	10일	
건축,마감공사,공통_폐기물처리	-	LOE항목으로 작업일수 자동산출
설비,배관/기구취부공사,공통_배관/기구취부공사	130일	
설비,전기/통신공사,공통_전기/통신공사	130일	
부대공사,부대토목공사,공통_부대토목공사	15일	
부대공사,조경공사,공통_조경공사	20일	

■ 위 표 2-11 내용을 '9.2 O/D 생성하기' 과정에 따라 Primavera P6에 생성하면 아래 그림 2-140 의 결과물이 생성됩니다.

▼ 그림 2-140

Activity ID	Activity Name	Original Duration	Start	Finish	Calendar
JB 제이빌딩 신축공사		173d	2026-02-03	2026-07-25	
JB.G 일반사항		31d	2026-02-03	2026-03-05	CAL01_주7일
JB.G.01 마일스톤		0d	2026-02-03	2026-02-03	CAL01_주7일
JBG01010	착공	0d	2026-02-03		CAL01_주7일
JBG01020	토공사 착수	0d	2026-02-03		CAL01_주7일
JBG01030	토공사 완료	0d		2026-02-03	CAL01_주7일
JBG01040	골조공사 착수	0d	2026-02-03		CAL01_주7일
JBG01050	주차장 상판공사 완료	0d		2026-02-03	CAL01_주7일
JBG01060	골조공사 완료	0d		2026-02-03	CAL01_주7일
JBG01070	마감공사 착수	0d	2026-02-03		CAL01_주7일
JBG01080	마감공사 완료	0d		2026-02-03	CAL01_주7일
JBG01090	준공	0d		2026-02-03	CAL01_주7일
JB.G.02 준비기간/정리기간		31d	2026-02-03	2026-03-05	CAL01_주7일
JBG02010	공통공사,공통_준비기간(공통가설공사포함)	31d	2026-02-03	2026-03-05	CAL01_주7일
JBG02020	공통공사,공통_정리기간	30d	2026-02-03	2026-03-04	CAL01_주7일
JB.G.03 일반사항		0d	2026-02-03	2026-02-03	CAL01_주7일
JBG03010	간접비	0d	2026-02-03	2026-02-03	CAL01_주7일
JB.E 토목공사		28d	2026-02-03	2026-03-14	CAL02_토공및부대공사
JB.E.01 굴착공사		28d	2026-02-03	2026-03-14	CAL02_토공및부대공사
JBE01010	토목,토공사,공통_굴착공사	28d	2026-02-03	2026-03-14	CAL02_토공및부대공사
JB.E.02 되메우기 및 다짐공사		8d	2026-02-03	2026-02-11	CAL02_토공및부대공사
JBE02010	토목,토공사,공통_되메우기및다짐공사	8d	2026-02-03	2026-02-11	CAL02_토공및부대공사
JB.A 건축공사		22d	2026-02-03	2026-02-24	
JB.A.01 가설공사		0d	2026-02-04	2026-02-04	CAL03_골조공사
JBA01010	건축,골조공사,공통_가설공사	0d	2026-02-04	2026-02-04	CAL03_골조공사
JB.A.02 골조공사		15d	2026-02-04	2026-02-24	CAL03_골조공사
JBA01040	건축,골조공사,B1층_철근콘크리트공사	15d	2026-02-04	2026-02-24	CAL03_골조공사
JBA01030	건축,골조공사,FT층_철근콘크리트공사	8d	2026-02-04	2026-02-12	CAL03_골조공사
JBA01050	건축,골조공사,1층_철근콘크리트공사	8d	2026-02-04	2026-02-12	CAL03_골조공사
JBA01060	건축,골조공사,2층_철근콘크리트공사	8d	2026-02-04	2026-02-12	CAL03_골조공사
JBA01070	건축,골조공사,3층_철근콘크리트공사	8d	2026-02-04	2026-02-12	CAL03_골조공사
JBA01080	건축,골조공사,4층_철근콘크리트공사	8d	2026-02-04	2026-02-12	CAL03_골조공사
JBA01090	건축,골조공사,5층_철근콘크리트공사	8d	2026-02-04	2026-02-12	CAL03_골조공사
JBA01100	건축,골조공사,PH층_철근콘크리트공사	7d	2026-02-04	2026-02-11	CAL03_골조공사
JBA01020	건축,골조공사,FT층_버림콘크리트공사	3d	2026-02-04	2026-02-06	CAL03_골조공사
JB.A.03 조적공사		14d	2026-02-03	2026-02-21	CAL04_마감및설비공사
JBA02060	건축,마감공사,외부_외장마감공사	14d	2026-02-03	2026-02-21	CAL04_마감및설비공사
JBA02010	건축,마감공사,B1층_조적공사	6d	2026-02-03	2026-02-09	CAL04_마감및설비공사
JBA02020	건축,마감공사,2층_조적공사	4d	2026-02-03	2026-02-06	CAL04_마감및설비공사
JBA02030	건축,마감공사,3층_조적공사	4d	2026-02-03	2026-02-06	CAL04_마감및설비공사
JBA02040	건축,마감공사,4층_조적공사	4d	2026-02-03	2026-02-06	CAL04_마감및설비공사
JBA02050	건축,마감공사,5층_조적공사	4d	2026-02-03	2026-02-06	CAL04_마감및설비공사
JB.A.04 방수공사		6d	2026-02-03	2026-02-09	CAL04_마감및설비공사

Activity ID	Activity Name	Original Duration	Start	Finish	Calendar
JBA03060	건축,마감공사,PH층_방수공사	6d	2026-02-03	2026-02-09	CAL04_마감및설비공사
JBA03010	건축,마감공사,B1층_방수공사	5d	2026-02-03	2026-02-07	CAL04_마감및설비공사
JBA03020	건축,마감공사,2층_방수공사	4d	2026-02-03	2026-02-06	CAL04_마감및설비공사
JBA03030	건축,마감공사,3층_방수공사	4d	2026-02-03	2026-02-06	CAL04_마감및설비공사
JBA03040	건축,마감공사,4층_방수공사	4d	2026-02-03	2026-02-06	CAL04_마감및설비공사
JBA03050	건축,마감공사,5층_방수공사	4d	2026-02-03	2026-02-06	CAL04_마감및설비공사
JB.A.05 미장공사		**5d**	**2026-02-03**	**2026-02-07**	**CAL04_마감및설비공사**
JBA04010	건축,마감공사,B1층_미장공사	5d	2026-02-03	2026-02-07	CAL04_마감및설비공사
JBA04020	건축,마감공사,2층_미장공사	5d	2026-02-03	2026-02-07	CAL04_마감및설비공사
JBA04030	건축,마감공사,3층_미장공사	5d	2026-02-03	2026-02-07	CAL04_마감및설비공사
JBA04040	건축,마감공사,4층_미장공사	5d	2026-02-03	2026-02-07	CAL04_마감및설비공사
JBA04050	건축,마감공사,5층_미장공사	5d	2026-02-03	2026-02-07	CAL04_마감및설비공사
JB.A.06 창호 및 유리공사		**6d**	**2026-02-03**	**2026-02-09**	**CAL04_마감및설비공사**
JBA05010	건축,마감공사,1층_외부창호및유리공사	6d	2026-02-03	2026-02-09	CAL04_마감및설비공사
JBA05020	건축,마감공사,2층_외부창호및유리공사	6d	2026-02-03	2026-02-09	CAL04_마감및설비공사
JBA05030	건축,마감공사,3층_외부창호및유리공사	6d	2026-02-03	2026-02-09	CAL04_마감및설비공사
JBA05040	건축,마감공사,4층_외부창호및유리공사	6d	2026-02-03	2026-02-09	CAL04_마감및설비공사
JBA05050	건축,마감공사,5층_외부창호및유리공사	6d	2026-02-03	2026-02-09	CAL04_마감및설비공사
JBA05070	건축,마감공사,1층_내부창호공사	4d	2026-02-03	2026-02-06	CAL04_마감및설비공사
JBA05080	건축,마감공사,2층_내부창호공사	4d	2026-02-03	2026-02-06	CAL04_마감및설비공사
JBA05090	건축,마감공사,3층_내부창호공사	4d	2026-02-03	2026-02-06	CAL04_마감및설비공사
JBA05100	건축,마감공사,4층_내부창호공사	4d	2026-02-03	2026-02-06	CAL04_마감및설비공사
JBA05110	건축,마감공사,5층_내부창호공사	4d	2026-02-03	2026-02-06	CAL04_마감및설비공사
JBA05060	건축,마감공사,B1층_내부창호공사	4d	2026-02-03	2026-02-06	CAL04_마감및설비공사
JBA05120	건축,마감공사,공통_창호 액세서리설치	4d	2026-02-03	2026-02-06	CAL04_마감및설비공사
JB.A.07 금속공사		**4d**	**2026-02-03**	**2026-02-06**	**CAL04_마감및설비공사**
JBA06010	건축,마감공사,공통_금속공사	4d	2026-02-03	2026-02-06	CAL04_마감및설비공사
JB.A.08 타일공사		**4d**	**2026-02-03**	**2026-02-06**	**CAL04_마감및설비공사**
JBA07010	건축,마감공사,B1층_세라믹 타일공사	4d	2026-02-03	2026-02-06	CAL04_마감및설비공사
JBA07020	건축,마감공사,2층_세라믹 타일공사	4d	2026-02-03	2026-02-06	CAL04_마감및설비공사
JBA07030	건축,마감공사,3층_세라믹 타일공사	4d	2026-02-03	2026-02-06	CAL04_마감및설비공사
JBA07040	건축,마감공사,4층_세라믹 타일공사	4d	2026-02-03	2026-02-06	CAL04_마감및설비공사
JBA07050	건축,마감공사,5층_세라믹 타일공사	4d	2026-02-03	2026-02-06	CAL04_마감및설비공사
JBA07060	건축,마감공사,B1층_데코타일공사	3d	2026-02-03	2026-02-05	CAL04_마감및설비공사
JBA07070	건축,마감공사,2층_데코타일공사	3d	2026-02-03	2026-02-05	CAL04_마감및설비공사
JBA07080	건축,마감공사,3층_데코타일공사	3d	2026-02-03	2026-02-05	CAL04_마감및설비공사
JBA07090	건축,마감공사,4층_데코타일공사	3d	2026-02-03	2026-02-05	CAL04_마감및설비공사
JBA07100	건축,마감공사,5층_데코타일공사	3d	2026-02-03	2026-02-05	CAL04_마감및설비공사
JB.A.09 수장공사		**10d**	**2026-02-03**	**2026-02-13**	**CAL04_마감및설비공사**
JBA08010	건축,마감공사,B1층_수장공사	10d	2026-02-03	2026-02-13	CAL04_마감및설비공사
JBA08030	건축,마감공사,2층_수장공사	8d	2026-02-03	2026-02-11	CAL04_마감및설비공사
JBA08040	건축,마감공사,3층_수장공사	8d	2026-02-03	2026-02-11	CAL04_마감및설비공사
JBA08050	건축,마감공사,4층_수장공사	8d	2026-02-03	2026-02-11	CAL04_마감및설비공사

Activity ID	Activity Name	Original Duration	Start	Finish	Calendar
JBA08060	건축,마감공사,5층_수장공사	8d	2026-02-03	2026-02-11	CAL04_마감및설비공사
JBA08020	건축,마감공사,1층_수장공사	5d	2026-02-03	2026-02-07	CAL04_마감및설비공사
JBA08070	건축,마감공사,PH층_수장공사	3d	2026-02-03	2026-02-05	CAL04_마감및설비공사
JB.A.10 도장공사		5d	2026-02-03	2026-02-07	CAL04_마감및설비공사
JBA09020	건축,마감공사,1층_도장공사	5d	2026-02-03	2026-02-07	CAL04_마감및설비공사
JBA09030	건축,마감공사,2층_도장공사	5d	2026-02-03	2026-02-07	CAL04_마감및설비공사
JBA09040	건축,마감공사,3층_도장공사	5d	2026-02-03	2026-02-07	CAL04_마감및설비공사
JBA09050	건축,마감공사,4층_도장공사	5d	2026-02-03	2026-02-07	CAL04_마감및설비공사
JBA09060	건축,마감공사,5층_도장공사	5d	2026-02-03	2026-02-07	CAL04_마감및설비공사
JBA09010	건축,마감공사,B1층_도장공사	5d	2026-02-03	2026-02-07	CAL04_마감및설비공사
JB.A.11 가구및집기공사		5d	2026-02-03	2026-02-07	CAL04_마감및설비공사
JBA10010	건축,마감공사,B1층_가구및집기공사	5d	2026-02-03	2026-02-07	CAL04_마감및설비공사
JBA10020	건축,마감공사,2층_가구및집기공사	5d	2026-02-03	2026-02-07	CAL04_마감및설비공사
JBA10030	건축,마감공사,3층_가구및집기공사	5d	2026-02-03	2026-02-07	CAL04_마감및설비공사
JBA10040	건축,마감공사,4층_가구및집기공사	5d	2026-02-03	2026-02-07	CAL04_마감및설비공사
JBA10050	건축,마감공사,5층_가구및집기공사	5d	2026-02-03	2026-02-07	CAL04_마감및설비공사
JB.A.12 기타공사(폐기물처리포함)		11d	2026-02-03	2026-02-13	
JBA11010	건축,마감공사,공통_기타공사(사인물 등)	10d	2026-02-03	2026-02-13	CAL04_마감및설비공사
JBA11020	건축,마감공사,공통_폐기물처리	0d	2026-02-03	2026-02-03	CAL01_주7일
JB.M 설비공사		130d	2026-02-03	2026-07-25	CAL04_마감및설비공사
JB.M.01 배관/기구취부공사		130d	2026-02-03	2026-07-25	CAL04_마감및설비공사
JBM01010	설비,배관/기구취부공사,공통_배관/기구취부공사	130d	2026-02-03	2026-07-25	CAL04_마감및설비공사
JB.M.02 전기/통신공사		130d	2026-02-03	2026-07-25	CAL04_마감및설비공사
JBM02010	설비,전기/통신공사,공통_전기/통신공사	130d	2026-02-03	2026-07-25	CAL04_마감및설비공사
JB.L 부대토목 및 조경공사		20d	2026-02-03	2026-03-03	CAL02_토공및부대공사
JB.L.01 부대토목공사		15d	2026-02-03	2026-02-23	CAL02_토공및부대공사
JBL01010	부대공사,부대토목공사,공통_부대토목공사	15d	2026-02-03	2026-02-23	CAL02_토공및부대공사
JB.L.02 조경공사		20d	2026-02-03	2026-03-03	CAL02_토공및부대공사
JBL02010	부대공사,조경공사,공통_조경공사	20d	2026-02-03	2026-03-03	CAL02_토공및부대공사

10 LND 작성하기

【Preview】

▼ 그림 2-141

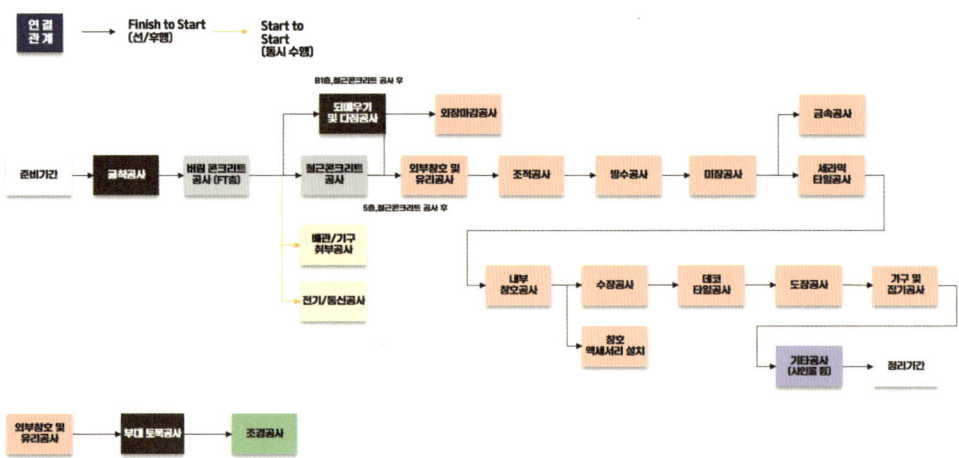

[작업순서]

① Activity List 확인 ▶ ② Activity List 정리 ▶ ③ Activity 공종별 그룹화 ▶ ④ Logic 연결

10.1 LND란?

■ **LND의 정의**

LND(Logic Network Diagram)는 공정관리에서 Project 작업 흐름과 관련된 논리적 연결을 시각적으로 표현하는 도구입니다. LND는 PDM 기법을 활용하여 Activity 간의 선/후행 관계를 나타냅니다.

■ **Primavera P6의 Activity Network**

그림 2-142처럼 Primavera P6를 통해 Activity 간의 연결을 알 수 있지만, 해당 기능은 Activity 간의 연관관계를 한눈에 파악하기가 어려운 문제가 있습니다.

▼ 그림 2-142

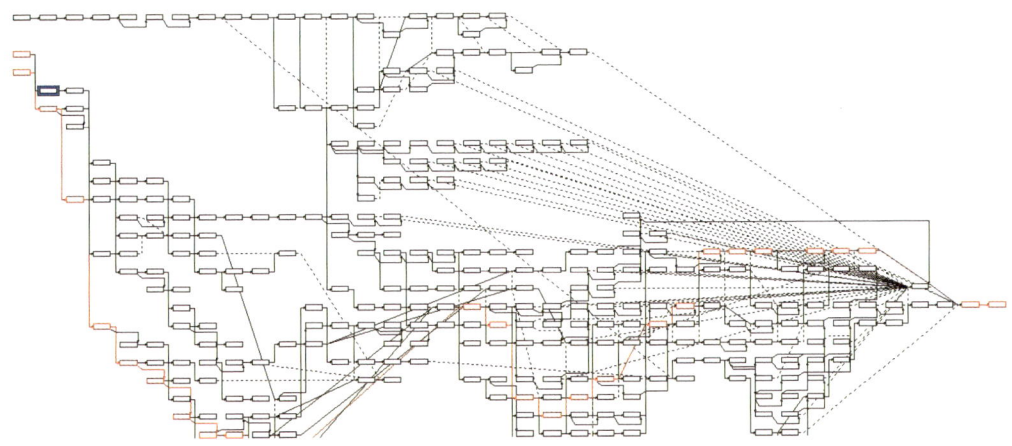

※ 그림 2-142는 실제 실무에서 작성한 공정표의 Activity Network입니다. 해당 기능은 메뉴 Bar [View] - [Show on Top] - [Activity Network]를 통해 실행할 수 있습니다.

이는 각 공사 담당자와 협의하는 목적으로 작성되는 LND의 의미가 퇴색될 수 있습니다. 따라서, LND는 Primavera P6로 표현하는 것보다 타 프로그램(PowerPoint 등)으로 표현하는 것이 더 적절합니다(아래 그림 2-143는 그림 2-142중 일부를 표현한 것).

▼ 그림 2-143

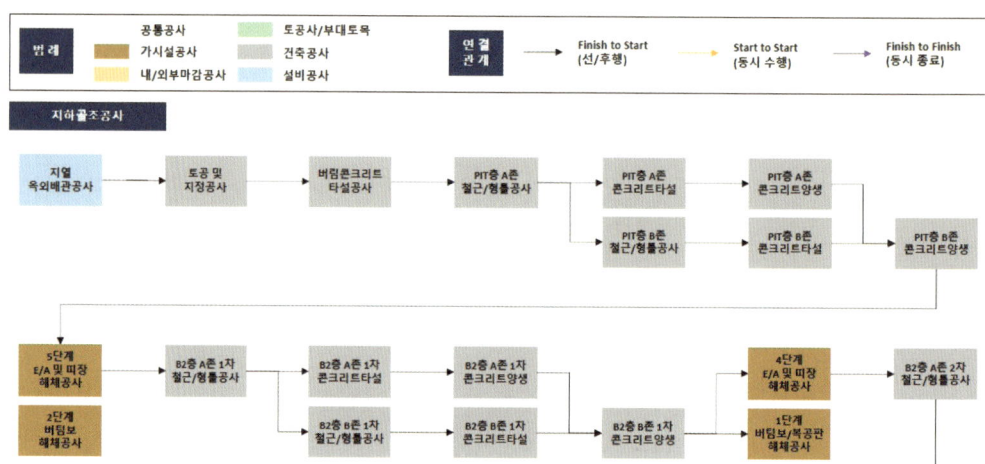

10.2 LND 생성하기

■ **Activity List 확인**

LND를 작성하기 위해 앞서 Primavera P6에서 작성한 Activity List를 확인합니다.

▼ 그림 2-144

Activity ID	Activity Name	Original Duration	Start	Finish	Calendar
JB 제이빌딩 신축공사		173d	2026-02-03	2026-07-25	
JB.G 일반사항		31d	2026-02-03	2026-03-05	CAL01_주7일
JB.G.01 마일스톤		0d	2026-02-03	2026-02-03	CAL01_주7일
JBG01010	착공	0d	2026-02-03		CAL01_주7일
JBG01020	토공사 착수	0d	2026-02-03		CAL01_주7일
JBG01030	토공사 완료	0d		2026-02-03	CAL01_주7일
JBG01040	골조공사 착수	0d	2026-02-03		CAL01_주7일
JBG01050	주차장 상판공사 완료	0d		2026-02-03	CAL01_주7일
JBG01060	골조공사 완료	0d		2026-02-03	CAL01_주7일
JBG01070	마감공사 착수	0d	2026-02-03		CAL01_주7일
JBG01080	마감공사 완료	0d		2026-02-03	CAL01_주7일
JBG01090	준공	0d		2026-02-03	CAL01_주7일
JB.G.02 준비기간/정리기간		31d	2026-02-03	2026-03-05	CAL01_주7일
JBG02010	공통공사,공통_준비기간(공통가설공사포함)	31d	2026-02-03	2026-03-05	CAL01_주7일
JBG02020	공통공사,공통_정리기간	30d	2026-02-03	2026-03-04	CAL01_주7일
JB.G.03 일반사항		0d	2026-02-03	2026-02-03	CAL01_주7일
JBG03010	간접비	0d	2026-02-03	2026-02-03	CAL01_주7일
JB.E 토목공사		28d	2026-02-03	2026-03-14	CAL02_토공및부대공사
JB.E.01 굴착공사		28d	2026-02-03	2026-03-14	CAL02_토공및부대공사
JBE01010	토목,토공사,공통_굴착공사	28d	2026-02-03	2026-03-14	CAL02_토공및부대공사
JB.E.02 되메우기 및 다짐공사		8d	2026-02-03	2026-02-11	CAL02_토공및부대공사
JBE02010	토목,토공사,공통_되메우기및다짐공사	8d	2026-02-03	2026-02-11	CAL02_토공및부대공사
JB.A 건축공사		22d	2026-02-03	2026-02-24	
JB.A.01 가설공사		0d	2026-02-04	2026-02-04	CAL03_골조공사
JBA01010	건축,골조공사,공통_가설공사	0d	2026-02-04	2026-02-04	CAL03_골조공사
JB.A.02 골조공사		15d	2026-02-04	2026-02-24	CAL03_골조공사
JBA01040	건축,골조공사,B1층_철근콘크리트공사	15d	2026-02-04	2026-02-24	CAL03_골조공사
JBA01030	건축,골조공사,FT층_철근콘크리트공사	8d	2026-02-04	2026-02-12	CAL03_골조공사
JBA01050	건축,골조공사,1층_철근콘크리트공사	8d	2026-02-04	2026-02-12	CAL03_골조공사
JBA01060	건축,골조공사,2층_철근콘크리트공사	8d	2026-02-04	2026-02-12	CAL03_골조공사
JBA01070	건축,골조공사,3층_철근콘크리트공사	8d	2026-02-04	2026-02-12	CAL03_골조공사
JBA01080	건축,골조공사,4층_철근콘크리트공사	8d	2026-02-04	2026-02-12	CAL03_골조공사
JBA01090	건축,골조공사,5층_철근콘크리트공사	8d	2026-02-04	2026-02-12	CAL03_골조공사
JBA01100	건축,골조공사,PH층_철근콘크리트공사	7d	2026-02-04	2026-02-11	CAL03_골조공사
JBA01020	건축,골조공사,FT층_버림콘크리트공사	3d	2026-02-04	2026-02-06	CAL03_골조공사
JB.A.03 조적공사		14d	2026-02-03	2026-02-21	CAL04_마감및설비공사

■ **Activity List 정리**

LND에 표현할 공사를 정리하기 위해 P6상 Activity List를 Excel 프로그램을 이용해 List화하여, 적절한 공종명으로 그룹화합니다.

▼ 그림 2-145

	A	B
1		①
2	Activity Name	공종별
3	공통공사,공통_준비기간(공통가설공사포함)	준비기간
4	공통공사,공통_정리기간	정리기간
5	토목,토공사,공통_굴착공사	굴착공사
6	토목,토공사,공통_되메우기및다짐공사	되메우기 및 다짐공사

[꿀Tips]

Activity를 하나씩 List화 할 수 있으나, 시간이 너무 많이 소요돼요! 따라서, 한꺼번에 Primavera P6로 자료를 Excel로 가져오는 방법에 관해 설명해 드릴게요!

① Primavera P6 화면에서 Ctrl + A

Primavera P6 화면에서 자판에 Ctrl + A를 눌러 아래 그림 2-145와 같이 모든 열을 선택합니다.

▼ 그림 2-146

Activity ID	Activity Name	Original Duration	Start	Finish	Calendar
	제이빌딩 신축공사	303	26-01-02	26-10-31	
	일반사항	303	26-01-02	26-10-31	CAL01_주7일
	마일스톤	303	26-01-02	26-10-31	CAL01_주7일
	준비기간/정리기간	303	26-01-02	26-10-31	CAL01_주7일
JBG02010	공통공사,공통_준비기간(공통가설공사포함)	31	26-01-02	26-02-01	CAL01_주7일
JBG02020	공통공사,공통_정리기간	30	26-10-02	26-10-31	CAL01_주7일
	일반사항	303	26-01-02	26-10-31	
JBG03010	간접비	303	26-01-02	26-10-31	CAL01_주7일
	토목공사	52	26-02-02	26-04-14	CAL02_토공및부대공사
	굴착공사	25	26-02-02	26-03-10	CAL02_토공및부대공사
JBE01010	토목,토공사,공통_굴착공사	25	26-02-02	26-03-10	CAL02_토공및부대공사
	되메우기 및 다짐공사	5	26-04-08	26-04-14	CAL02_토공및부대공사
JBE02010	토목,토공사,공통_되메우기및다짐공사	5	26-04-08	26-04-14	CAL02_토공및부대공사
	건축공사	205	26-03-11	26-10-01	
	가설공사	75	26-03-11	26-06-20	CAL03_골조공사
JBA01010	건축,골조공사,공통_가설공사	75	26-03-11	26-06-20	CAL03_골조공사
	골조공사	75	26-03-11	26-06-20	CAL03_골조공사

② 선택된 항목들 복사(Ctrl +C)

선택된 열을 자판에 Ctrl + C를 눌러 복사합니다.

▼ 그림 2-147

Activity ID	Activity Name	Original Duration	Start	Finish	Calendar
제이빌딩 신축공사		303	26-01-02	26-10-31	
일반사항		303	26-01-02	26-10-31	CAL01_주7일
마일스톤		303	26-01-02	26-10-31	CAL01_주7일
준비기간/정리기간		303	26-01-02	26-10-31	CAL01_주7일
JBG02010	공통공사,공통_준비기간(공통가설공사포함)	31	26-01-02	26-02-01	CAL01_주7일
JBG02020	공통공사,공통_정리기간	30	26-10-02	26-10-31	CAL01_주7일
일반사항		303	26-01-02	26-10-31	CAL01_주7일
JBG03010	간접비	303	26-01-02	26-10-31	CAL01_주7일
토목공사		52	26-02-02	26-04-14	CAL02_토공및부대공사
굴착공사		25	26-02-02	26-03-10	CAL02_토공및부대공사
JBE01010	토목,토공사,공통_굴착공사	25	26-02-02	26-03-10	CAL02_토공및부대공사
되메우기 및 다짐공사		5	26-04-08	26-04-14	CAL02_토공및부대공사
JBE02010	토목,토공사,공통_되메우기및다짐공사	5	26-04-08	26-04-14	CAL02_토공및부대공사
건축공사		205	26-03-11	26-10-01	
가설공사		75	26-03-11	26-06-20	CAL03_골조공사
JBA01010	건축,골조공사,공통_가설공사	75	26-03-11	26-06-20	CAL03_골조공사
골조공사		75	26-03-11	26-06-20	CAL03_골조공사

③ Excel 프로그램에 붙여넣기(Ctrl + V)

복사한 내용을 Excel에 붙여 넣은 후 Activity List를 한 번에 정리합니다.

▼ 그림 2-148

	A	B	C	D	E	F
1	Activity ID	Activity Name	Original Duration	Start	Finish	Calendar
2	제이빌딩 신축공사		303	2026-01-02	2026-10-31	
3	일반사항		303	2026-01-02	2026-10-31	CAL01_주7일
4	마일스톤		303	2026-01-02	2026-10-31	CAL01_주7일
5	JBG01010	착공	0	2026-01-02		CAL01_주7일
6	JBG01020	토공사 착수	0	2026-02-02		CAL01_주7일
7	JBG01030	토공사 완료	0		2026-04-14	CAL01_주7일
8	JBG01040	골조공사 착수	0	2026-03-11		CAL01_주7일
9	JBG01050	주차장 상판공사 완료	0		2026-04-07	CAL01_주7일
10	JBG01060	골조공사 완료	0		2026-06-20	CAL01_주7일
11	JBG01070	마감공사 착수	0	2026-06-12		CAL01_주7일
12	JBG01080	마감공사 완료	0		2026-10-01	CAL01_주7일
13	JBG01090	준공	0		2026-10-31	CAL01_주7일
14	준비기간/정리기간		303	2026-01-02	2026-10-31	CAL01_주7일
15	JBG02010	공통공사,공통_준비기간(공통가설공사포함)	31	2026-01-02	2026-02-01	CAL01_주7일
16	JBG02020	공통공사,공통_정리기간	30	2026-10-02	2026-10-31	CAL01_주7일
17	일반사항		303	2026-01-02	2026-10-31	CAL01_주7일
18	JBG03010	간접비	303	2026-01-02	2026-10-31	CAL01_주7일
19	토목공사		52	2026-02-02	2026-04-14	CAL02_토공및부대공사
20	굴착공사		25	2026-02-02	2026-03-10	CAL02_토공및부대공사
21	JBE01010	토목,토공사,공통_굴착공사	25	2026-02-02	2026-03-10	CAL02_토공및부대공사
22	되메우기 및 다짐공사		5	2026-04-08	2026-04-14	CAL02_토공및부대공사
23	JBE02010	토목,토공사,공통_되메우기및다짐공사	5	2026-04-08	2026-04-14	CAL02_토공및부대공사
24	건축공사		205	2026-03-11	2026-10-01	
25	가설공사		75	2026-03-11	2026-06-20	CAL03_골조공사
26	JBA01010	건축,골조공사,공통_가설공사	75	2026-03-11	2026-06-20	CAL03_골조공사
27	골조공사		75	2026-03-11	2026-06-20	CAL03_골조공사
28	JBA01020	건축,골조공사,FT층_버림콘크리트공사	3	2026-03-11	2026-03-13	CAL03_골조공사
29	JBA01030	건축,골조공사,FT층_철근콘크리트공사	7	2026-03-14	2026-03-23	CAL03_골조공사
30	JBA01040	건축,골조공사,B1층_철근콘크리트공사	12	2026-03-24	2026-04-07	CAL03_골조공사
31	JBA01050	건축,골조공사,1층_철근콘크리트공사	8	2026-04-15	2026-04-24	CAL03_골조공사
32	JBA01060	건축,골조공사,2층_철근콘크리트공사	8	2026-04-27	2026-05-12	CAL03_골조공사

■ **Activity 공종별 그룹화**

정리한 Activity List를 추후 Diagram에 사용될 수 있도록 공종별로 그룹화합니다.
(※Activity 중 마일스톤은 시점의 개념이므로 LND 작성 시 제외)

▼ 그림 2-149

	A	B
1	Activity Name	공종별
2	공통공사,공통_준비기간(공통가설공사포함)	준비기간
3	공통공사,공통_정리기간	정리기간
4	토목,토공사,공통_굴착공사	굴착공사
5	토목,토공사,공통_되메우기및다짐공사	되메우기 및 다짐공사
6	건축,골조공사,FT층_버림콘크리트공사	
7	건축,골조공사,FT층_철근콘크리트공사	
8	건축,골조공사,B1층_철근콘크리트공사	
9	건축,골조공사,1층_철근콘크리트공사	
10	건축,골조공사,2층_철근콘크리트공사	철근콘크리트공사
11	건축,골조공사,3층_철근콘크리트공사	
12	건축,골조공사,4층_철근콘크리트공사	
13	건축,골조공사,5층_철근콘크리트공사	
14	건축,골조공사,PH층_철근콘크리트공사	
15	건축,마감공사,B1층_조적공사	
16	건축,마감공사,2층_조적공사	
17	건축,마감공사,3층_조적공사	조적공사
18	건축,마감공사,4층_조적공사	
19	건축,마감공사,5층_조적공사	

■ **Logic 연결**

그룹화한 공종을 분석하여 적절한 공사 순서로 로직을 연결합니다.(Power Point를 이용해 작성하는 것을 추천합니다.)

▼ 그림 2-150

[Note]
LND는 각 분야 담당자와 협의용으로 사용되는 것이므로 간결하고 효과적으로 보일 수 있도록 작성돼야 해요!

10.3 실전 적용하기

■ '10.2 LND 작성하기' 과정에 따라 Activity를 그룹화한 아래 표 2-12 자료를 가지고 LND를 작성합니다.

▼ 표 2-12

Activity List 공종별 그룹화	
Activity Name	공종별
공통공사,공통_준비기간 (공통가설공사포함)	준비기간
공통공사,공통_정리기간	정리기간
간접비	제외 (∵공사 전반에 발생하는 것이므로)
토목,토공사,공통_굴착공사	굴착공사
토목,토공사,공통_되메우기및다짐공사	되메우기 및 다짐공사
건축,골조공사,공통_가설공사	제외 (∵골조공사 전반에 발생하는 것이므로)
건축,골조공사,FT층_버림콘크리트공사	버림콘크리트공사
건축,골조공사,FT층_철근콘크리트공사	철근콘크리트공사
건축,골조공사,B1층_철근콘크리트공사	
건축,골조공사,1층_철근콘크리트공사	
건축,골조공사,2층_철근콘크리트공사	
건축,골조공사,3층_철근콘크리트공사	
건축,골조공사,4층_철근콘크리트공사	
건축,골조공사,5층_철근콘크리트공사	
건축,골조공사,PH층_철근콘크리트공사	
건축,마감공사,B1층_조적공사	조적공사
건축,마감공사,2층_조적공사	
건축,마감공사,3층_조적공사	
건축,마감공사,4층_조적공사	
건축,마감공사,5층_조적공사	
건축,마감공사,외부_외장마감공사	외장마감공사
건축,마감공사,B1층_방수공사	방수공사
건축,마감공사,2층_방수공사	
건축,마감공사,3층_방수공사	
건축,마감공사,4층_방수공사	
건축,마감공사,5층_방수공사	
건축,마감공사,PH층_방수공사	
건축,마감공사,B1층_미장공사	미장공사
건축,마감공사,2층_미장공사	
건축,마감공사,3층_미장공사	

Activity List 공종별 그룹화	
Activity Name	공종별
건축,마감공사,4층_미장공사	미장공사
건축,마감공사,5층_미장공사	
건축,마감공사,1층_외부창호및유리공사	외부창호 및 유리공사
건축,마감공사,2층_외부창호및유리공사	
건축,마감공사,3층_외부창호및유리공사	
건축,마감공사,4층_외부창호및유리공사	
건축,마감공사,5층_외부창호및유리공사	
건축,마감공사,B1층_내부창호공사	내부창호공사 (계속)
건축,마감공사,1층_내부창호공사	
건축,마감공사,2층_내부창호공사	
건축,마감공사,3층_내부창호공사	
건축,마감공사,4층_내부창호공사	내부창호공사
건축,마감공사,5층_내부창호공사	
건축,마감공사,공통_창호 액세서리설치	창호 액세서리설치
건축,마감공사,공통_금속공사	금속공사
건축,마감공사,B1층_세라믹 타일공사	세라믹 타일공사
건축,마감공사,2층_세라믹 타일공사	
건축,마감공사,3층_세라믹 타일공사	
건축,마감공사,4층_세라믹 타일공사	
건축,마감공사,5층_세라믹 타일공사	
건축,마감공사,B1층_데코타일공사	데코타일공사
건축,마감공사,2층_데코타일공사	
건축,마감공사,3층_데코타일공사	
건축,마감공사,4층_데코타일공사	
건축,마감공사,5층_데코타일공사	
건축,마감공사,B1층_수장공사	수장공사
건축,마감공사,1층_수장공사	
건축,마감공사,2층_수장공사	
건축,마감공사,3층_수장공사	
건축,마감공사,4층_수장공사	
건축,마감공사,5층_수장공사	
건축,마감공사,PH층_수장공사	
건축,마감공사,B1층_도장공사	도장공사
건축,마감공사,1층_도장공사	
건축,마감공사,2층_도장공사	
건축,마감공사,3층_도장공사	
건축,마감공사,4층_도장공사	
건축,마감공사,5층_도장공사	
건축,마감공사,B1층_가구및집기공사	가구 및 집기공사
건축,마감공사,2층_가구및집기공사	

Activity List 공종별 그룹화	
Activity Name	공종별
건축,마감공사,3층_가구및집기공사	가구 및 집기공사
건축,마감공사,4층_가구및집기공사	
건축,마감공사,5층_가구및집기공사	
건축,마감공사,공통_기타공사(사인물 등)	기타공사(사인물 등)
건축,마감공사,공통_폐기물처리	제외 (∵공사 전반에 발생하는 것이므로)
설비,배관/기구취부공사,공통_배관/기구취부공사	배관/기구 취부공사
설비,전기/통신공사,공통_전기/통신공사	전기/통신공사
부대공사,부대토목공사,공통_부대토목공사	부대토목공사
부대공사,조경공사,공통_조경공사	조경공사

- 정리한 List를 Power Point를 이용하여 아래와 같이 LND를 작성할 수 있습니다.

▶ 그림 2-151

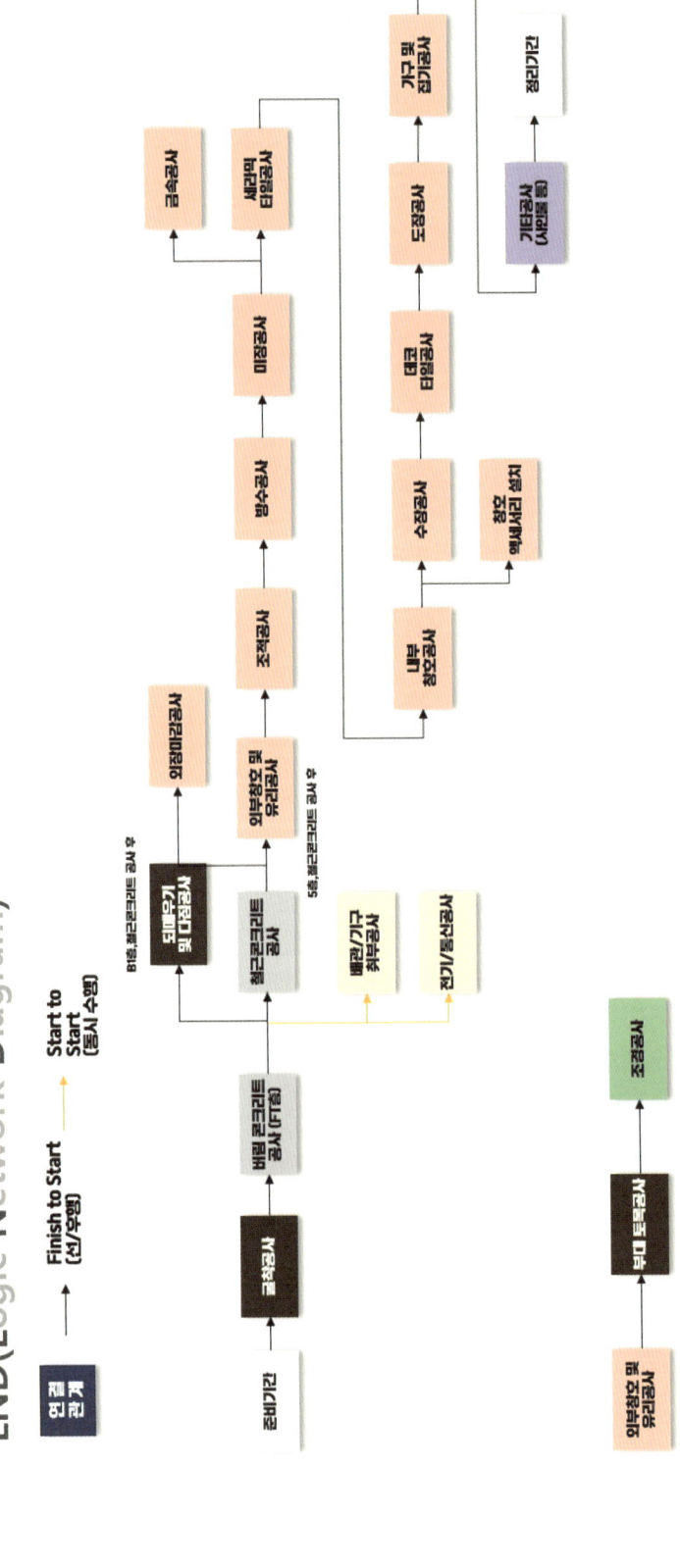

162   PART 2.   같이 만들자! 네트워크 공정표

11 Relationship 생성하기

【Preview】

▼ 그림 2-152

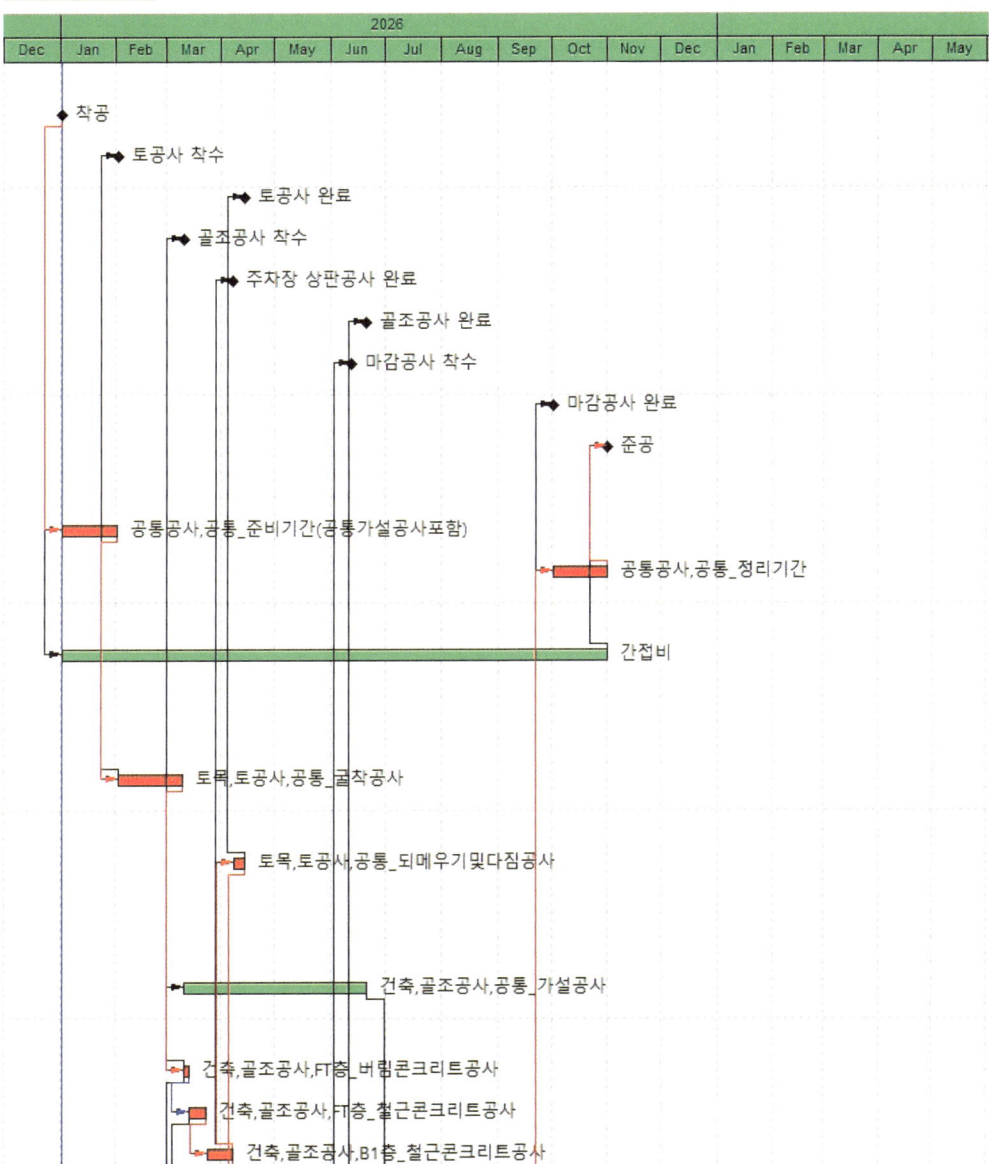

[작업순서]

① Relationship [Tab] 활성화 ▶ ② 선행 / 후행 연결 대화상자 활성화

▶ ③ Relationship을 지정할 Activity 선택 ▶ ④ 세부 특성 확인 및 지정

▶ ⑤ Schedule 실행 ▶ ⑥ Gantt Chart 반영여부 확인

11.1 Relationship이란?

■ **Relationship 정의**

Relationship이란 Activity간의 연관 관계를 논리적으로 묘사하는 것을 의미합니다. 이러한 관계를 논리적으로 표현하기 위해 가장 많이 사용되는 방법은 PDM(Precedence Diagramming Method)입니다.

▼ 그림 2-153

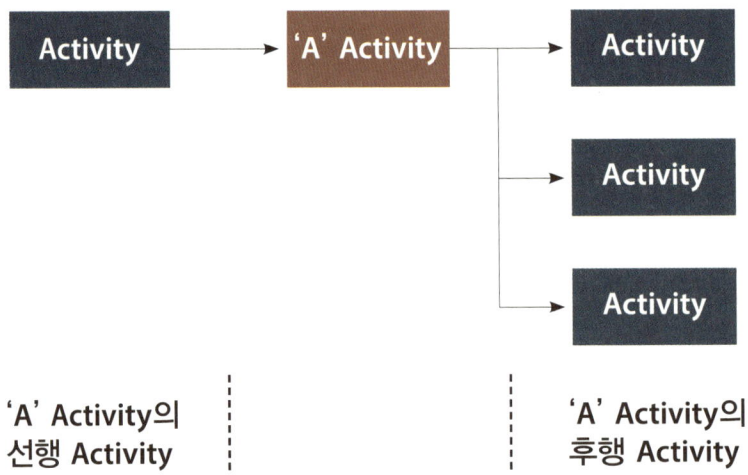

그림 2-152와 같이 'A'Activity는 1개의 선행 Activity(Predecessor)와 3개의 후행 Activity(Successor)로 연결된 것을 확인할 수 있는데 이러한 Relationship은 아래와 같이 4가지 로직으로 표현됩니다.

① Finish-to-Start(FS) : 선행 Activity가 종료되어야 후행 Activity가 시작
② Start-to-Start(SS) : 선행 Activity가 시작될 때 후행 Activity도 시작
③ Finish-to-Finish(FF) : 선행 Activity가 종료될 때 후행 Activity 종료
④ Start-to-Finish(SF) : 선행 Activity가 시작될 때 후행 Activity 종료

이 중 가장 많이 사용하는 로직은 FS 로직이며, SF 로직은 일반적으로 사용하지 않습니다. 이러한 로직을 기반으로 Activity 간의 Relationship을 논리적으로 작성하여 Project 전반에 영향 관계를 분석/관리하는 것이 Primavera P6를 공정관리 전문프로그램으로 사용하는 이유라고 할 수 있겠습니다.

■ FS Relationship

▼ 그림 2-154

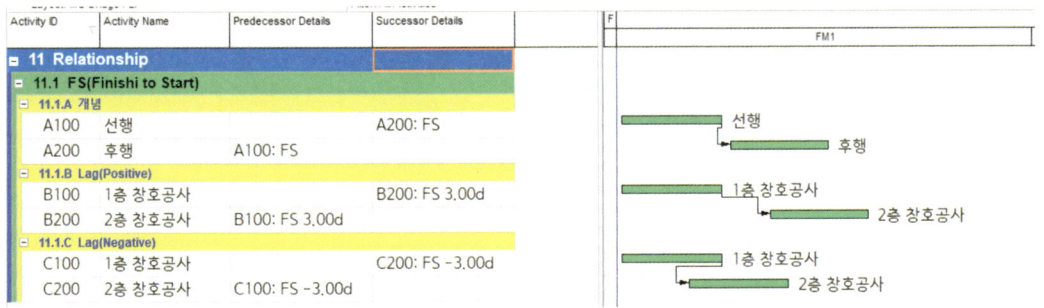

선행 Activity가 종료되어야 후행 Activity가 시작하는 로직입니다. 네트워크 공정표에서 가장 많이 사용되는 로직이며, 공기영향 분석 시 임팩트에 대한 영향을 가장 효율적으로 반영할 수 있기 때문에 Claim 분석 시 가장 많이 사용되는 로직입니다. 선행 Activity의 종료 후 후행 Activity가 착수하기까지 일정한 기간이 필요한 경우 Positive Lag를 사용하고, 선행 Activity가 종료하기 전에 후행 Activity가 착수해야 하는 경우 Negative Lag를 사용하여 표현할 수 있습니다.

■ FF Relationship

▼ 그림 2-155

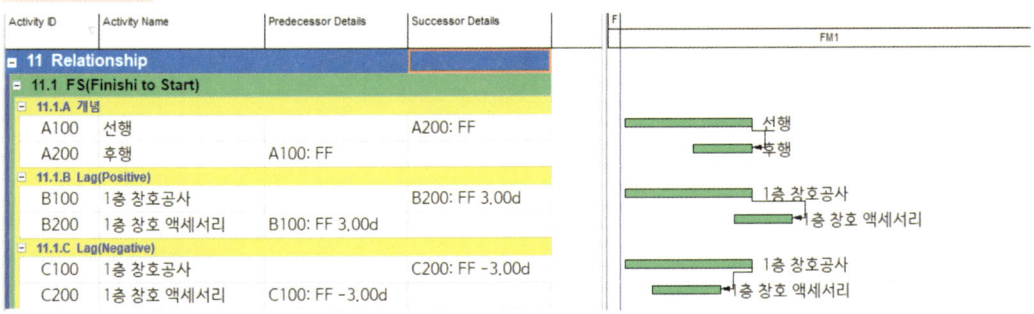

선행 Activity가 종료되는 시점에 후행 Activity도 종료하는 로직입니다. 착수 시점이 다르더라도 동시에 종료하여야 하는 Activity에 적용하거나 후행 Activity를 특정할 수 없을 때 Total Float 및 Open End를 피하기 위해 사용되는 로직입니다. 선행 Activity의 종료 후 후행 Activity 종료시점까지 일정한 기간이 필요할 경우 Positive Lag를 사용하고, 선행 Activity가 종료하기전에 후행 Activity가 종료하여야 하는 경우 Negative Lag를 사용하여 표현할 수 있습니다.

■ SS Relationship

▼ 그림 2-156

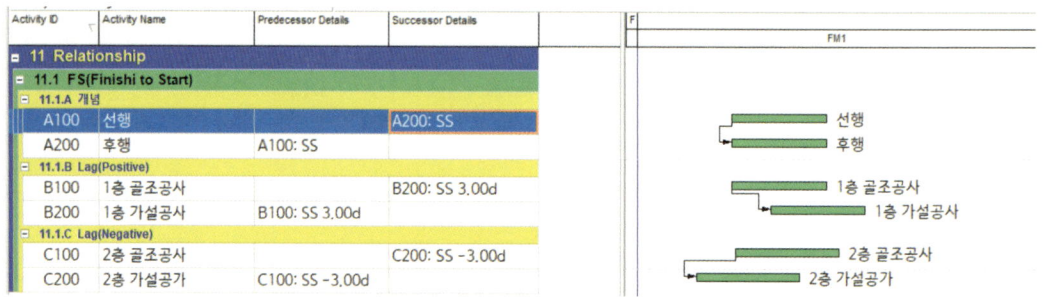

선행 Activity가 착수되는 시점에 후행 Activity도 착수하는 로직입니다. 착수 시점이 같아야 할 때 사용되며 후행 Activity는 선행 Activity의 착수 시점에만 의존하기 때문에 Activity가 진행중에 Claim이 발생할 경우 공사기간 영향분석이 되지 않을 수도 있습니다. 선행 Activity 착수후 일정한 기간 후에 후행 Activity가 착수해야 할 경우 Positive Lag를 사용하고, 선행 Activity가 착수하기 전에 후행 Activity가 착수하여야 하는 경우 Negative Lag를 사용하여 표현할 수 있습니다.

▼ 그림 2-157

■ SF Relationship

선행 Activity가 착수하기 전에 후행 Activity가 종료하여야 하는 로직입니다. 중요한 작업 수행을 위해 부수작업이 완료되어야 하는 과업에 적용할 수 있지만, 미래가 과거의 일정을 결정하는 개념이 될 수 있기 때문에 일반적으로는 사용을 하지 않습니다. Activity 착수시점에서 일정한 기간이 지난 후에 후행 Activity가 종료해야 할 경우 Positive Lag를 사용하고, 선행 Activity가 착수하기 일정기간 전에 후행 Activity가 종료하여야 하는 경우 Negative Lag를 사용하여 표현할 수 있습니다.

11.2 Relationship 생성하기

■ Relationship [Tab] 활성화

Activity에 Relationship을 부여하기 위해 Relationship을 생성할 Activity 선택 후 아래 Activity Details 창에서 Relationship [Tab]을 선택합니다.

▼ 그림 2-158

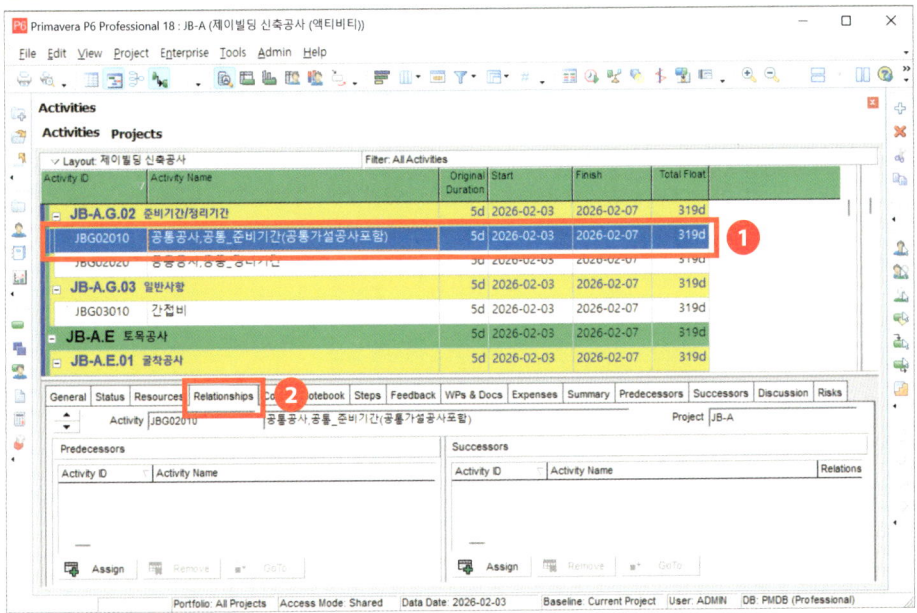

■ 선행 / 후행 연결 대화상자 활성화

선택한 Activity에 선행(Predecessors) Activity와 후행(Successors) Activity를 연결하기 위해 Assign 버튼을 클릭하여 연결 대화상자를 활성화합니다(현재 선택한 Activity는 Project에서 가장 선행되는 Activity로 후행(Successors) 대화상자만 활성화합니다).

▼ 그림 2-159

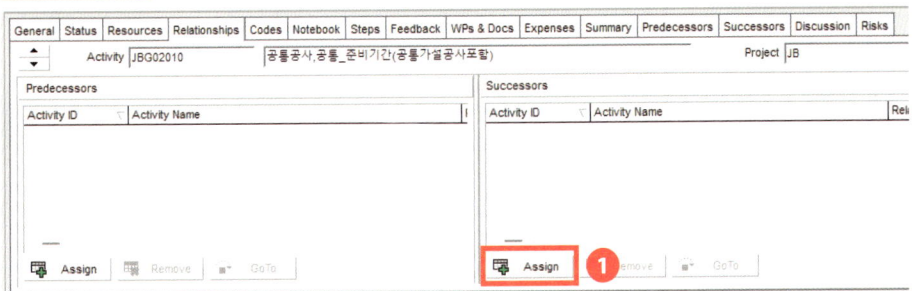

■ **Relationship을 지정할 Activity 선택**

생성된 Assign Successors 대화상자에서 현재 선택한 Activity에 후행으로 지정할 Activity를 더블 클릭하거나 Assign 버튼을 클릭합니다. Successors 대화상자 내에 지정한 Activity가 추가된 것을 확인할 수 있습니다.

▼ 그림 2-160

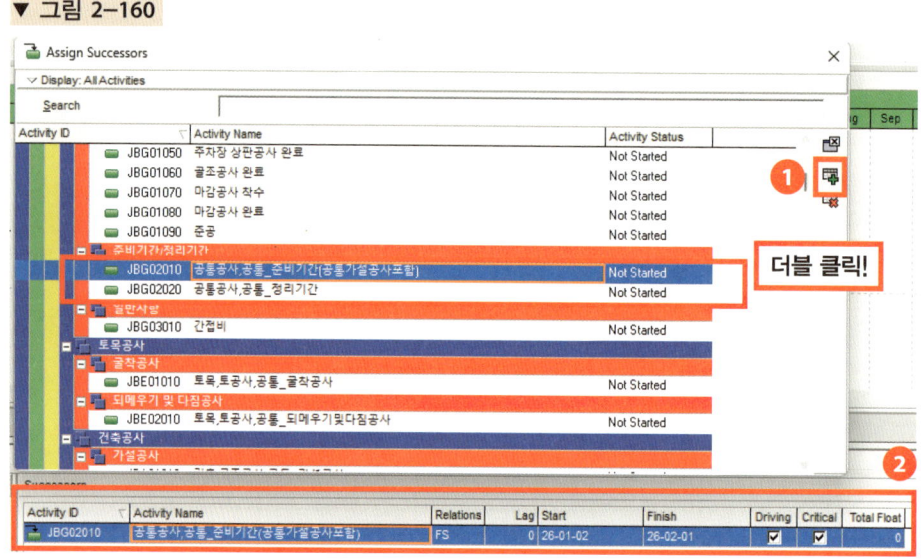

■ **세부 특성 확인 및 지정**

Logic을 연결한 Activity의 Relationship Type을 변경하거나 Lag 값을 수정할 수 있으며 후행 Activity의 Start / Finish 날짜, Driving 여부, Critical 여부, Total Float의 여부를 파악할 수 있습니다.

▼ 그림 2-161

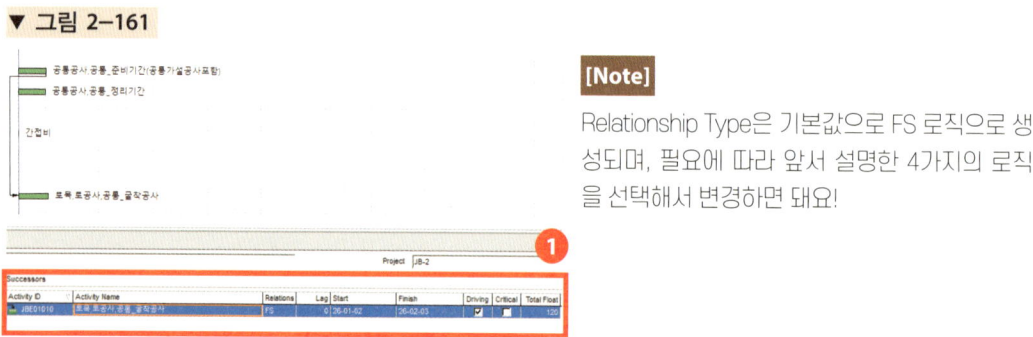

[Note]
Relationship Type은 기본값으로 FS 로직으로 생성되며, 필요에 따라 앞서 설명한 4가지의 로직을 선택해서 변경하면 돼요!

[Note]

① Activity ID : 더블 클릭하면 Select Activity 창이 나오고 연결된 Activity를 변경

② Activity Name : 수정 불가, 읽기전용

③ Relationship Type : 현재 지정된 Type 확인 및 수정

④ Lag : 선행 Activity와 후행 Activity의 사이를 부여한 숫자(+값, -값 둘 다 가능)변경

⑤ Driving : Relationship을 체결한 Activity 중 실질적인 영향을 주고 있는 Activity를 나타냄

⑥ Critical : 연결된 Logic이 Critical Path에 해당 여부 확인

⑦ Total Float : Activity의 여유일수를 나타냄

■ Schedule 실행

연결된 로직이 Gantt Chart 상에 반영되려면 Schedule 기능을 실행해야 합니다. 이를 위해 메뉴 Bar에서 [Tools] - [Schedule]이나 자판에 F9키를 눌러 Schedule 대화상자를 활성화합니다. Schedule 실행을 위해 [Schedule] 버튼을 클릭합니다.

▼ 그림 2-162

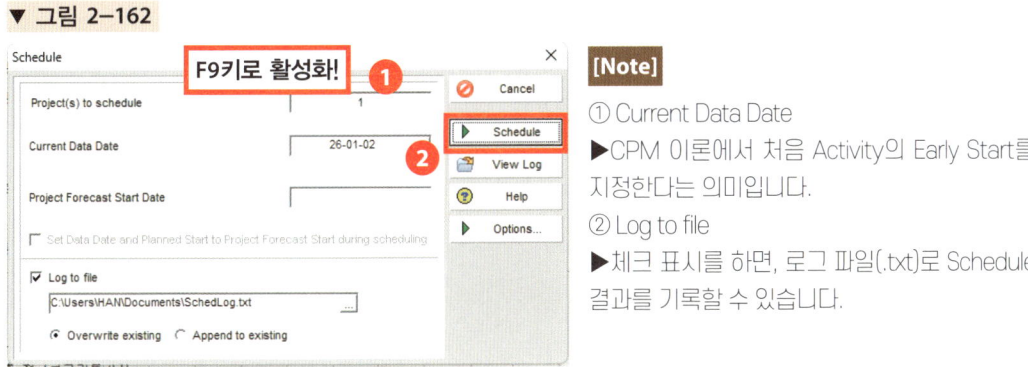

[Note]
① Current Data Date
▶CPM 이론에서 처음 Activity의 Early Start를 지정한다는 의미입니다.
② Log to file
▶체크 표시를 하면, 로그 파일(.txt)로 Schedule 결과를 기록할 수 있습니다.

■ Gantt Chart 반영 여부 확인

Schedule을 실행함으로써 지정한 Relationship이 Gantt Chart에 반영됨을 확인할 수 있습니다.

▼ 그림 2-163

Critical Path 알아보기!

Activity간 선/후행 Relationship을 연결하고 나면 **그림 2-159**처럼 Gantt Chart에서 붉은색으로 표현되는 것들을 확인할 수 있습니다.

▼ 그림 2-164

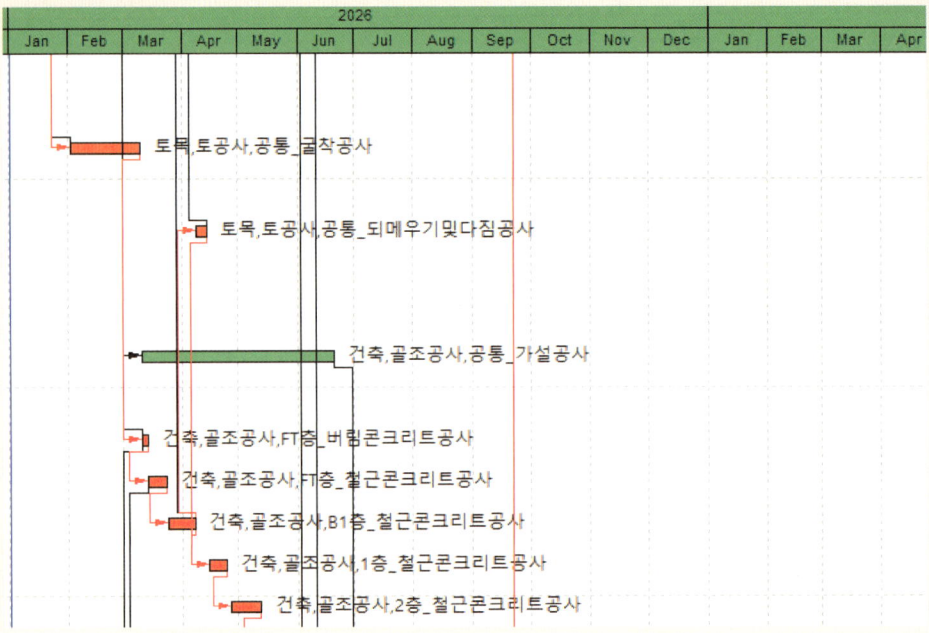

이는 'Critical Path', 주공정(CP)이라고도 불리며, 전체 공사기간에 영향을 미치는 Activity임을 나타내주는 것입니다. Critical Path는 아래 **표 2-13**과 같은 특징을 가집니다.

▼ 표 2-13

Critical Path(CP) 특징
· 전체여유(Total Float)가 없는 경로로 주공정 경로 또는 주공정선이라 함 · 최초작업의 개시에서 최종 작업의 완료에 이르는 경로 중 소요일수가 가장 긴 경로로 작업을 완성하는데 여유시간을 전혀 포함하지 않는 최장 경로이며 이는 전체 공사 기간과 같음 · Project 내에서 Critical Path는 다수의 경로가 될 수 있음 · 주공정선 상의 Activity는 총 여유시간(Total Float)과 0일인 값을 가짐 · 주공정 작업과 주공정선은 붉은색으로 표기 · 작업의 중요도에 따라 총 여유시간이 촉박한 작업을 부공정(2nd CP)으로 지정하고 별도로 관리하기도 함 · 공사기간을 단축하기 위해서는 주공정 작업에 대하여 공법을 변경하거나 작업을 개선하여 공사기간 단축을 시행

11.3 실전 적용하기

■ 'Chapter 10. LND 작성하기'에서 작성한 Logic과 '11.2 Relatonship 생성하기' 과정을 기반으로 표 2-14의 각 Activity의 Logic을 Primavera P6 상에 생성합니다.
(※따로 괄호 안에 따로 표기한 Logic 이외에 Relationship Type은 전부 FS로직)

▼ 표 2-14

Relationship 지정		
Activity Name	Predecessors	Successors
착공		공통공사,공통_준비기간 (공통가설공사포함)
토공사 착수	토목,토공사,공통_ 굴착공사(SS로직)	
토공사 완료	토목,토공사,공통_ 되메우기및다짐공사	
골조공사 착수	건축,골조공사,FT층_ 버림콘크리트공사(SS로직)	
주차장 상판공사 완료	건축,골조공사,B1층_ 철근콘크리트공사	
골조공사 완료	건축,골조공사,PH층_ 철근콘크리트공사	
마감공사 착수	건축,마감공사,2층_ 외부창호및유리공사(SS로직)	
마감공사 완료	건축,마감공사,공통_ 기타공사(사인몰 등)	
준공	공통공사,공통_정리기간	
	간접비	
공통공사,공통_준비기간 (공통가설공사포함)	착공	토목,토공사,공통_굴착공사
공통공사,공통_정리기간	건축,마감공사,공통_ 기타공사(사인몰 등)	준공
	건축,마감공사,1층_ 외부창호및유리공사	
	건축,마감공사,공통_금속공사	
	부대공사,조경공사,공통_ 조경공사	
	건축,마감공사,외부_ 외장마감공사	
간접비		준공
토목,토공사,공통_굴착공사	공통공사,공통_준비기간 (공통가설공사포함)	건축,골조공사,FT층_버림 콘크리트공사
		토공사 착수(SS로직)

Relationship 지정		
Activity Name	Predecessors	Successors
토목,토공사,공통_되메우기 및 다짐공사	건축,골조공사,B1층_철근 콘크리트공사	건축,골조공사,1층_철근 콘크리트공사
		토공사 완료
건축,골조공사,공통_가설공사	건축,골조공사,FT층_버림 콘크리트공사(SS로직)	건축,골조공사,PH층_철근 콘크리트공사(FF로직)
건축,골조공사,FT층_버림 콘크리트공사	토목,토공사,공통_굴착공사	건축,골조공사,FT층_철근 콘크리트공사
		건축,골조공사,공통_가설공사(SS로직)
		골조공사 착수(SS로직)
		건축,마감공사,공통_폐기물 처리(SS로직)
건축,골조공사,FT층_철근 콘크리트공사	건축,골조공사,FT층_버림 콘크리트공사	건축,골조공사,B1층_철근 콘크리트공사
		설비,배관/기구취부공사, 공통_배관/기구취부공사(SS로직)
		설비,전기/통신공사,공통_전기/통신공사 (SS로직)
건축,골조공사,B1층_철근 콘크리트공사	건축,골조공사,FT층_철근 콘크리트공사	건축,골조공사,1층_철근 콘크리트공사
		토목,토공사,공통_되메우기및다짐공사
		주차장 상판공사 완료
건축,골조공사,1층_철근 콘크리트공사	건축,골조공사,B1층_철근 콘크리트공사	건축,골조공사,2층_철근 콘크리트공사
	토목,토공사,공통_되메우기 및 다짐공사	
건축,골조공사,2층_철근 콘크리트공사	건축,골조공사,1층_철근 콘크리트공사	건축,골조공사,3층_철근 콘크리트공사
건축,골조공사,3층_철근 콘크리트공사	건축,골조공사,2층_철근 콘크리트공사	건축,골조공사,4층_철근 콘크리트공사
건축,골조공사,4층_철근 콘크리트공사	건축,골조공사,3층_철근 콘크리트공사	건축,골조공사,5층_철근 콘크리트공사
건축,골조공사,5층_철근 콘크리트공사	건축,골조공사,4층_철근 콘크리트공사	건축,골조공사,PH층_철근 콘크리트공사
		건축,마감공사,2층_외부창호 및유리공사
건축,골조공사,PH층_철근 콘크리트공사	건축,골조공사,5층_철근 콘크리트공사	건축,마감공사,외부_외장마감공사
	건축,골조공사,공통_ 가설공사(FF로직)	골조공사 완료
건축,마감공사,B1층_조적공사	건축,마감공사,5층_조적공사	건축,마감공사,B1층_방수공사
건축,마감공사,2층_조적공사	건축,마감공사,2층_외부창호 및유리공사	건축,마감공사,2층_방수공사
건축,마감공사,3층_조적공사	건축,마감공사,3층_외부창호 및유리공사	건축,마감공사,3층_방수공사

Relationship 지정		
Activity Name	**Predecessors**	**Successors**
건축,마감공사,4층_조적공사	건축,마감공사,4층_외부창호및유리공사	건축,마감공사,4층_방수공사
건축,마감공사,5층_조적공사	건축,마감공사,5층_외부창호및유리공사	건축,마감공사,5층_방수공사
		건축,마감공사,B1층_조적공사
건축,마감공사,외부_외장마감공사	건축,골조공사,PH층_철근콘크리트공사	공통공사,공통_정리기간
건축,마감공사,B1층_방수공사	건축,마감공사,B1층_조적공사	건축,마감공사,B1층_미장공사
건축,마감공사,2층_방수공사	건축,마감공사,2층_조적공사	건축,마감공사,2층_미장공사
건축,마감공사,3층_방수공사	건축,마감공사,3층_조적공사	건축,마감공사,3층_미장공사
건축,마감공사,4층_방수공사	건축,마감공사,4층_조적공사	건축,마감공사,4층_미장공사
건축,마감공사,5층_방수공사	건축,마감공사,5층_조적공사	건축,마감공사,PH층_방수공사
		건축,마감공사,5층_미장공사
건축,마감공사,PH층_방수공사	건축,마감공사,5층_방수공사	건축,마감공사,PH층_수장공사
건축,마감공사,B1층_미장공사	건축,마감공사,B1층_방수공사	건축,마감공사,B1층_세라믹타일공사
건축,마감공사,2층_미장공사	건축,마감공사,2층_방수공사	건축,마감공사,2층_세라믹타일공사
건축,마감공사,3층_미장공사	건축,마감공사,3층_방수공사	건축,마감공사,3층_세라믹타일공사
건축,마감공사,4층_미장공사	건축,마감공사,4층_방수공사	건축,마감공사,4층_세라믹타일공사
건축,마감공사,5층_미장공사	건축,마감공사,5층_방수공사	건축,마감공사,5층_세라믹타일공사
		건축,마감공사,공통_금속공사
건축,마감공사,1층_외부창호및유리공사	건축,마감공사,5층_외부창호및유리공사	공통공사,공통_정리기간
		부대공사,부대토목공사,공통_부대토목공사
건축,마감공사,2층_외부창호및유리공사	건축,골조공사,5층_철근콘크리트공사	건축,마감공사,3층_외부창호및유리공사
		건축,마감공사,2층_조적공사
		마감공사 착수(SS로직)
건축,마감공사,3층_외부창호및유리공사	건축,마감공사,2층_외부창호및유리공사	건축,마감공사,4층_외부창호및유리공사
		건축,마감공사,3층_조적공사
건축,마감공사,4층_외부창호및유리공사	건축,마감공사,3층_외부창호및유리공사	건축,마감공사,5층_외부창호및유리공사
		건축,마감공사,4층_조적공사
건축,마감공사,5층_외부창호및유리공사	건축,마감공사,4층_외부창호및유리공사	건축,마감공사,1층_외부창호및유리공사
		건축,마감공사,5층_조적공사
		부대공사,부대토목공사,공통_부대토목공사

	Relationship 지정	
Activity Name	**Predecessors**	**Successors**
건축,마감공사,B1층_내부 창호공사	건축,마감공사,B1층_세라믹 타일공사	건축,마감공사,B1층_수장공사
		건축,마감공사,공통_창호 액세서리설치
건축,마감공사,1층_내부 창호공사	건축,마감공사,5층_내부 창호공사	건축,마감공사,1층_수장공사
건축,마감공사,2층_내부 창호공사	건축,마감공사,2층_세라믹 타일공사	건축,마감공사,2층_수장공사
건축,마감공사,3층_내부 창호공사	건축,마감공사,3층_세라믹 타일공사	건축,마감공사,3층_수장공사
건축,마감공사,4층_내부 창호공사	건축,마감공사,4층_세라믹 타일공사	건축,마감공사,4층_수장공사
건축,마감공사,5층_내부 창호공사	건축,마감공사,5층_세라믹 타일공사	건축,마감공사,1층_내부 창호공사
		건축,마감공사,5층_수장공사
건축,마감공사,공통_창호 액세서리설치	건축,마감공사,B1층_내부 창호공사	건축,마감공사,공통_기타공사(사인몰 등)
건축,마감공사,공통_금속공사	건축,마감공사,5층_미장공사	공통공사,공통_정리기간
건축,마감공사,B1층_세라믹 타일공사	건축,마감공사,B1층_미장공사	건축,마감공사,B1층_내부 창호공사
건축,마감공사,2층_세라믹 타일공사	건축,마감공사,2층_미장공사	건축,마감공사,2층_내부 창호공사
건축,마감공사,3층_세라믹 타일공사	건축,마감공사,3층_미장공사	건축,마감공사,3층_내부 창호공사
건축,마감공사,4층_세라믹 타일공사	건축,마감공사,4층_미장공사	건축,마감공사,4층_내부 창호공사
건축,마감공사,5층_세라믹 타일공사	건축,마감공사,5층_미장공사	건축,마감공사,5층_내부 창호공사
건축,마감공사,B1층_데코 타일공사	건축,마감공사,B1층_수장공사	건축,마감공사,B1층_도장공사
건축,마감공사,2층_데코 타일공사	건축,마감공사,2층_수장공사	건축,마감공사,2층_도장공사
건축,마감공사,3층_데코 타일공사	건축,마감공사,3층_수장공사	건축,마감공사,3층_도장공사
건축,마감공사,4층_데코 타일공사	건축,마감공사,4층_수장공사	건축,마감공사,4층_도장공사
건축,마감공사,5층_데코 타일공사	건축,마감공사,5층_수장공사	건축,마감공사,5층_도장공사
건축,마감공사,B1층_수장공사	건축,마감공사,B1층_내부 창호공사	건축,마감공사,B1층_데코 타일공사
건축,마감공사,1층_수장공사	건축,마감공사,1층_내부 창호공사	건축,마감공사,1층_도장공사
건축,마감공사,2층_수장공사	건축,마감공사,2층_내부 창호공사	건축,마감공사,2층_데코 타일공사

Relationship 지정		
Activity Name	**Predecessors**	**Successors**
건축,마감공사,3층_수장공사	건축,마감공사,3층_내부창호공사	건축,마감공사,3층_데코타일공사
건축,마감공사,4층_수장공사	건축,마감공사,4층_내부창호공사	건축,마감공사,4층_데코타일공사
건축,마감공사,5층_수장공사	건축,마감공사,5층_내부창호공사	건축,마감공사,PH층_수장공사
		건축,마감공사,5층_데코타일공사
건축,마감공사,PH층_수장공사	건축,마감공사,5층_수장공사	건축,마감공사,공통_기타공사(사인몰 등)
	설비,배관/기구취부공사,공통_배관/기구취부공사(FF로직)	
	설비,전기/통신공사,공통_전기/통신공사(FF로직)	
	건축,마감공사,PH층_방수공사	
건축,마감공사,B1층_도장공사	건축,마감공사,B1층_데코타일공사	건축,마감공사,B1층_가구 및 집기공사
건축,마감공사,1층_도장공사	건축,마감공사,1층_수장공사	건축,마감공사,공통_기타공사(사인몰 등)
건축,마감공사,2층_도장공사	건축,마감공사,2층_데코타일공사	건축,마감공사,2층_가구 및 집기공사
건축,마감공사,3층_도장공사	건축,마감공사,3층_데코타일공사	건축,마감공사,3층_가구 및 집기공사
건축,마감공사,4층_도장공사	건축,마감공사,4층_데코타일공사	건축,마감공사,4층_가구 및 집기공사
건축,마감공사,5층_도장공사	건축,마감공사,5층_데코타일공사	건축,마감공사,5층_가구 및 집기공사
건축,마감공사,B1층_가구 및 집기공사	건축,마감공사,B1층_도장공사	건축,마감공사,공통_기타공사(사인몰 등)
건축,마감공사,2층_가구 및 집기공사	건축,마감공사,2층_도장공사	건축,마감공사,공통_기타공사(사인몰 등)
건축,마감공사,3층_가구 및 집기공사	건축,마감공사,3층_도장공사	건축,마감공사,공통_기타공사(사인몰 등)
건축,마감공사,4층_가구 및 집기공사	건축,마감공사,4층_도장공사	건축,마감공사,공통_기타공사(사인몰 등)
건축,마감공사,5층_가구 및 집기공사	건축,마감공사,5층_도장공사	건축,마감공사,공통_기타공사(사인몰 등)
건축,마감공사,공통_기타공사(사인몰 등)	건축,마감공사,1층_도장공사	공통공사,공통_정리기간
	건축,마감공사,5층_가구 및 집기공사	마감공사 완료
	건축,마감공사,4층_가구 및 집기공사	
	건축,마감공사,3층_가구 및 집기공사	

Relationship 지정		
Activity Name	**Predecessors**	**Successors**
건축,마감공사,공통_기타공사(사인몰 등)	건축,마감공사,2층_가구 및 집기공사	
	건축,마감공사,B1층_가구 및 집기공사	
	건축,마감공사,PH층_수장공사	
	건축,마감공사,공통_폐기물처리(FF로직)	
	건축,마감공사,공통_창호 액세서리설치	
건축,마감공사,공통_폐기물처리	건축,골조공사,FT층_버림콘크리트공사(SS로직)	건축,마감공사,공통_기타공사(사인몰 등)(FF로직)
설비,배관/기구취부공사,공통_배관/기구취부공사	건축,골조공사,FT층_철근콘크리트공사(SS로직)	건축,마감공사,PH층_수장공사(FF로직)
설비,전기/통신공사,공통_전기/통신공사	건축,골조공사,FT층_철근콘크리트공사(SS로직)	건축,마감공사,PH층_수장공사(FF로직)
부대공사,부대토목공사,공통_부대토목공사	건축,마감공사,5층_외부창호 및 유리공사	부대공사,조경공사,공통_조경공사
	건축,마감공사,1층_외부창호 및 유리공사	
부대공사,조경공사,공통_조경공사	부대공사,부대토목공사,공통_부대토목공사	공통공사,공통_정리기간
설비,배관/기구취부공사,공통_배관/기구취부공사	건축,골조공사,FT층_철근콘크리트공사(SS로직)	건축,마감공사,PH층_수장공사(FF로직)
설비,전기/통신공사,공통_전기/통신공사	건축,골조공사,FT층_철근콘크리트공사(SS로직)	건축,마감공사,PH층_수장공사(FF로직)
부대공사,부대토목공사,공통_부대토목공사	건축,마감공사,5층_외부창호 및 유리공사	부대공사,조경공사,공통_조경공사
	건축,마감공사,1층_외부창호 및 유리공사	
부대공사,조경공사,공통_조경공사	부대공사,부대토목공사,공통_부대토목공사	공통공사,공통_정리기간

■ 위 내용을 바탕으로 '11.2 Relationship 생성하기' 과정에 따라 Primavera P6에 생성하면 아래 그림 2-165의 결과물이 생성됩니다.

▼ 그림 2-165

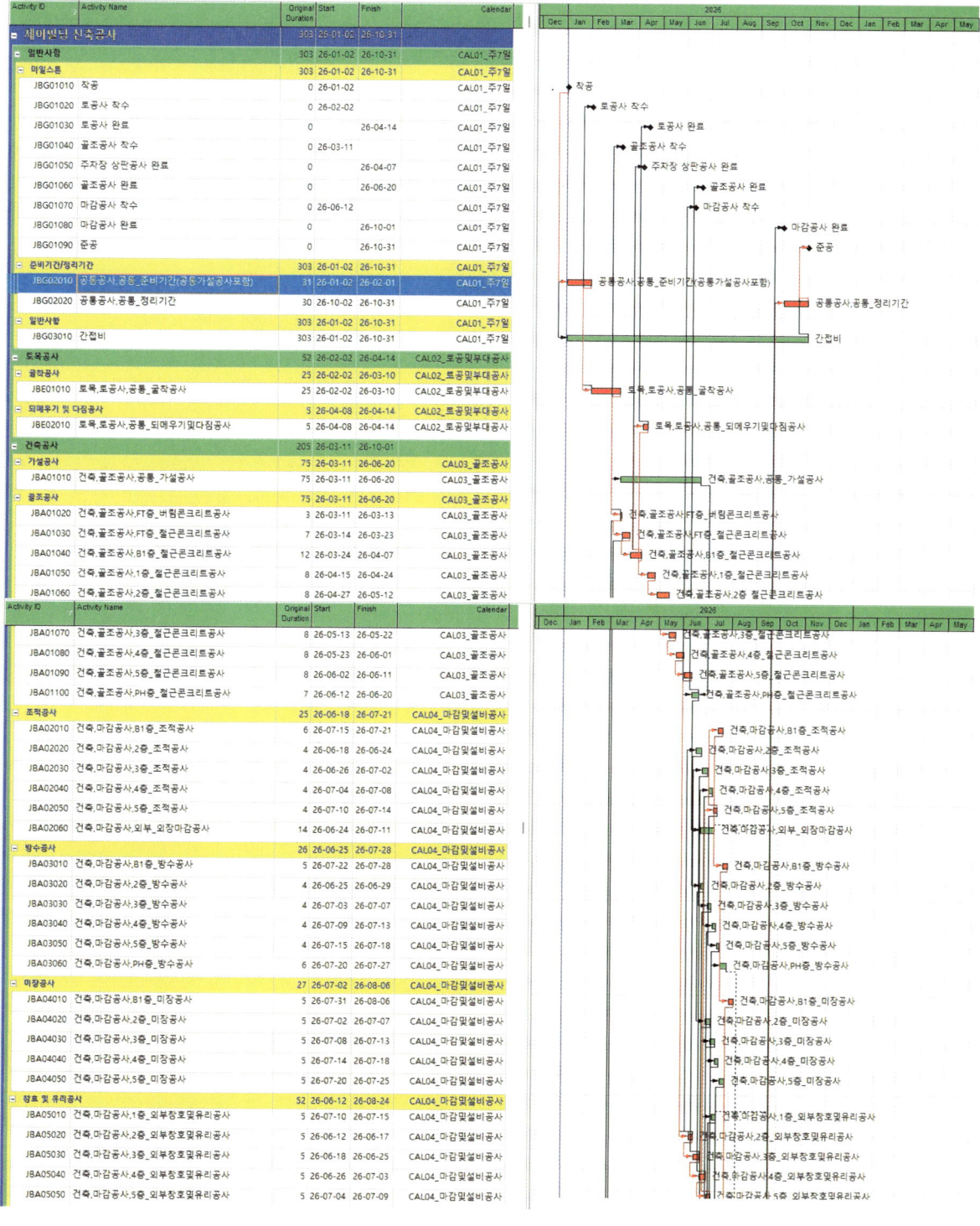

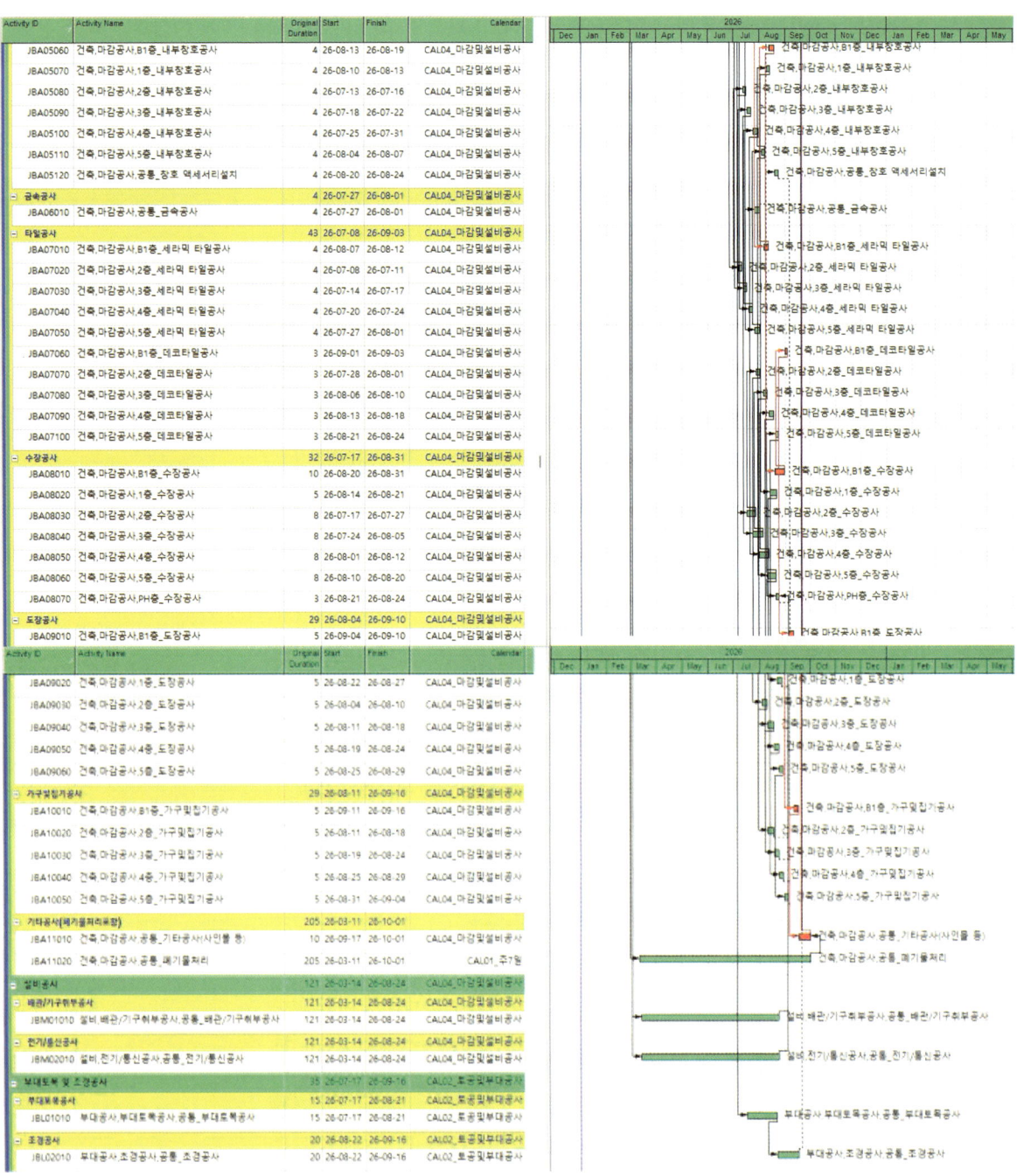

12 공정표 출력하기

【Preview】

▼ 그림 2-166

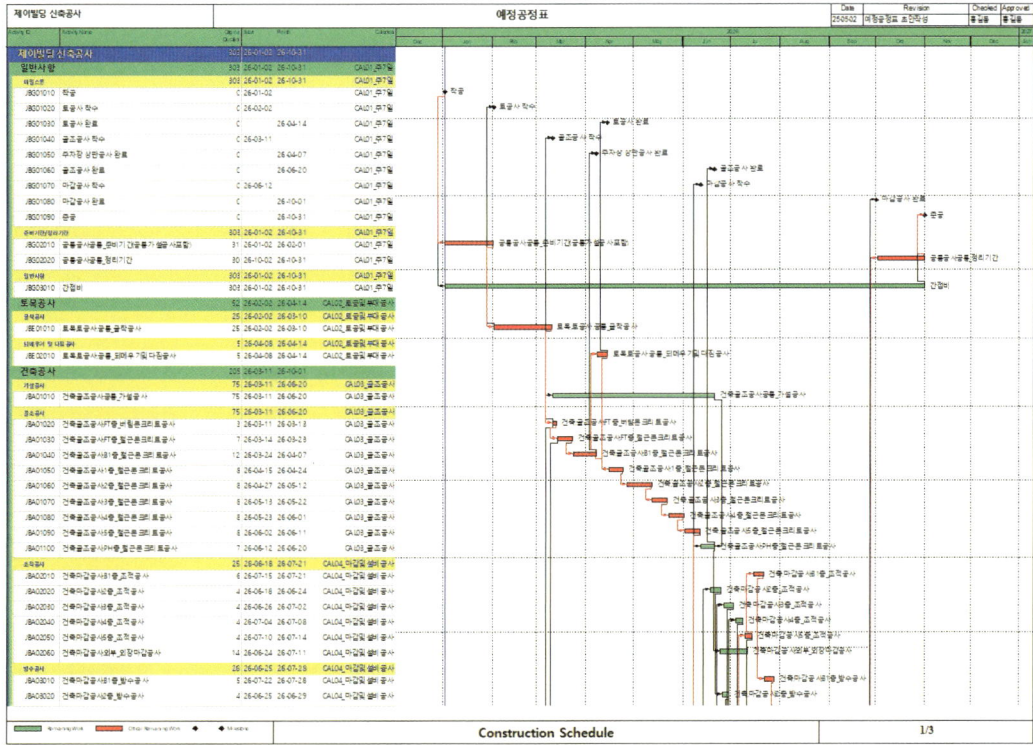

[작업순서]

① 메뉴 Bar에서 [File] - [Print Preview] 선택 ▶ ② [Page Setup] 대화상자 활성화 ▶ ③ Page 설정 ▶ ④ Margins 설정 ▶ ⑤ Header 분할 개수, 적용 범위, 크기 설정 ▶ ⑥ 분할된 Header 별 비율 설정 ▶ ⑦ Header_ Section 1 내용 입력(1) ▶ ⑧ Header_ Section 1 내용 입력(2) ▶ ⑨ Header_ Section 2 내용 입력(1) ▶ ⑩ Header_ Section 2 내용 입력(2) ▶ ⑪ Header_ Section 3 내용 입력(1)▶ ⑫ Header_ Section 3 내용 입력(2) ▶ ⑬ Footer 분할 개수, 적용범위, 크기 설정 ▶ ⑭ 분할된 Footer 별 비율 설정 ▶ ⑮ Footer_ Section 1 내용 입력

▶ ⑯ Footer_ Section 2 내용 입력(1) ▶ ⑰ Footer_ Section 2 내용 입력(2)

▶ ⑱ Footer_ Section 3 내용 입력(1) ▶ ⑲ Footer_ Section 3 내용 입력(2)

▶ ⑳ Timescale Start 지정(1) ▶ ㉑ Timescale Start 지정(2) ▶ ㉒ Timescale Finish 지정(1) ▶ ㉓ Timescale Finish 지정(2) ▶ ㉔ Options Print 설정

▶ ㉕ PDF 출력

12.1 Primavera P6 공정표 출력

■ Primavera P6에서 공정표를 작성하고, 해당 결과물을 지류 인쇄물(Hard Copy), PDF(Soft Copy) 등의 형태로 인쇄할 수 있습니다. 또한, [Print Preview]의 Save as 기능으로 JPG, PNG, BMP, EMF로 그림 파일을 출력할 수 있고 Web Publishing 기능을 이용하여 HTML 파일로 출력할 수 있습니다.

12.2 출력물 속성 지정 및 출력하기

■ 메뉴 Bar에서 [File] – [Print Preview] 선택

메뉴 Bar에서 [File]을 선택한 후 [Print Preview]를 선택합니다.

▼ 그림 2-167

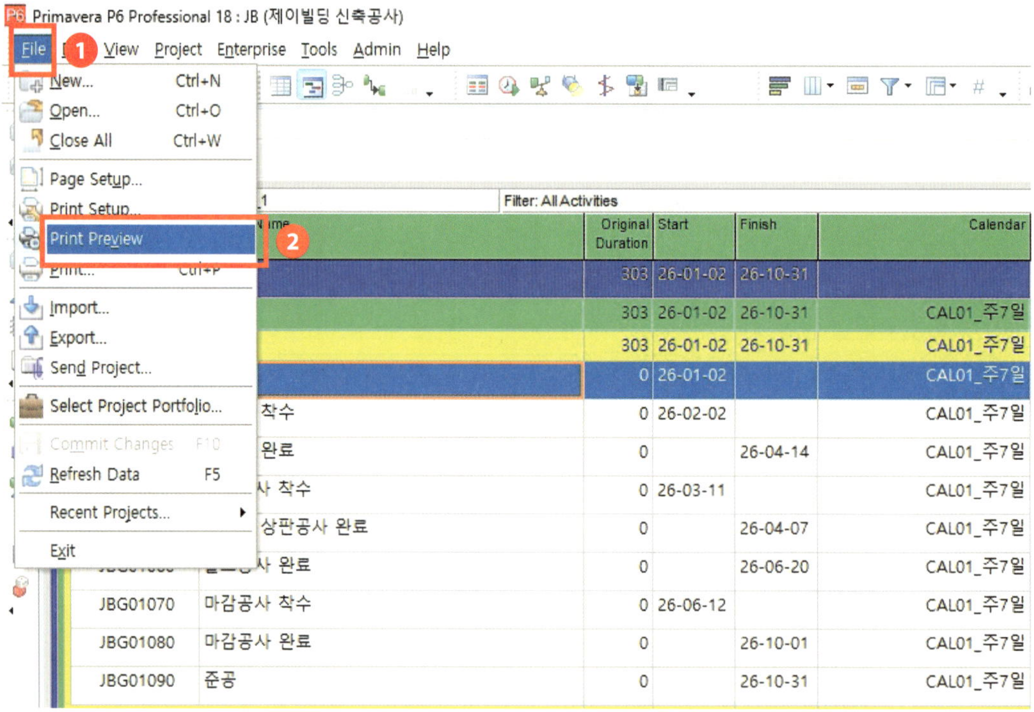

■ [Page Setup] 대화상자 활성화

Print Preview 화면이 나타나면 현재 공정표의 인쇄가 될 것인지 보여줍니다. 작성자가 원하는 설정값으로 바꾸기 위해 화면 내에서 마우스를 [우클릭]한 후, [Page Setup]을 선택합니다.

▼ 그림 2-168

■ Page 설정

인쇄 방향, 인쇄물의 확대 및 축소, 인쇄 종이의 크기들을 설정하는 곳으로 작성자가 원하는 수치를 입력한 후 Apply를 클릭하여 Print Preview 화면 상에 나타난 인쇄물을 확인하며 필요에 맞게 조절합니다.

▼ 그림 2-169

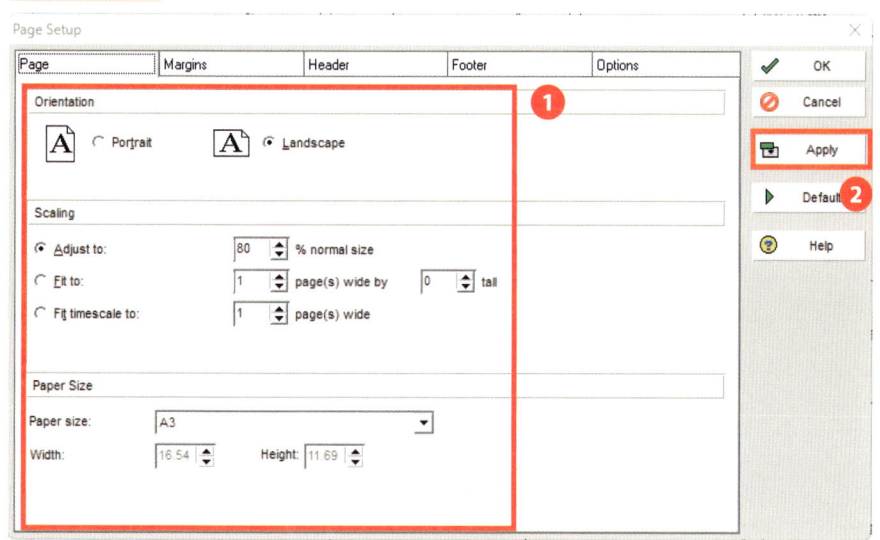

■ **Margins 설정**

인쇄물의 여백을 설정하는 곳으로 작성자가 원하는 수치를 입력한 후 Apply를 클릭합니다.

▼ 그림 2-170

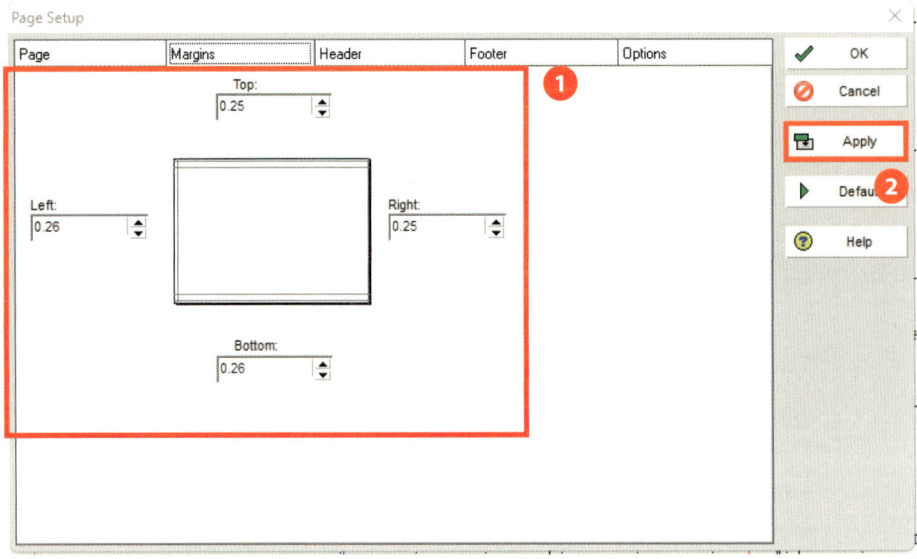

■ **Header 분할 개수, 적용 범위, 크기 설정**

머리글의 분할 개수, 적용 범위, 크기를 설정하는 곳으로 작성자가 원하는 머리글의 형태를 지정합니다.

▼ 그림 2-171

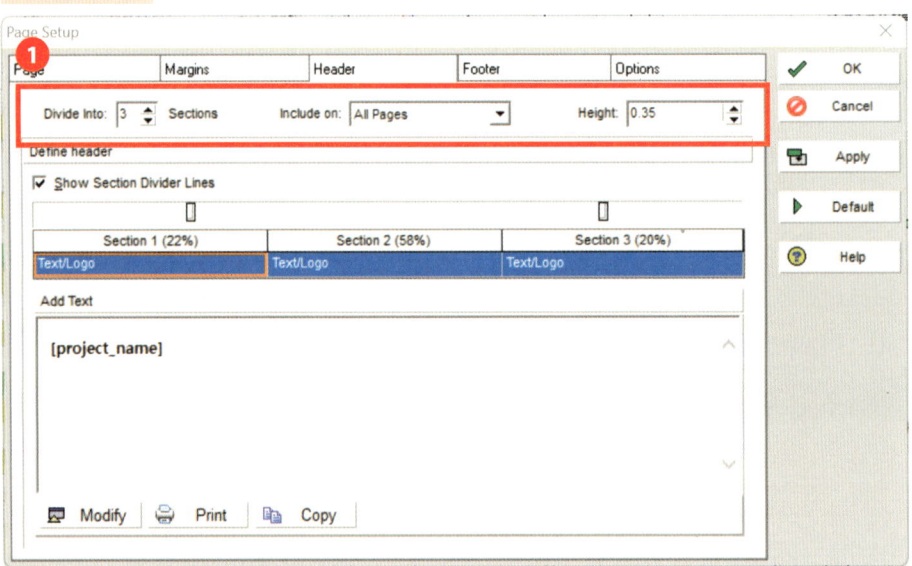

- **분할된 Header 별 비율 설정**

분할된 머리글의 비율을 설정하는 곳으로 설정된 비율에 따라 Print Preview 상 분할된 머리글의 위치가 조정됩니다.

▼ 그림 2-172

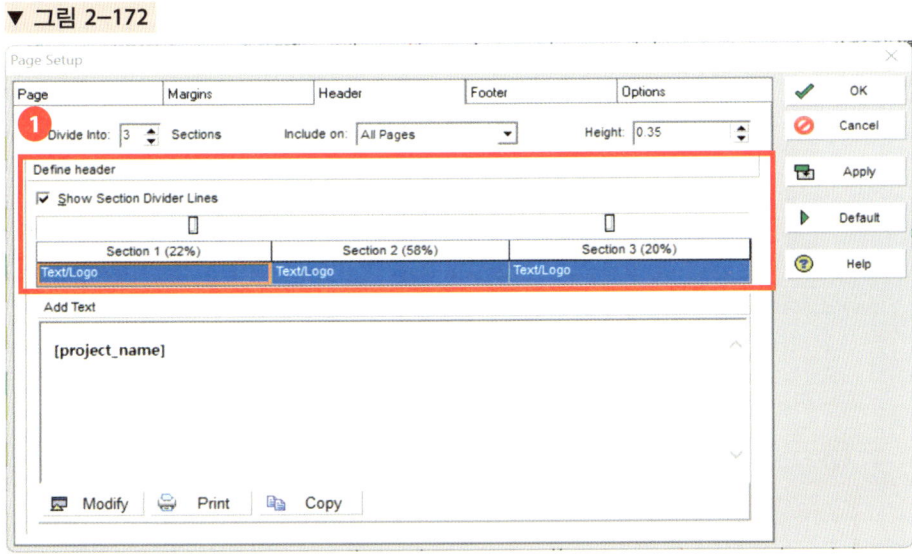

- **Header_ Section 1 내용 입력 (1)**

분할된 머리글 중 첫 번째 구역에 내용을 입력하는 곳입니다. 해당 구역에서 클릭하여 원하는 Type을 선택(그림 2-173 참고)한 후 Modify 버튼을 클릭하여 Text/Logo 대화상자를 활성화합니다.

▼ 그림 2-173

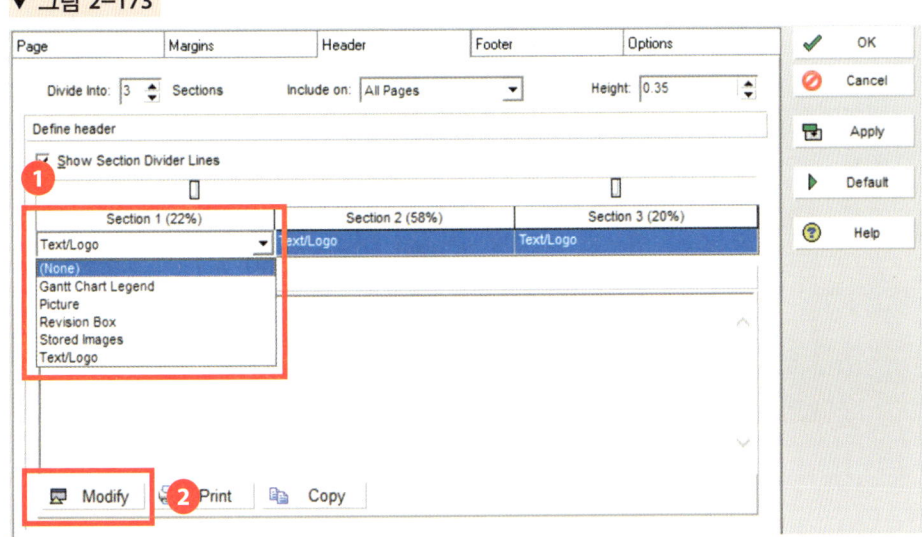

■ **Header_ Section 1 내용 입력 (2)**

Section 1에는 일반적으로 Project 명이 기재되는 공간입니다. 이때, 현재 Project 명을 직접 기재할 수도 있으나, 아래 목록상자에서 자동으로 설정해 줄 수 있습니다. 목록상자에서 Project Name을 선택한 후 Add Variable을 클릭하고 OK 버튼을 클릭합니다.

▼ 그림 2-174

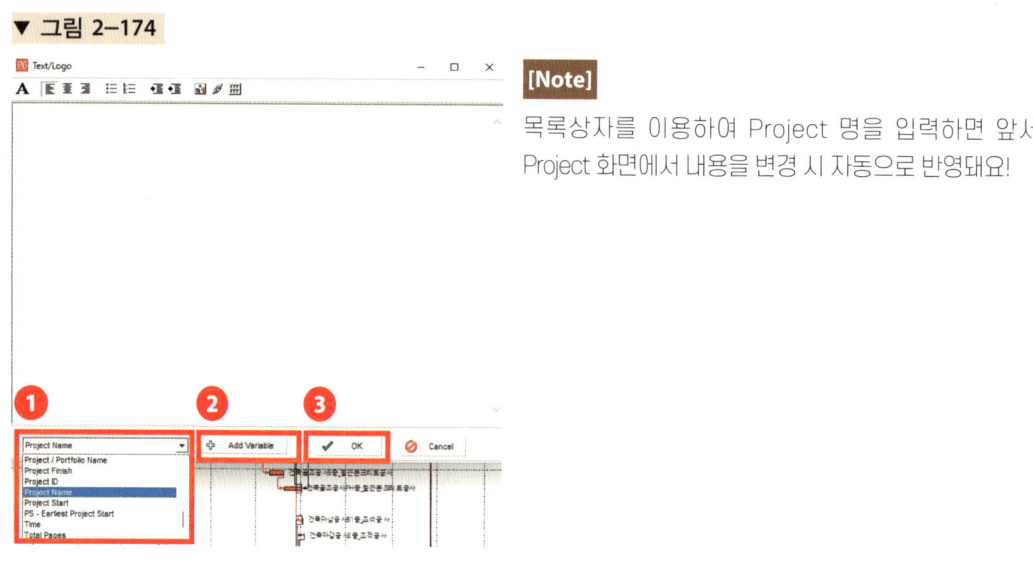

[Note]
목록상자를 이용하여 Project 명을 입력하면 앞서 Project 화면에서 내용을 변경 시 자동으로 반영돼요!

■ **Header_ Section 2 내용 입력 (1)**

분할된 머리글 중 두 번째 구역에 내용을 입력하는 곳입니다. 해당 구역에서 클릭하여 원하는 Type을 선택(그림 2-175 참고)한 후 Modify 버튼을 클릭하여 Text/Logo 대화상자를 활성화합니다.

▼ 그림 2-175

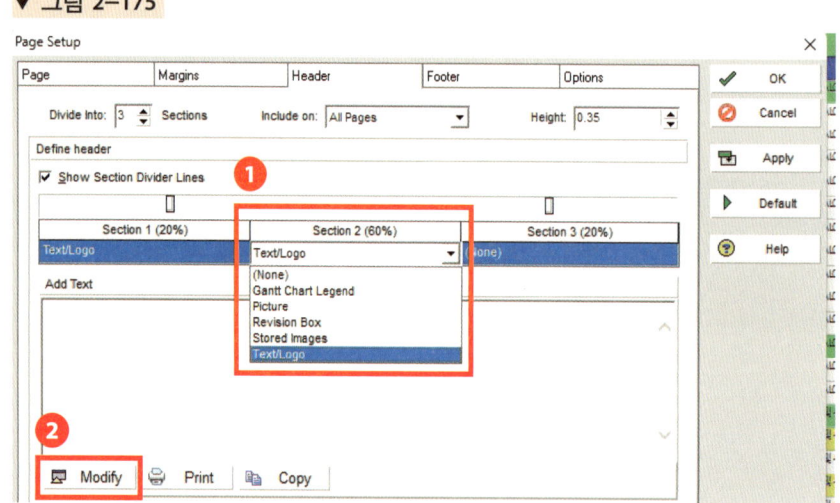

■ **Header_ Section 2 내용 입력 (2)**

Section 2에는 일반적으로 제목이 입력되는 곳입니다. 기재할 내용(그림 2-176 참고)을 작성하고 OK 버튼을 클릭합니다.

▼ **그림 2-176**

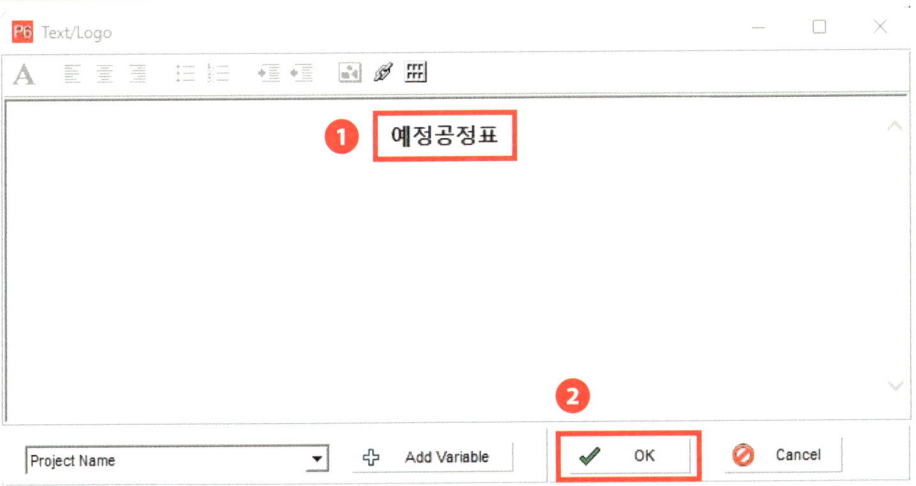

■ **Header_ Section 3 내용 입력 (1)**

분할된 머리글 중 세 번째 구역에 내용을 입력하는 곳입니다. 기재할 내용은 Data Date 항목입니다. 해당 구역에서 클릭하여 Data Date를 삽입한 후 'Data Date'의 내용을 타이핑한 후 OK 버튼을 클릭합니다.

▼ **그림 2-177**

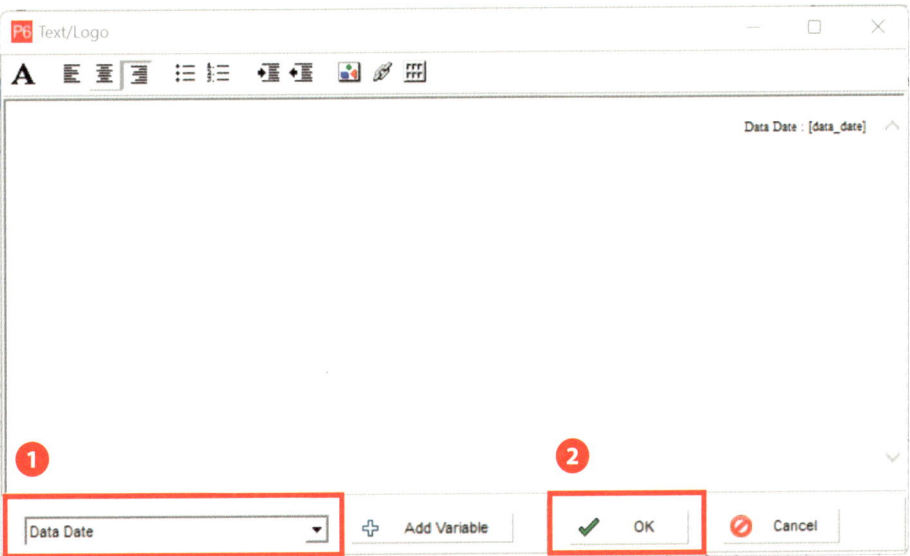

■ **Footer 분할 개수, 적용 범위, 크기 설정**

바닥글의 분할 개수, 적용 범위, 크기를 설정하는 곳으로 작성자가 원하는 바닥글의 형태를 지정합니다.

▼ 그림 2-178

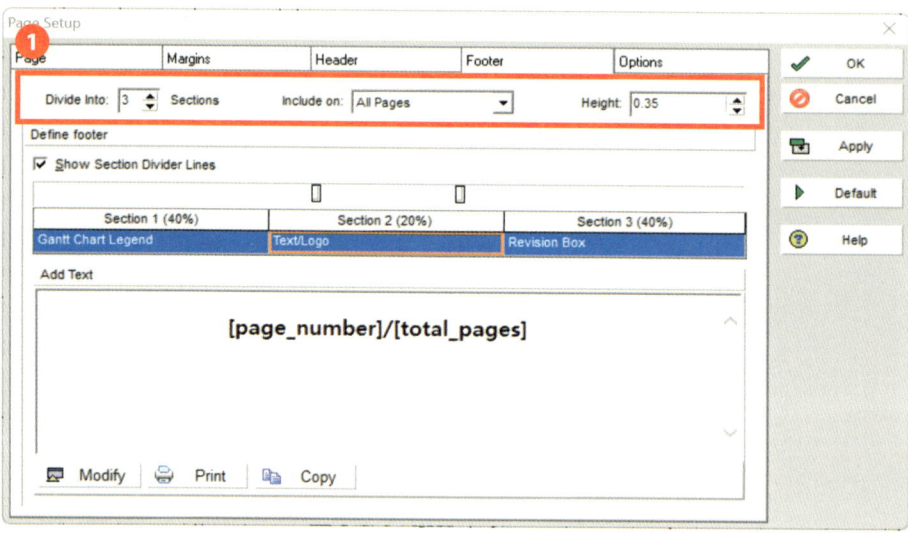

■ **분할된 Footer 별 비율 설정**

분할된 바닥글의 비율을 설정하는 곳으로 설정된 비율에 따라 Print Preview 상 분할된 바닥글의 위치가 조정됩니다.

▼ 그림 2-179

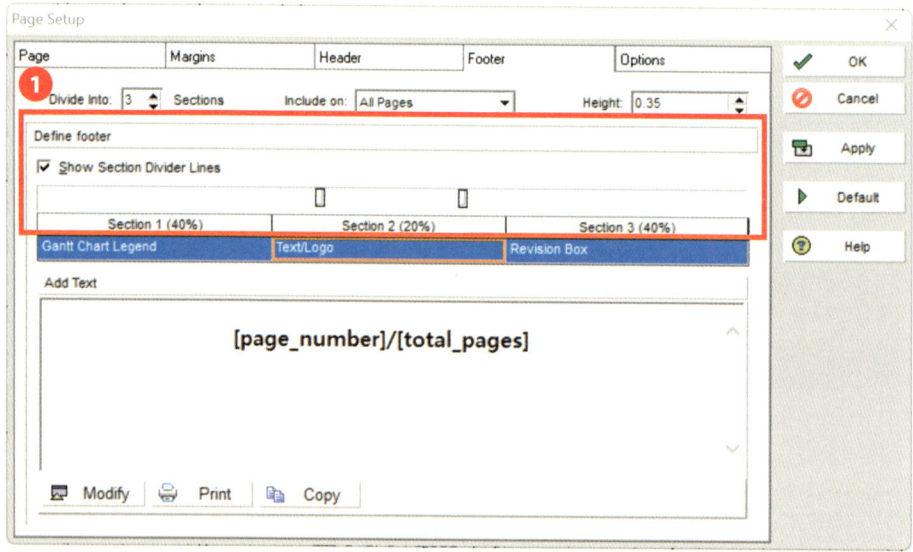

■ **Footer_ Section 1 내용 입력**

분할된 바닥글 중 첫 번째 구역에 내용을 입력하는 곳입니다. 해당 구역에서 클릭하여 원하는 Type을 선택(그림 2-180 참고)합니다.

▼ 그림 2-180

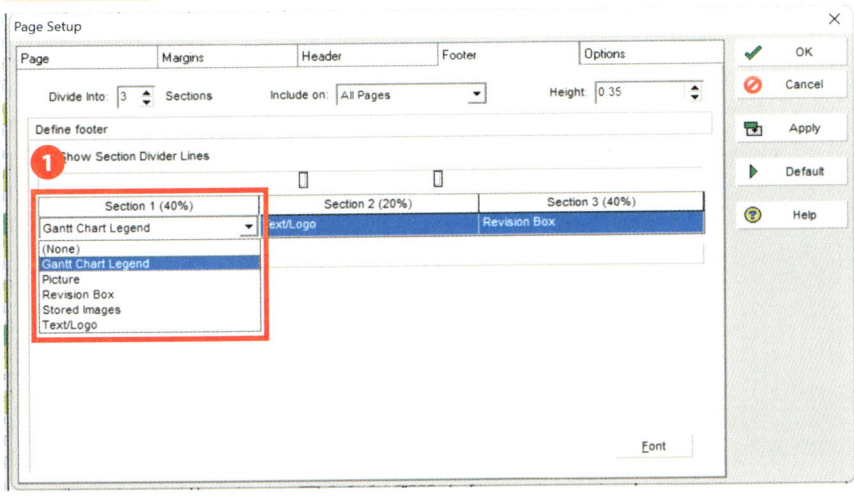

■ **Footer_ Section 2 내용 입력** (1)

분할된 바닥글 중 두 번째 구역에 내용을 입력하는 곳입니다. 해당 구역에서 클릭하여 원하는 Type을 선택(그림 2-181 참고)한 후 Modify 버튼을 클릭하여 Text/Logo 대화상자를 활성화합니다.

▼ 그림 2-181

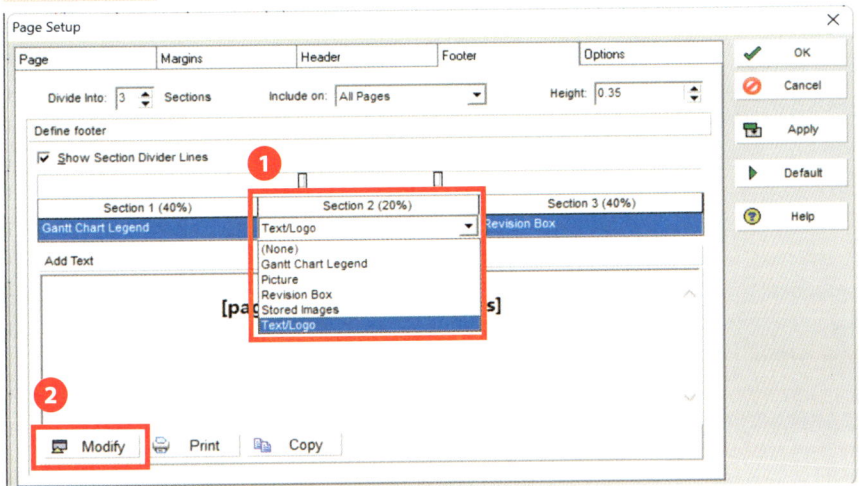

■ **Footer_ Section 2 내용 입력** (2)

Section 2에는 일반적으로 쪽 번호가 입력되는 곳입니다. 이때, 현재 쪽 번호를 직접 기재할 수도 있으나, 아래 목록상자에서 자동으로 설정해 줄 수 있습니다. 목록상자에서 Page Number를 선택 → Add Variable 클릭 → '/'타이핑 → 목록상자에서 Total Pages → Add Variable 클릭한 후(그림 2-182 참고) OK 버튼을 클릭합니다.

▼ 그림 2-182

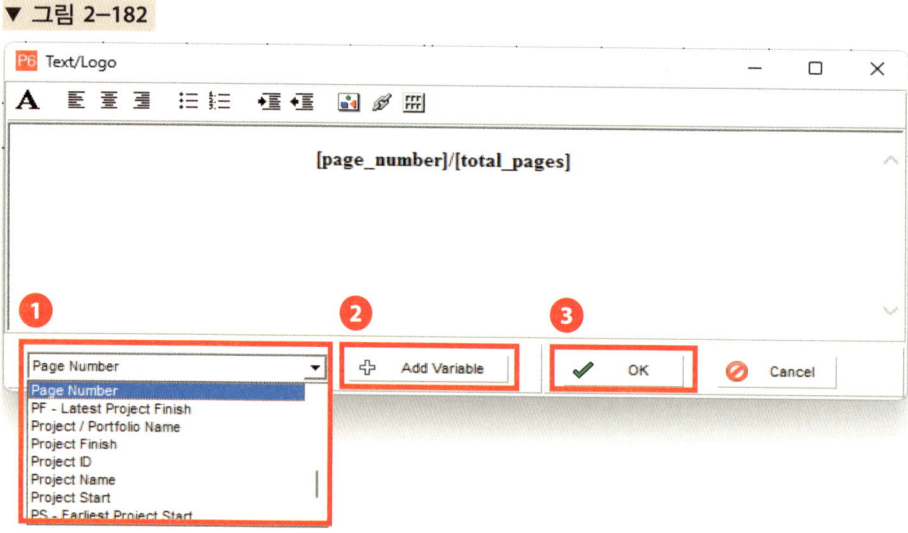

■ **Footer_ Section 3 내용 입력** (1)

분할된 바닥글 중 세 번째 구역에 내용을 입력하는 곳입니다. 일반적으로 검토자 또는 승인자가 입력되는 곳입니다. 기재할 내용(그림 2-183 참고)을 작성하고 Apply 버튼 클릭합니다.

▼ 그림 2-183

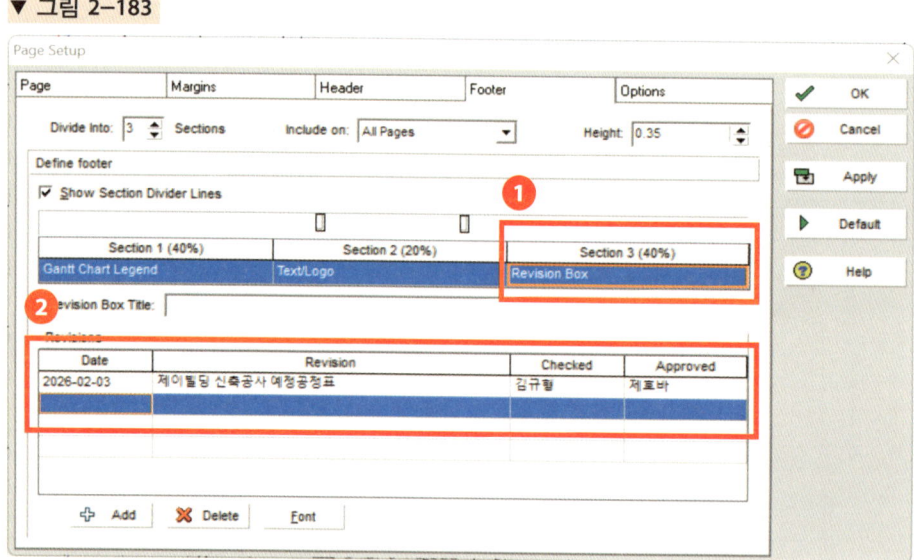

■ **Timescale Start 지정 (1)**

Timescale Start란 출력물의 Gantt Chart의 Timescale 시작 시점을 선택하는 것입니다. 직접 날짜를 입력할 수 있으나, 더 편리한 방법인 ▭을 클릭하여 지정합니다. 지정하고자 하는 Type을 클릭합니다(그림 2-184 참고).

▼ 그림 2-184

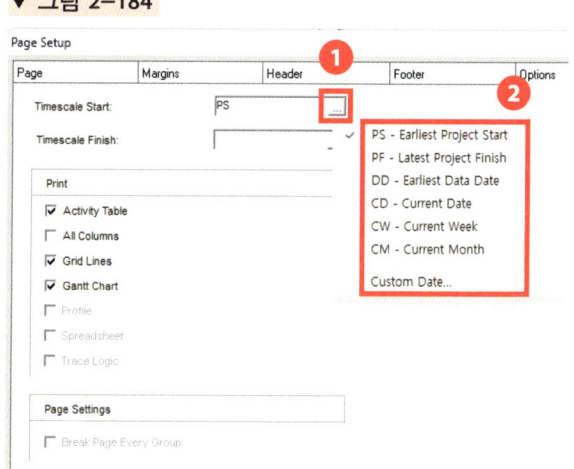

[Note]
PS : Project의 시작 시점
PF : Project의 종료 시점
DD : 데이터의 시작 시점
CD : 현재 날짜
CW : 현재 주
CM : 현재 달
Custom Date : 캘린더 상에서 원하는 날짜 지정 가능

■ **Timescale Start 지정 (2)**

그림 2-184와 같이 Type을 지정할 경우 Gantt Chart에서 표현되는 Timescale의 시작 시점이 곧 Project의 시작 시점과 일치하기 때문에 가독성이 떨어질 수 있습니다. 따라서, 적정한 숫자를 기입(그림 2-187 참고)하여 Timescale의 시작 시점을 조정하여 줍니다.

▼ 그림 2-185

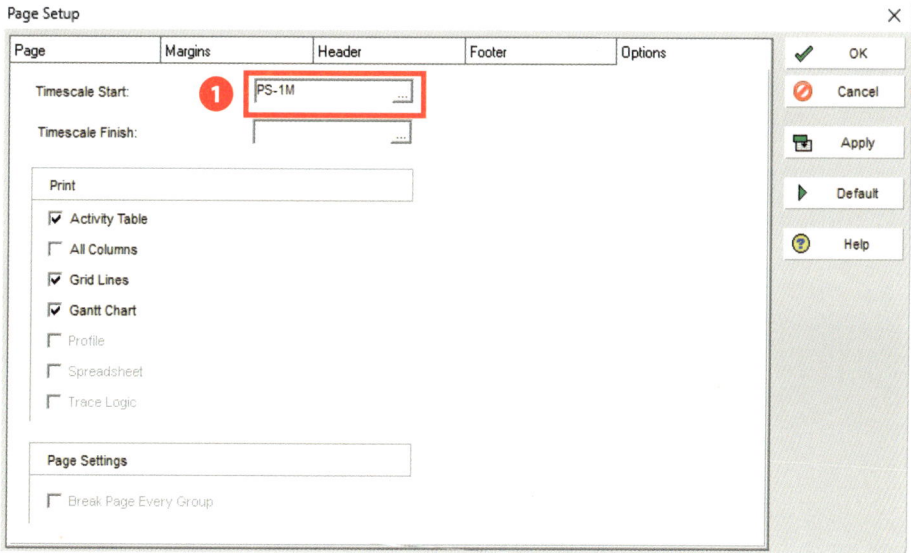

■ **Timescale Finish 지정 (1)**

Timescale Finish란 출력물의 Gantt Chart의 Timescale 종료 시점을 선택하는 것입니다. 직접 날짜를 입력할 수 있으나, 더 편리한 방법인 ▢을 클릭하여 지정합니다. 지정하고자 하는 Type을 클릭합니다(그림 2-186 참고).

▼ 그림 2-186

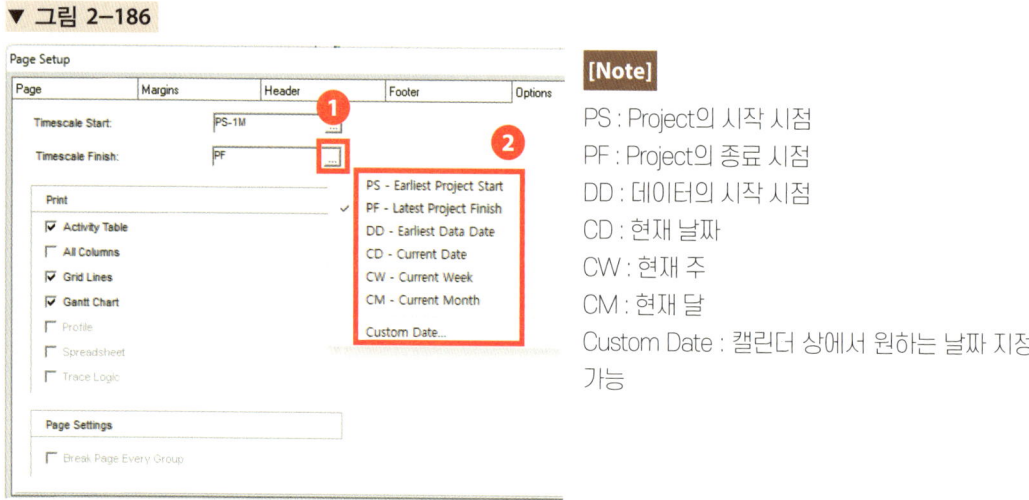

■ **Timescale Finish 지정 (2)**

그림 2-188과 같이 Type을 지정할 경우 Gantt Chart에서 표현되는 Timescale의 종료 시점이 곧 Project의 종료 시점과 일치하기 때문에 가독성이 떨어질 수 있습니다. 따라서, 적정한 숫자를 기입(그림 2-187 참고)하여 Timescale의 종료 시점을 조정하여 줍니다.

▼ 그림 2-187

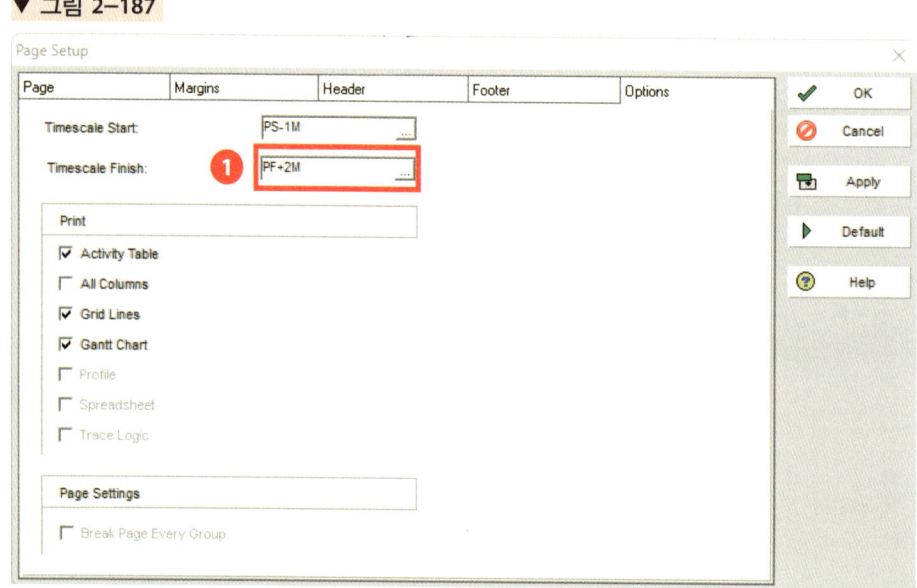

■ Options Print 설정

출력물에 표현할 요소를 선택하는 것으로 일반적으로 전부 체크합니다. 설정이 완료되면 Apply 버튼 클릭 후 OK버튼을 클릭하여 Page Setup 대화상자를 종료합니다.

▼ 그림 2-188

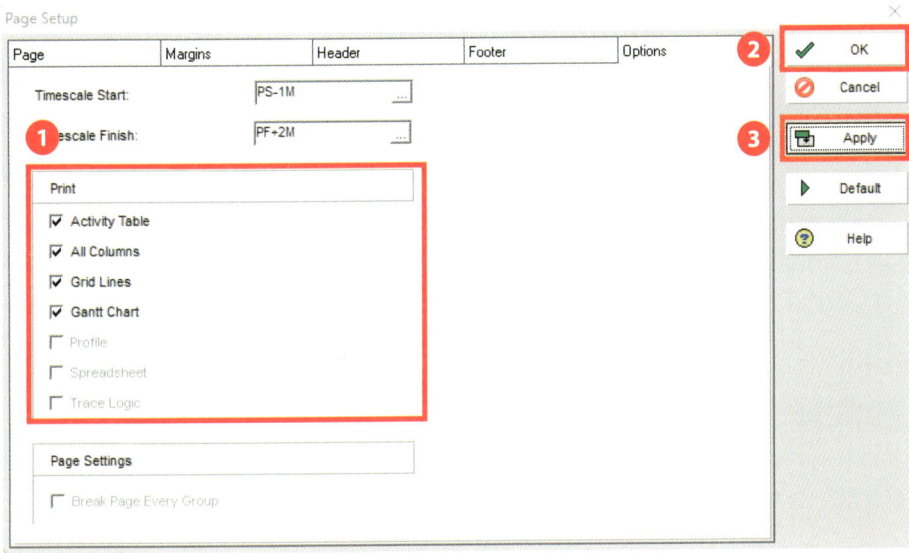

■ PDF 출력

모든 설정이 완료된 출력물을 PDF로 출력하기 위해 Print Preview 화면에서 우클릭하여 인쇄 대화상자를 열어 인쇄 Type을 PDF로 설정한 후 출력합니다.

▼ 그림 2-189

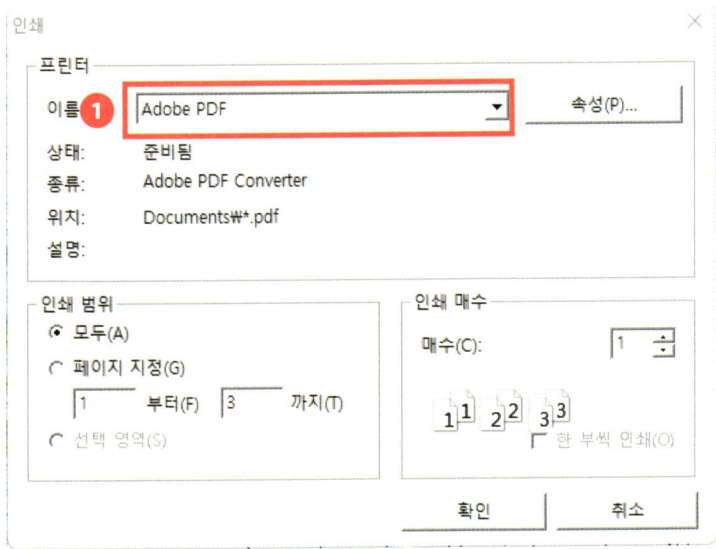

12.3 출력물 확인하기

■ 앞서 '12.2 출력물 속성 지정 및 출력하기'의 과정에 따라 PDF 출력물을 생성할 경우 다음과 같습니다.

▼ 그림 2-190

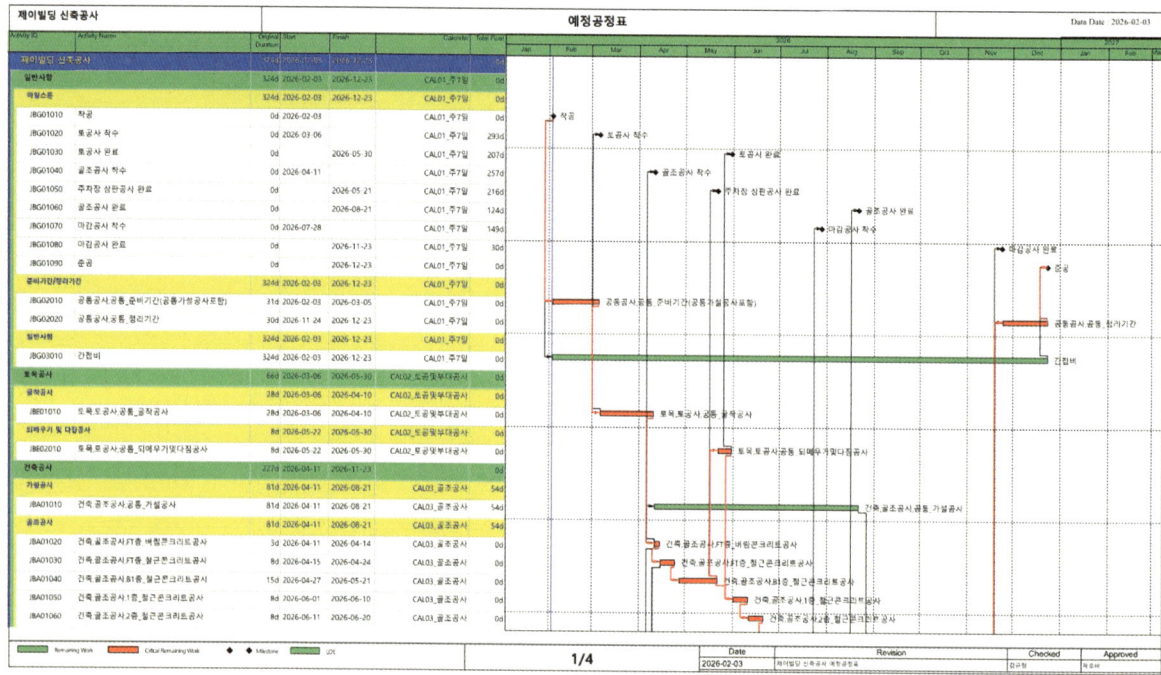

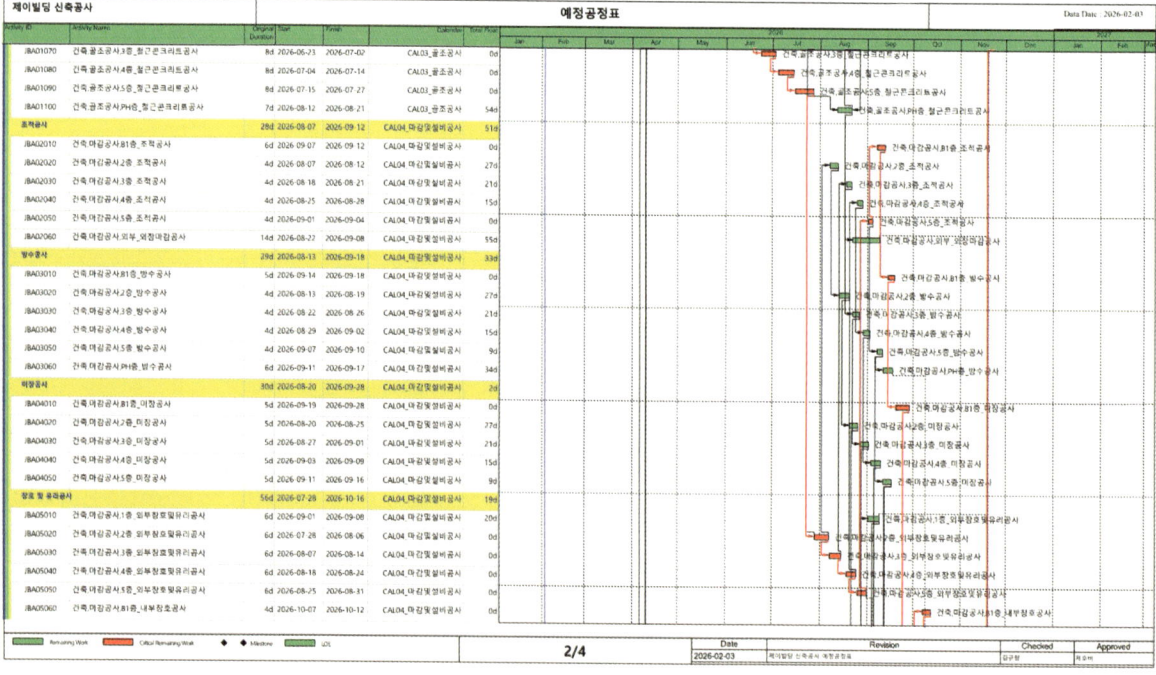

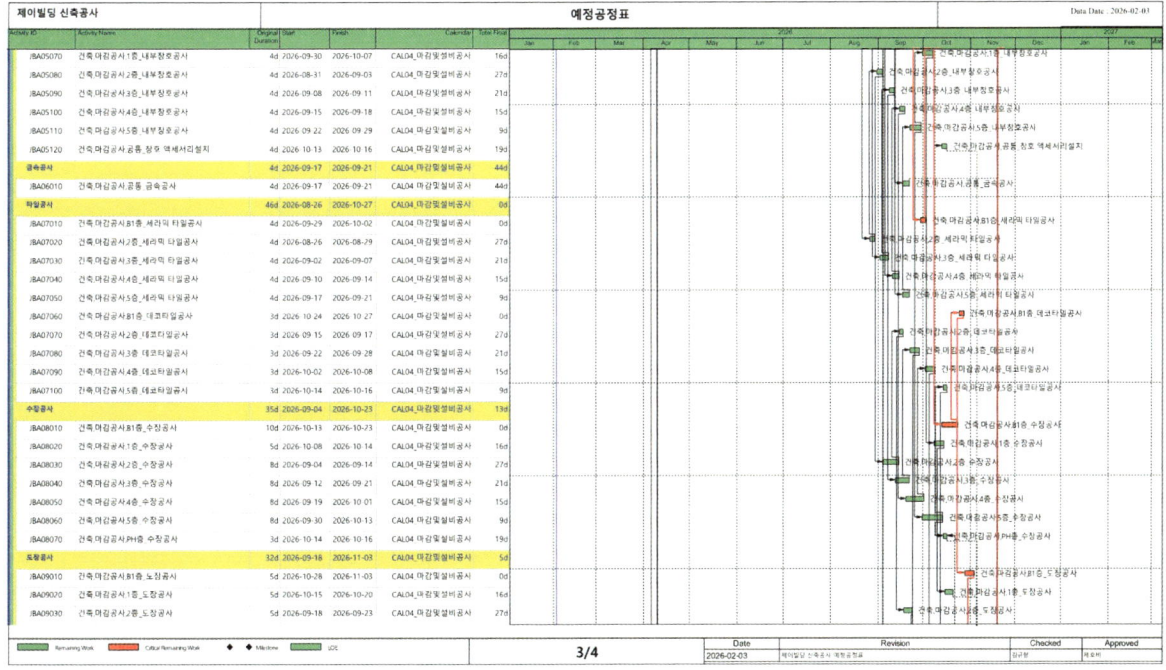

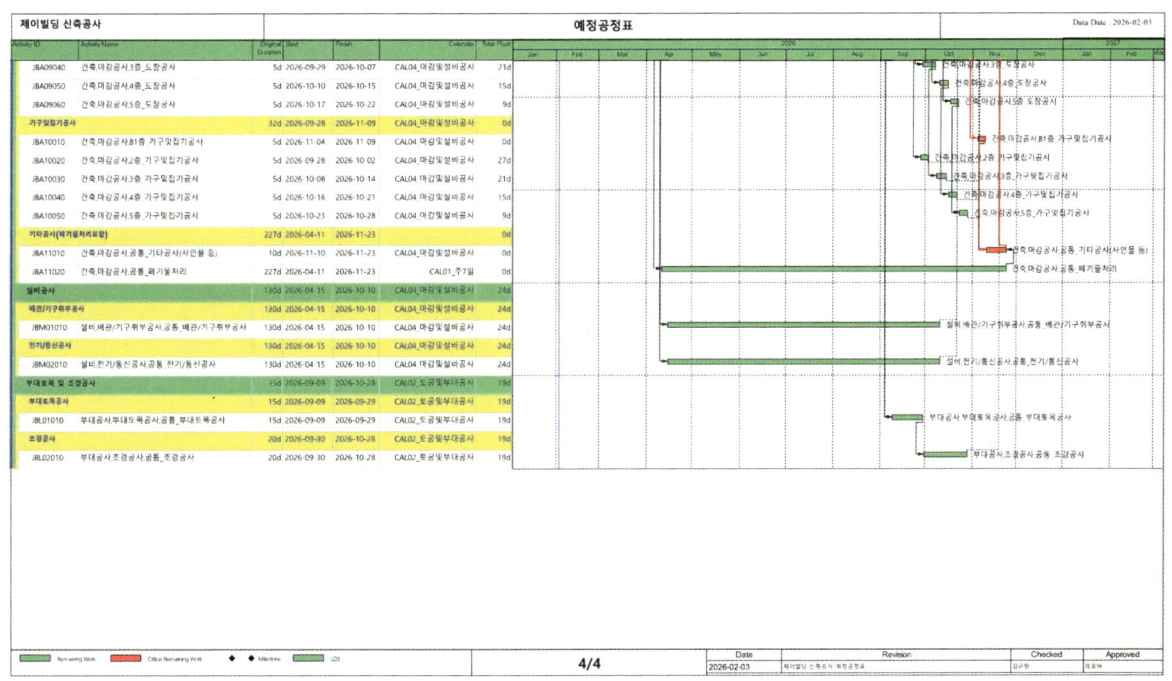

PART 03 폭 넓게~ 활용하기!

1 Resource 생성하기

【Preview】

▼ 그림 3-1

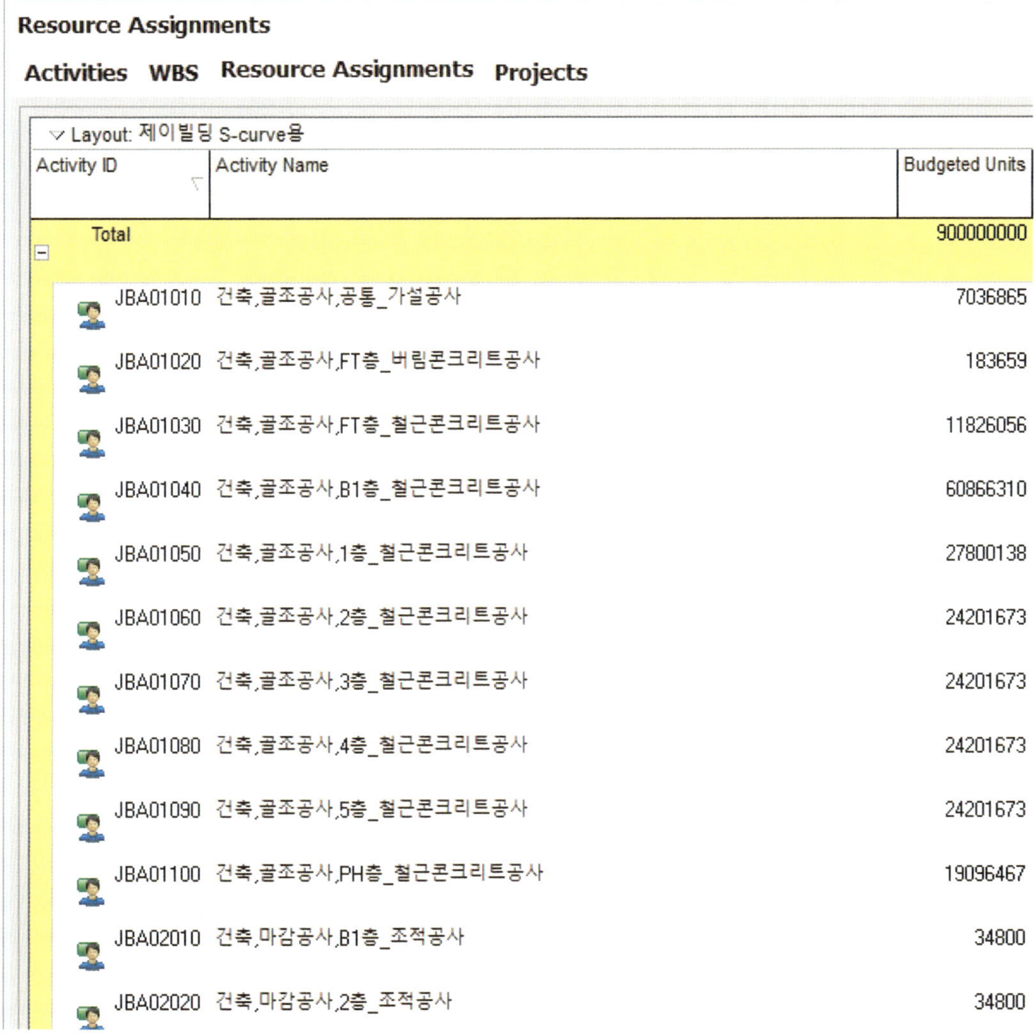

Activity ID	Activity Name	Budgeted Units
Total		900000000
JBA01010	건축,골조공사,공통_가설공사	7036865
JBA01020	건축,골조공사,FT층_버림콘크리트공사	183659
JBA01030	건축,골조공사,FT층_철근콘크리트공사	11826056
JBA01040	건축,골조공사,B1층_철근콘크리트공사	60866310
JBA01050	건축,골조공사,1층_철근콘크리트공사	27800138
JBA01060	건축,골조공사,2층_철근콘크리트공사	24201673
JBA01070	건축,골조공사,3층_철근콘크리트공사	24201673
JBA01080	건축,골조공사,4층_철근콘크리트공사	24201673
JBA01090	건축,골조공사,5층_철근콘크리트공사	24201673
JBA01100	건축,골조공사,PH층_철근콘크리트공사	19096467
JBA02010	건축,마감공사,B1층_조적공사	34800
JBA02020	건축,마감공사,2층_조적공사	34800

Layout: 제이빌딩 S-curve용

Resource Assignments
Activities WBS Resource Assignments Projects

[작업순서]

① 내역서_정규화 Excel 파일 실행 ▶ ② 데이터 PIVOT화 ▶ ③ 메뉴 Bar에서 [Enterprise] - [Resources] ▶ ④ Resource 생성 ▶ ⑤ Activity Resource 추가 ▶ ⑥Activity별 금액 기입

1.1 Resource란?

■ Resource 정의

Resource(자원)란 Project에 투입되는 인력(Labor), 장비(Non Labor), 자재(Material) 등을 의미합니다. 이들 중 인력과 장비는 단가/시간으로 자재는 단가/단위로 설정하여 운영할 수 있습니다.

▼ 그림 3-2

■ Project Resource 관리

Project의 Resource를 Primavera P6에서 관리하기 위해서는 우선적으로 내역서 정리가 필요합니다. 내역서에는 품목별로 자재비, 노무비, 경비를 포함한 합계 금액이 존재합니다. 바로 이 금액이 Primavera P6의 Resource에 입력되는 데이터입니다.

(※http://www.jhvc.co.kr/ ▶ 홍보센터 ▶ 자료실 ▶ [제이빌딩] BOQ 파일 참고

▼ 그림 3-3

명 칭	규 격	단위	수 량	직접자재비 단가	직접자재비 금액	직접노무비 단가	직접노무비 금액	경비 단가	경비 금액	합계 단가	합계 금액
A.가설공사											
간접비		식	1.0					74,000,000	74,000,000	74,000,000	74,000,000
B.가설공사											
컨테이너가설사무소	6*2.4*2.6m, 7개월	동	1.0	509,732	509,732	194,252	194,252	259,238	259,238	963,222	963,222
컨테이너가설창고	6*2.4*2.6m, 7개월	동	1.0	504,932	504,932	194,252	194,252	217,978	217,978	917,162	917,162
가설펜스	EGI 2.4M	M	60.0	1,800	108,000			64,420	3,865,200	66,220	3,973,200
강관동바리	6개월 4.2M이하	M2	265.0	1,453	385,045	6,988	1,851,820			8,441	2,236,865
강관비계(쌍줄)	10M이하 8개월(발판포함)	M2	600.0	3,500	2,100,000	4,500	2,700,000			8,000	4,800,000
준공청소		식						2,000,000	2,000,000	2,400	2,400	2,002,400	2,002,400
C.토공사											
터파기	자갈(호프러진상태): 벽토0.7㎥	M3	1,063.2	674	716,597	1,229	1,306,673	974	1,035,557	2,877	3,058,826
되메우고다지기	(벽토0.7M3+럄머80KG)다짐30CM		212.6	407	86,544	1,500	318,960	450	95,688	2,357	501,192
D.철근콘크리트공사											
방습필름설치	바닥 0.03mm*2겹	M3	53.2	372	19,776	850	45,186			1,222	64,962
기초잡석다짐(잡석치장)	소운반, 고르기 및 다짐포함	M3	17.0	635	10,795	5,716	97,172	931	15,827	7,282	118,697
버림 레미콘	25-180-8	M3	4.0	85,620	342,480					85,620	342,480
버림 펌프카배관타설(무근,25/20)	50㎥미만, 슬럼프8-12	M3	4.0	1,236	4,944	17,333	69,332	3,000	12,000	21,569	86,276
기초 레미콘	25-210-15	M3	15.0	91,490	1,372,350					91,490	1,372,350
기초 이형철근	HD-13 SD35-40	TON	9.5	1,035,000	9,832,500					1,035,000	9,832,500

이러한 Primavera P6에 Resource를 입력하기 위해선 내역서의 '정규화'과정이 필요한데 이때 정규화란 어떤 대상을 일정한 규칙이나 기준에 따른 정규적인 상태로 바꾸는 과정을 의미합니다.

▼ 그림 3-4

내역서_원본

명 칭	규 격	단위	수 량	직 접 자 재 비		직 접 노 무 비		경 비		합 계	
				단 가	금 액	단 가	금 액	단 가	금 액	단 가	금 액
A.가설공사											
간접비		식	1.0		-		-	74,000,000	74,000,000	74,000,000	74,000,000
B.가설공사											
컨테이너가설사무소	6*2.4*2.6m, 7개월	동	1.0	509,732	509,732	194,252	194,252	259,238	259,238	963,222	963,222
컨테이너가설창고	6*2.4*2.6m, 7개월	동	1.0	504,932	504,932	194,252	194,252	217,978	217,978	917,162	917,162
가설휀스	EGI 2.4M	M	60.0	1,800	108,000			64,420	3,865,200	66,220	3,973,200
강관동바리(벽식구조)	6개월 4.2M이하	M2	265.0	1,453	385,045	6,988	1,851,820		-	8,441	2,236,865
강관비계(쌍줄)	10M이하 8개월(발판포함)	M2	600.0	3,500	2,100,000	4,500	2,700,000		-	8,000	4,800,000
준공청소		식	1.0			2,000,000	2,000,000	2,400	2,400	2,002,400	2,002,400
C.토공사											
터파기	자갈(흐트러진상태), 백호0.7㎥	M3	1,063.2	674	716,597	1,229	1,306,673	974	1,035,557	2,877	3,058,826
되메우고다지기	(백호0.7M3+램머80KG)다짐30CM	M3	212.6	407	86,544	1,500	318,960	450	95,688	2,357	501,192
D.철근콘크리트공사											
방습필름설치	바닥 0.03mm*2겹	M3	53.2	372	19,776	850	45,186		-	1,222	64,962
기초지정(잡석지정)	소운반, 고르기 및 다짐포함	M3	17.0	635	10,795	5,716	97,172	931	15,827	7,282	118,697
버림 레미콘	25-180-8	M3	4.0	85,620	342,480		-		-	85,620	342,480
버림 펌프카배관타설(무근,25/20)	50㎥미만, 슬럼프8-12	M3	4.0	1,236	4,944	17,333	69,332	3,000	12,000	21,569	86,276
기초 레미콘	25-210-15	M3	15.0	91,490	1,372,350		-		-	91,490	1,372,350
기초 이형철근	HD-13 SD35-40	TON	9.5	1,035,000	9,832,500		-		-	1,035,000	9,832,500

▼

내역서_정규화

명 칭	규 격	WBS_Level	WBS_Level2	Activity Name	단위	수 량	직접자재비-단가	직접자재비-금액	직접노무비-단가	직접노무비-금액	경비-단가	경비-금액	합계-단가	합계-금액
간접비		일반사항	일반사항	간접비	식	1.0					74,000,000	74,000,000	74,000,000	74,000,000
컨테이너가설사무소	6*2.4*2.6m, 7개월	일반사항	준비기간/정리기간	공통공사,공통_준비기간(공통가설공사포함)	동	1.0	509,732	509,732	194,252	194,252	259,238	259,238	963,222	963,222
컨테이너가설창고	6*2.4*2.6m, 7개월	일반사항	준비기간/정리기간	공통공사,공통_준비기간(공통가설공사포함)	동	1.0	504,932	504,932	194,252	194,252	217,978	217,978	917,162	917,162
가설휀스	EGI 2.4M	일반사항	준비기간/정리기간	공통공사,공통_준비기간(공통가설공사포함)	M	60.0	1,800	108,000		-	64,420	3,865,200	66,220	3,973,200
준공청소		일반사항	준비기간/정리기간	공통공사,공통_정리기간	식	1.0			2,000,000	2,000,000	2,400	2,400	2,002,400	2,002,400
강관동바리(벽식구조)	6개월 4.2M이하	건축공사	가설공사	건축,골조공사,공통_가설공사	M2	265.0	1,453	385,045	6,988	1,851,820		-	8,441	2,236,865
강관비계(쌍줄)	10M이하 8개월(발판포함)	건축공사	가설공사	건축,골조공사,공통_가설공사	M2	600.0	3,500	2,100,000	4,500	2,700,000		-	8,000	4,800,000
터파기	자갈(흐트러진상태), 백호0.7㎥	토목공사	굴착공사	토목,토공사,공통_굴착공사	M3	1,063.2	674	716,597	1,229	1,306,673	974	1,035,557	2,877	3,058,826
되메우고다지기	(백호0.7M3+램머80KG)다짐30CM	토목공사	되메우기 및 다짐공사	토목,토공사,공통_되메우기및다짐공사	M3	212.6	407	86,544	1,500	318,960	450	95,688	2,357	501,192
방습필름설치	바닥 0.03mm*2겹	건축공사	골조공사	건축,골조공사,FT층_버림콘크리트공사	M3	53.2	372	19,776	850	45,186		-	1,222	64,962
기초지정(잡석지정)	소운반, 고르기 및 다짐포함	건축공사	골조공사	건축,골조공사,FT층_버림콘크리트공사	M3	17.0	635	10,795	5,716	97,172	931	15,827	7,282	118,697
버림 레미콘	25-180-8	건축공사	골조공사	건축,골조공사,FT층_철근콘크리트공사	M3	4.0	85,620	342,480		-		-	85,620	342,480
버림 펌프카배관타설(무근,25/20)	50㎥미만, 슬럼프8-12	건축공사	골조공사	건축,골조공사,FT층_철근콘크리트공사	M3	4.0	1,236	4,944	17,333	69,332	3,000	12,000	21,569	86,276
기초 레미콘	25-210-15	건축공사	골조공사	건축,골조공사,FT층_철근콘크리트공사	M3	15.0	91,490	1,372,350		-		-	91,490	1,372,350
기초 이형철근	HD-13 SD35-40	건축공사	골조공사	건축,골조공사,FT층_철근콘크리트공사	TON	9.5	1,035,000	9,832,500		-		-	1,035,000	9,832,500
기초 펌프카불타설(철근,25/20)	300㎥이상 슬럼프15	건축공사	골조공사	건축,골조공사,FT층_철근콘크리트공사	M3	15.0	577	8,655	10,852	162,780	1,401	21,015	12,830	192,450
B1층 레미콘	25-240-15	건축공사	골조공사	건축,골조공사,B1층_철근콘크리트공사	M3	166.9	95,390	15,920,591		-		-	95,390	15,920,591
B1층 펌프카불타설(철근,25/20)	300㎥이상 슬럼프15	건축공사	골조공사	건축,골조공사,B1층_철근콘크리트공사	M3	178.4	577	102,936	10,852	1,935,996	1,401	249,938	12,830	2,288,872
B1층 합판거푸집	3회	건축공사	골조공사	건축,골조공사,B1층_철근콘크리트공사	M2	85.2	9,074	773,104	23,099	1,968,034		-	32,173	2,741,139
B1층 합판거푸집	4회	건축공사	골조공사	건축,골조공사,B1층_철근콘크리트공사	M2	22.3	7,893	176,013	19,617	437,459		-	27,510	613,473
B1층 유로폼	벽	건축공사	골조공사	건축,골조공사,B1층_철근콘크리트공사	M2	408.0	2,881	1,175,448	20,665	8,431,320		-	23,546	9,606,768
B1층 이형철근	HD-10 SD35-40	건축공사	골조공사	건축,골조공사,B1층_철근콘크리트공사	TON	2.2	1,035,000	2,277,000		-		-	1,035,000	2,277,000
B1층 이형철근	HD-13 SD35-40	건축공사	골조공사	건축,골조공사,B1층_철근콘크리트공사	TON	11.4	1,035,000	11,799,000		-		-	1,035,000	11,799,000
B1층 이형철근	HD-19 SD35-40	건축공사	골조공사	건축,골조공사,B1층_철근콘크리트공사	TON	3.7	1,035,000	3,829,500		-		-	1,035,000	3,829,500
B1층 철근가공조립	간단(미할증)	건축공사	골조공사	건축,골조공사,B1층_철근콘크리트공사	TON	17.3	25,000	432,500	656,501	11,357,467		-	681,501	11,789,967
1층 레미콘	25-240-15	건축공사	골조공사	건축,골조공사,1층_철근콘크리트공사	M3	57.7	95,390	5,504,003		-		-	95,390	5,504,003
1층 펌프카불타설(철근,25/20)	300㎥이상 슬럼프15	건축공사	골조공사	건축,골조공사,1층_철근콘크리트공사	M3	57.7	577	33,292	10,852	626,160	1,401	80,837	12,830	740,291
1층 합판거푸집	3회	건축공사	골조공사	건축,골조공사,1층_철근콘크리트공사	M2	36.9	9,074	334,830	23,099	852,353		-	32,173	1,187,183
1층 합판거푸집	4회	건축공사	골조공사	건축,골조공사,1층_철근콘크리트공사	M2	10.7	7,893	84,455	19,617	209,901		-	27,510	294,357
1층 유로폼	벽	건축공사	골조공사	건축,골조공사,1층_철근콘크리트공사	M2	252.1	2,881	726,300	20,665	5,209,646		-	23,546	5,935,946
1층 이형철근	HD-10 SD35-40	건축공사	골조공사	건축,골조공사,1층_철근콘크리트공사	TON	1.1	1,035,000	1,138,500		-		-	1,035,000	1,138,500
1층 이형철근	HD-13 SD35-40	건축공사	골조공사	건축,골조공사,1층_철근콘크리트공사	TON	4.7	1,035,000	4,864,500		-		-	1,035,000	4,864,500
1층 이형철근	HD-19 SD35-40	건축공사	골조공사	건축,골조공사,1층_철근콘크리트공사	TON	2.0	1,035,000	2,070,000		-		-	1,035,000	2,070,000
1층 철근가공조립	간단(미할증)	건축공사	골조공사	건축,골조공사,1층_철근콘크리트공사	TON	8.9	25,000	222,500	656,501	5,842,858		-	681,501	6,065,358
2층 레미콘	25-240-15	건축공사	골조공사	건축,골조공사,2층_철근콘크리트공사	M3	49.9	95,390	4,759,961		-		-	95,390	4,759,961
2층 펌프카불타설(철근,25/20)	300㎥이상 슬럼프15	건축공사	골조공사	건축,골조공사,2층_철근콘크리트공사	M3	49.9	577	28,792	10,852	541,514	1,401	69,909	12,830	640,217
2층 합판거푸집	3회	건축공사	골조공사	건축,골조공사,2층_철근콘크리트공사	M2	31.9	9,074	289,460	23,099	736,858		-	32,173	1,026,318
2층 합판거푸집	4회	건축공사	골조공사	건축,골조공사,2층_철근콘크리트공사	M2	9.2	7,893	72,615	19,617	180,476		-	27,510	253,092

위와 같이 내역서의 정규화를 통해 각 Activity의 금액을 규정한 후 Primavera P6 Resource에 삽입하여 Project 전반에 Resource를 관리합니다.

1.2 Resource 생성하기

■ 데이터 PIVOT화

정규화된 데이터를 Activity별 금액으로 분류하기 위해 Excel의 PIVOT기능을 사용합니다. [행] - Activity Name / [값] - 합계-금액을 추가해줍니다. Activity별로 금액이 잘 정리되었는지 확인합니다.

▼ 그림 3-5

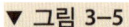

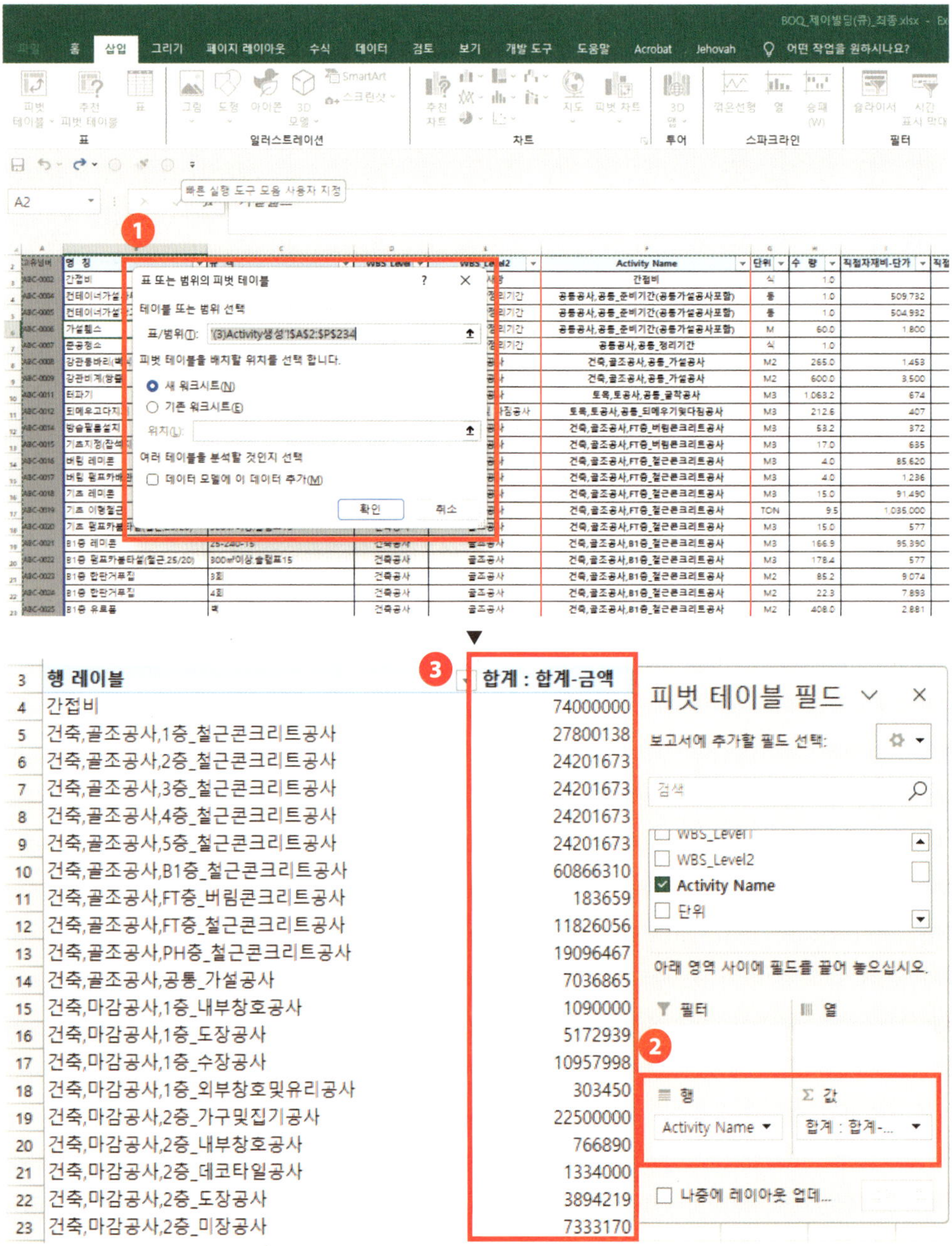

■ 메뉴 Bar에서 [Enterprise] – [Resources]

정규화 파일에 대한 정리가 완료되었다면 해당 데이터를 Primavera P6에 삽입하기 위한 준비가 필요합니다. 메뉴 Bar에서 [Enterprise] – [Resources] 클릭하여 Resources 페이지를 활성화합니다.

▼ 그림 3-6

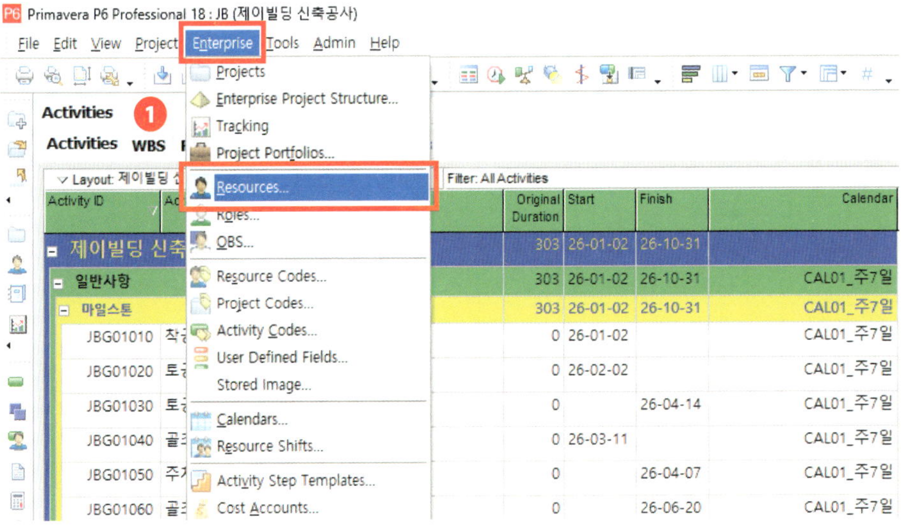

■ Resource 생성

Resource 화면에서 [마우스 오른쪽 버튼] – [+ Add] or 자판 [Insert]키를 이용하여 Resource를 추가합니다. Resource ID : J_R, Resource Name : 제이빌딩_Resource, Resource Type : Nonlabor을 입력합니다.

▼ 그림 3-7

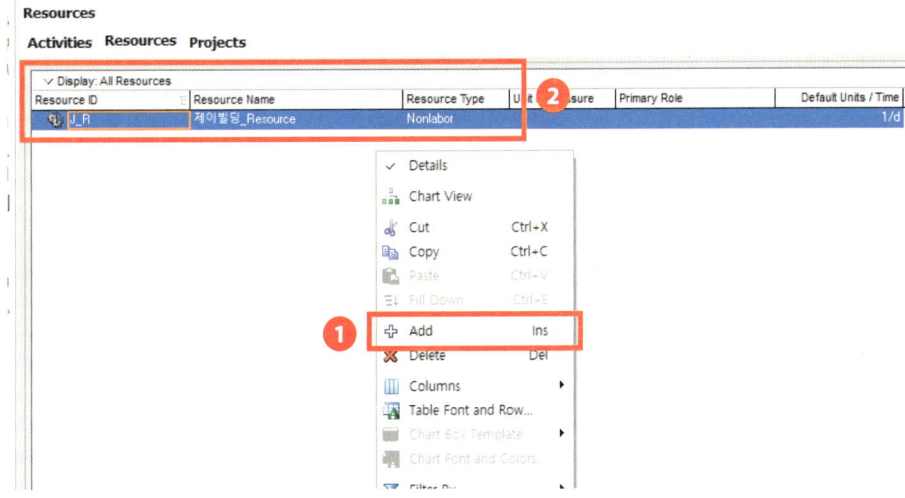

1. Resource 생성하기 199

■ **Activity Resource 추가**

Activity에 금액을 기입하기 위해선 Resource를 추가해야 합니다. 추가하고자 하는 Activity 클릭 후 Activity Detail창에서 Resources [Tab]을 클릭합니다. [Add Resource] 버튼을 클릭합니다. Assign Resources 대화상자를 열어 앞서 생성한 Resource를 더블 클릭하여 추가합니다.

▼ 그림 3-8

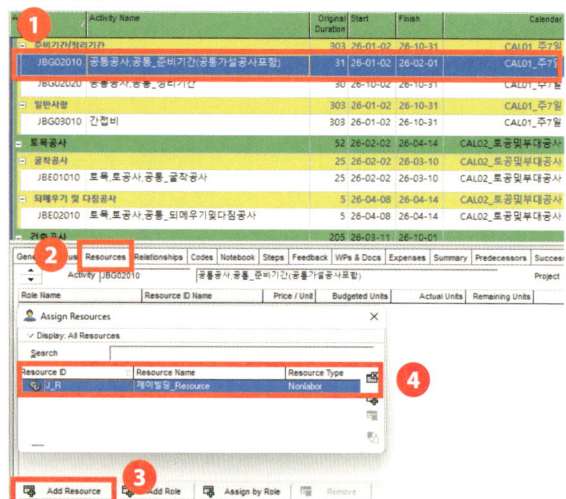

[꿀Tips]

Activity 하나씩 Resource를 추가하면 시간이 많이 소요돼요! 그러므로 Assign Resource 대화상자를 연 상태에서 금액을 기입할 Activity 전체를 [Shfit]키를 누르고 선택하여 Resource를 추가할 경우 한번에 추가할 수 있어요!

■ **Activity별 금액 기입**

금액을 기입하고자 하는 Acitivity를 앞서 PIVOT한 내역서 정규화 Excel 파일 내에서 확인합니다. Primavera P6에서 해당하는 Activity의 'Budgeted Units'에 값을 기입합니다.

▼ 그림 3-9

내역서_정규화 PIVOT

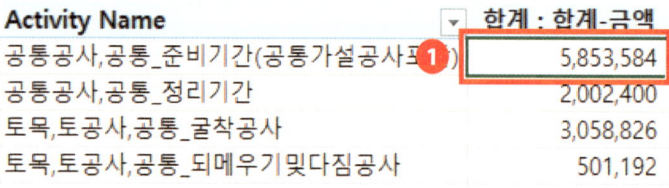

Primavera P6

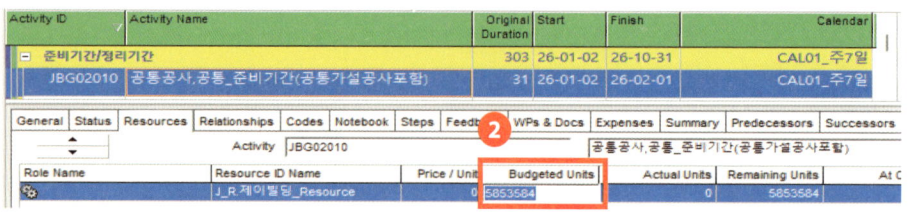

1.3 실전 적용하기

- 아래 표 3-1을 Primavera P6의 Activity에 금액을 기입합니다.
  (※http://www.jhvc.co.kr/ ▶ 홍보센터 ▶ 자료실에서도 확인가능)

▼ 표 3-1

Activity별 금액		
Activity Name	합계금액(원)	비 고
착공	-	마일스톤으로 Resource 미기입
토공사 착수	-	마일스톤으로 Resource 미기입
토공사 완료	-	마일스톤으로 Resource 미기입
골조공사 착수	-	마일스톤으로 Resource 미기입
주차장 상판공사 완료	-	마일스톤으로 Resource 미기입
골조공사 완료	-	마일스톤으로 Resource 미기입
마감공사 착수	-	마일스톤으로 Resource 미기입
마감공사 완료	-	마일스톤으로 Resource 미기입
준공	-	마일스톤으로 Resource 미기입
공통공사,공통_준비기간 (공통가설공사포함)	5,853,584	
공통공사,공통_정리기간	2,002,400	
간접비	74,000,000	
토목,토공사,공통_굴착공사	3,058,826	
토목,토공사,공통_되메우기및다짐공사	501,192	
건축,골조공사,공통_가설공사	7,036,865	
건축,골조공사,FT층_버림콘크리트공사	183,659	
건축,골조공사,FT층_철근콘크리트공사	11,826,056	
건축,골조공사,B1층_철근콘크리트공사	60,866,310	
건축,골조공사,1층_철근콘크리트공사	27,800,138	
건축,골조공사,2층_철근콘크리트공사	24,201,673	
건축,골조공사,3층_철근콘크리트공사	24,201,673	
건축,골조공사,4층_철근콘크리트공사	24,201,673	
건축,골조공사,5층_철근콘크리트공사	24,201,673	
건축,골조공사,PH층_철근콘크리트공사	19,096,467	
건축,마감공사,B1층_조적공사	34,800	
건축,마감공사,2층_조적공사	34,800	
건축,마감공사,3층_조적공사	74,400	
건축,마감공사,4층_조적공사	114,000	
건축,마감공사,5층_조적공사	114,000	
건축,마감공사,외부_외장마감공사	61,603,000	

Activity별 금액		
Activity Name	합계금액(원)	비 고
건축,마감공사,B1층_방수공사	89,516	
건축,마감공사,2층_방수공사	89,516	
건축,마감공사,3층_방수공사	89,516	
건축,마감공사,4층_방수공사	89,516	
건축,마감공사,5층_방수공사	89,516	
건축,마감공사,PH층_방수공사	1,012,368	
건축,마감공사,B1층_미장공사	5,519,768	
건축,마감공사,2층_미장공사	7,333,170	
건축,마감공사,3층_미장공사	7,333,170	
건축,마감공사,4층_미장공사	7,333,170	
건축,마감공사,5층_미장공사	7,333,170	
건축,마감공사,1층_외부창호및유리공사	303,450	
건축,마감공사,2층_외부창호및유리공사	9,993,800	
건축,마감공사,3층_외부창호및유리공사	9,993,800	
건축,마감공사,4층_외부창호및유리공사	9,993,800	
건축,마감공사,5층_외부창호및유리공사	9,993,800	
건축,마감공사,B1층_내부창호공사	1,027,020	
건축,마감공사,1층_내부창호공사	1,090,000	
건축,마감공사,2층_내부창호공사	766,890	
건축,마감공사,3층_내부창호공사	766,890	
건축,마감공사,4층_내부창호공사	766,890	
건축,마감공사,5층_내부창호공사	1,013,520	
건축,마감공사,공통_창호 액세서리설치	4,830,000	
건축,마감공사,공통_금속공사	4,992,400	
건축,마감공사,B1층_세라믹 타일공사	3,388,000	
건축,마감공사,2층_세라믹 타일공사	3,388,000	
건축,마감공사,3층_세라믹 타일공사	3,388,000	
건축,마감공사,4층_세라믹 타일공사	3,388,000	
건축,마감공사,5층_세라믹 타일공사	3,388,000	
건축,마감공사,B1층_데코타일공사	1,518,000	
건축,마감공사,2층_데코타일공사	1,334,000	
건축,마감공사,3층_데코타일공사	1,334,000	
건축,마감공사,4층_데코타일공사	1,334,000	
건축,마감공사,5층_데코타일공사	1,334,000	
건축,마감공사,B1층_수장공사	13,149,480	
건축,마감공사,1층_수장공사	10,957,998	
건축,마감공사,2층_수장공사	12,784,331	
건축,마감공사,3층_수장공사	13,613,061	
건축,마감공사,4층_수장공사	12,784,331	
건축,마감공사,5층_수장공사	12,784,331	

Activity별 금액		
Activity Name	합계금액(원)	비 고
건축,마감공사,PH층_수장공사	9,159,200	
건축,마감공사,B1층_도장공사	3,884,469	
건축,마감공사,1층_도장공사	5,172,939	
건축,마감공사,2층_도장공사	3,894,219	
건축,마감공사,3층_도장공사	3,894,219	
건축,마감공사,4층_도장공사	3,894,219	
건축,마감공사,5층_도장공사	2,859,182	
건축,마감공사,B1층_가구및집기공사	51,008,644	
건축,마감공사,2층_가구및집기공사	22,500,000	
건축,마감공사,3층_가구및집기공사	46,410,000	
건축,마감공사,4층_가구및집기공사	46,410,000	
건축,마감공사,5층_가구및집기공사	46,410,000	
건축,마감공사,공통_기타공사(사인몰 등)	2,650,000	
건축,마감공사,공통_폐기물처리	2,230,000	
설비,배관/기구취부공사,공통_배관/기구취부공사	13,600,000	
설비,전기/통신공사,공통_전기/통신공사	60,570,000	
부대공사,부대토목공사,공통_부대토목공사	9,496,312	
부대공사,조경공사,공통_조경공사	3,237,220	

■ 위 데이터를 Primavera P6 Resource에 기입을 완료하고 메뉴 Bar [Project] – [Resource Assignments]에서 금액이 잘 기입됐는지 확인합니다.

▼ 그림 3-10

Activity ID	Activity Name	Budgeted Units
Total		900000000
JBA01010	건축,골조공사,공통_가설공사	7036865
JBA01020	건축,골조공사,FT층_버림콘크리트공사	183659
JBA01030	건축,골조공사,FT층_철근콘크리트공사	11826056
JBA01040	건축,골조공사,B1층_철근콘크리트공사	60866310
JBA01050	건축,골조공사,1층_철근콘크리트공사	27800138
JBA01060	건축,골조공사,2층_철근콘크리트공사	24201673
JBA01070	건축,골조공사,3층_철근콘크리트공사	24201673
JBA01080	건축,골조공사,4층_철근콘크리트공사	24201673
JBA01090	건축,골조공사,5층_철근콘크리트공사	24201673
JBA01100	건축,골조공사,PH층_철근콘크리트공사	19096467
JBA02010	건축,마감공사,B1층_조적공사	34800
JBA02020	건축,마감공사,2층_조적공사	34800
JBA02030	건축,마감공사,3층_조적공사	74400
JBA02040	건축,마감공사,4층_조적공사	114000
JBA02050	건축,마감공사,5층_조적공사	114000
JBA02060	건축,마감공사,외부_외장마감공사	61603000
JBA03010	건축,마감공사,B1층_방수공사	89516
JBA03020	건축,마감공사,2층_방수공사	89516
JBA03030	건축,마감공사,3층_방수공사	89516
JBA03040	건축,마감공사,4층_방수공사	89516
JBA03050	건축,마감공사,5층_방수공사	89516

Activity ID	Activity Name	Budgeted Units
JBA03060	건축,마감공사,PH층_방수공사	1012368
JBA04010	건축,마감공사,B1층_미장공사	5519768
JBA04020	건축,마감공사,2층_미장공사	7333170
JBA04030	건축,마감공사,3층_미장공사	7333170
JBA04040	건축,마감공사,4층_미장공사	7333170
JBA04050	건축,마감공사,5층_미장공사	7333170
JBA05010	건축,마감공사,1층_외부창호및유리공사	303450
JBA05020	건축,마감공사,2층_외부창호및유리공사	9993800
JBA05030	건축,마감공사,3층_외부창호및유리공사	9993800
JBA05040	건축,마감공사,4층_외부창호및유리공사	9993800
JBA05050	건축,마감공사,5층_외부창호및유리공사	9993800
JBA05060	건축,마감공사,B1층_내부창호공사	1027020
JBA05070	건축,마감공사,1층_내부창호공사	1090000
JBA05080	건축,마감공사,2층_내부창호공사	766890
JBA05090	건축,마감공사,3층_내부창호공사	766890
JBA05100	건축,마감공사,4층_내부창호공사	766890
JBA05110	건축,마감공사,5층_내부창호공사	1013520
JBA05120	건축,마감공사,공통_창호 액세서리설치	4830000
JBA06010	건축,마감공사,공통_금속공사	4992400
JBA07010	건축,마감공사,B1층_세라믹 타일공사	3388000
JBA07020	건축,마감공사,2층_세라믹 타일공사	3388000
JBA07030	건축,마감공사,3층_세라믹 타일공사	3388000

Activity ID	Activity Name	Budgeted Units
JBA07040	건축,마감공사,4층_세라믹 타일공사	3388000
JBA07050	건축,마감공사,5층_세라믹 타일공사	3388000
JBA07060	건축,마감공사,B1층_데코타일공사	1518000
JBA07070	건축,마감공사,2층_데코타일공사	1334000
JBA07080	건축,마감공사,3층_데코타일공사	1334000
JBA07090	건축,마감공사,4층_데코타일공사	1334000
JBA07100	건축,마감공사,5층_데코타일공사	1334000
JBA08010	건축,마감공사,B1층_수장공사	13149480
JBA08020	건축,마감공사,1층_수장공사	10957998
JBA08030	건축,마감공사,2층_수장공사	12784331
JBA08040	건축,마감공사,3층_수장공사	13613061
JBA08050	건축,마감공사,4층_수장공사	12784331
JBA08060	건축,마감공사,5층_수장공사	12784331
JBA08070	건축,마감공사,PH층_수장공사	9159200
JBA09010	건축,마감공사,B1층_도장공사	3884469
JBA09020	건축,마감공사,1층_도장공사	5172939
JBA09030	건축,마감공사,2층_도장공사	3894219
JBA09040	건축,마감공사,3층_도장공사	3894219
JBA09050	건축,마감공사,4층_도장공사	3894219
JBA09060	건축,마감공사,5층_도장공사	2859182
JBA10010	건축,마감공사,B1층_가구및집기공사	51008644
JBA10020	건축,마감공사,2층_가구및집기공사	22500000

Activity ID	Activity Name	Budgeted Units
JBA10030	건축,마감공사,3층_가구및집기공사	46410000
JBA10040	건축,마감공사,4층_가구및집기공사	46410000
JBA10050	건축,마감공사,5층_가구및집기공사	46410000
JBA11010	건축,마감공사,공통_기타공사(사인물 등)	2650000
JBA11020	건축,마감공사,공통_폐기물처리	2230000
JBE01010	토목,토공사,공통_굴착공사	3058826
JBE02010	토목,토공사,공통_되메우기및다짐공사	501192
JBG02010	공통공사,공통_준비기간(공통가설공사포함)	5853584
JBG02020	공통공사,공통_정리기간	2002400
JBG03010	간접비	74000000
JBL01010	부대공사,부대토목공사,공통_부대토목공사	9496312
JBL02010	부대공사,조경공사,공통_조경공사	3237220
JBM01010	설비,배관/기구취부공사,공통_배관/기구취부공사	13600000
JBM02010	설비,전기/통신공사,공통_전기/통신공사	60570000

2 S-Curve 작성하기

【Preview】

▼ 그림 3-11

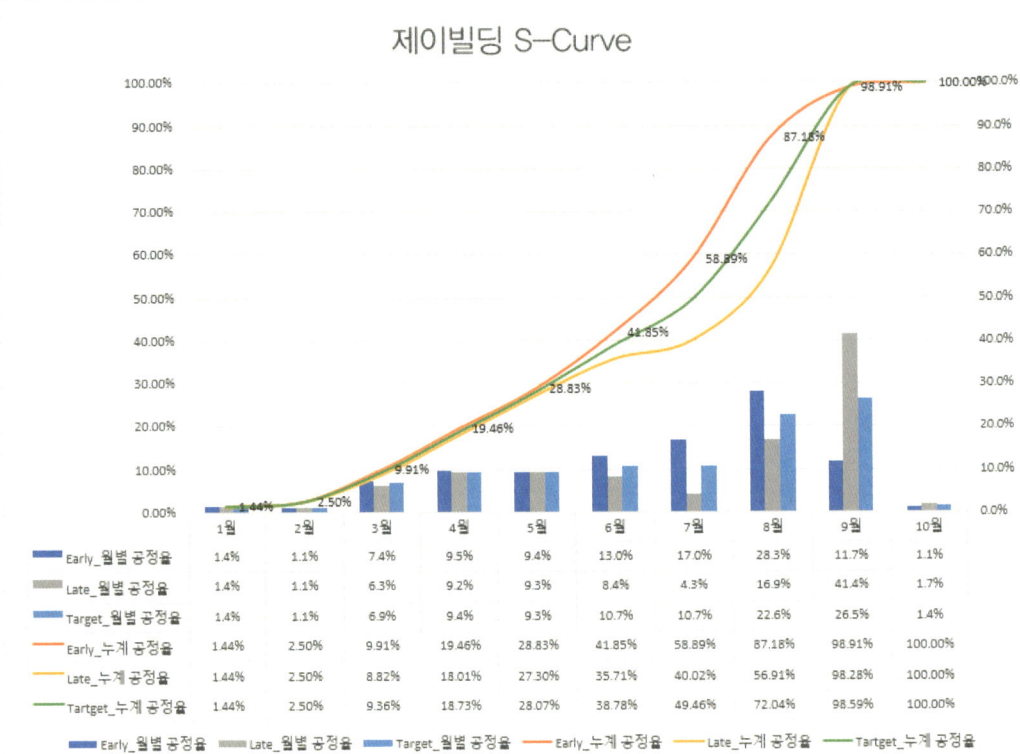

[작업순서]

① 메뉴 Bar에서 [Project] - [Resource Assignments] 선택
▶ ② 화면 구성하기(1) ▶ ③ 화면 구성하기(2) ▶ ④ 전체복사
▶ ⑤ P6 Row Data 시트 생성 ▶ ⑥ 공정율 분석시트 생성 ▶ ⑦ S-Curve 생성

2.1 S-Curve란?

■ **S-Curve 정의**

S-Curve란 바나나 커브, 기성 커브라고도 불리며 공사 진행척도의 기준이 되는 선으로 시간에 따라 공사의 진척을 나타내는 중요한 지표입니다. 일반적으로 X축에는 시간이 있고 Y축에는 공정율이 있습니다.

■ **S-Curve 작성기준**

PERT/CPM 기법을 기반으로 한 공정표는 모든 일정이 Early 일정과 Late 일정으로 공정계획이 작성됩니다.

① Early 일정 관리기준으로 선정
  · 시공사의 입장에서는 공정표의 여유일(TF)을 사용할 수 없음
  · 모든 공사를 빠른 일정으로만 수행
  · 돌관공사가 불가피하게 필요할 수 있으며 시공사 입장에서는 굉장한 부담

② Late 일정을 관리기준으로 선정
  · 시공사 입장에서 상대적으로 여유로울 수는 있음
  · 조금이라도 지연이 발생할 경우 → 전체 공사지연

따라서, S-Curve의 작성기준은 Early 일정과 Late 일정의 중간값을 Target 일정으로 정하고 이를 관리기준으로 정하게 됩니다. 이를 통해 여유일의 소유권을 시공사와 발주처가 나눠갖게 되는 것입니다.

▼ 그림 3-12

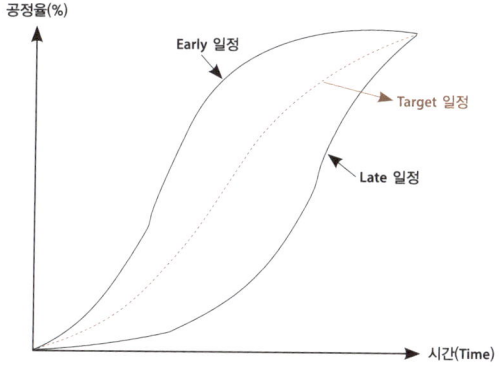

2.2 S-Curve 생성하기

■ 메뉴 Bar에서 [Project] – [Resource Assignments] 선택

각각의 Activity의 월별 금액을 확인하기 위해 메뉴 Bar에서 [Project]를 선택한 후 Resource Assignments]를 선택합니다.

▼ 그림 3-13

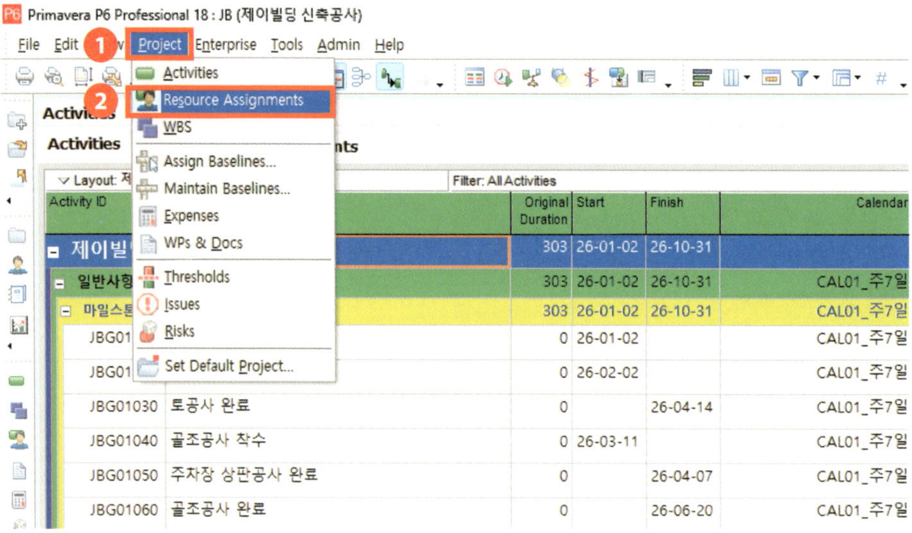

■ 화면 구성하기 (1)

먼저 왼쪽 데이터 창에서 오른쪽 버튼 클릭 후 [Columns] - [Customize]를 선택하여 'Activity ID', 'Activity Name', 'Budgeted Units'열을 생성합니다.

▼ 그림 3-14

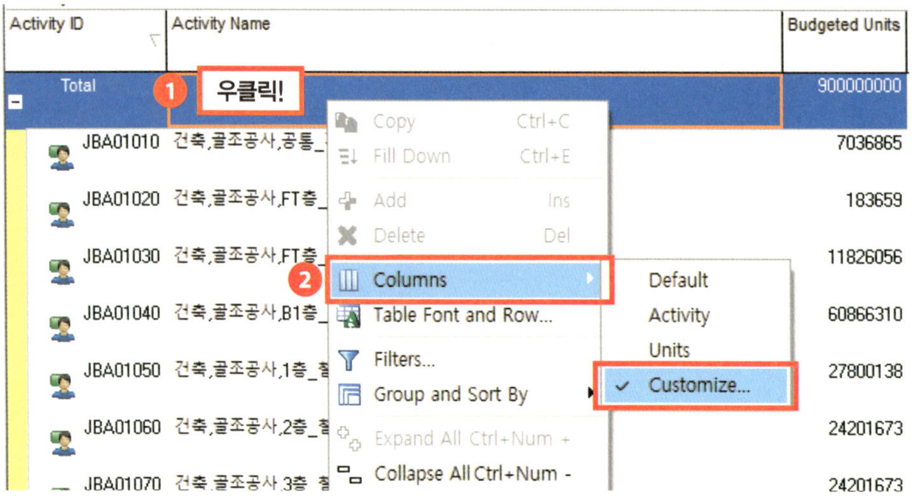

■ 화면 구성하기 (2)

오른쪽 데이터 창에서 오른쪽 버튼 클릭 후 [Spreadsheet Fields] - [Customize]를 선택하여 'Remaining Early Units', 'Remaining Late Units' 행을 생성합니다.

▼ 그림 3-15

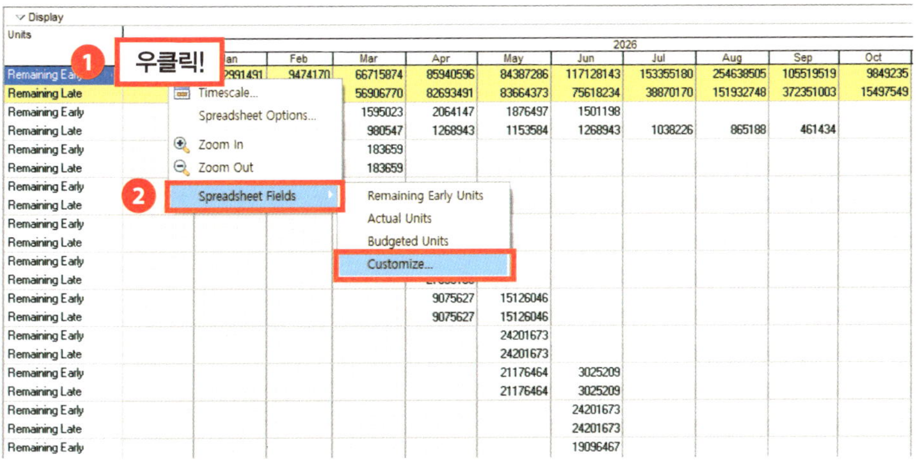

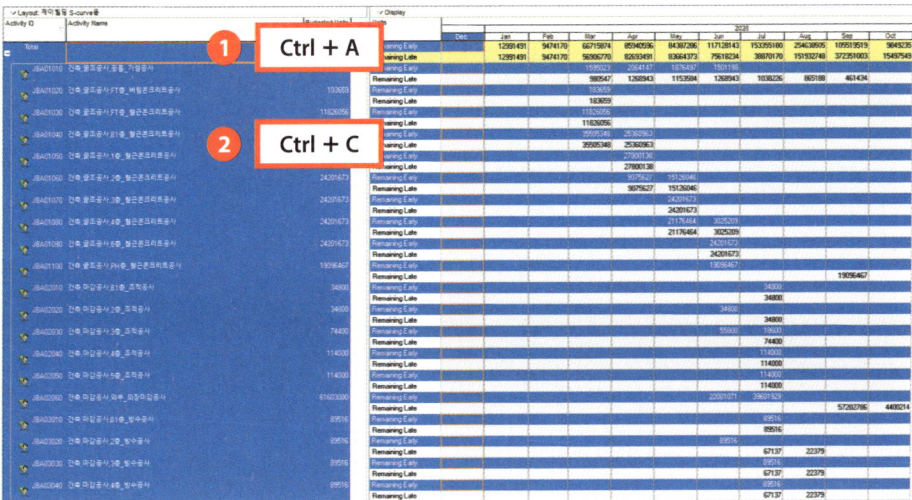

[Note]
Activity별 월별 금액은 해당 Activity의 Start, Finish, O/D(Original Duration)에 따라 Activity 금액을 N분의 1하는 개념으로 P6가 자동으로 계상합니다.

■ 전체 복사

Ctrl + A를 이용하여 전체 데이터를 선택 후 Ctrl + C를 이용하여 전체 데이터를 복사합니다.

▼ 그림 3-16

2. S-Curve 작성하기   211

■ **P6 Row Data 시트 생성**

복사한 데이터를 Ctrl + V를 이용하여 엑셀에 붙여넣고 시트명을 '(1) P6 Row Data'로 변경합니다.(※http://www.jhvc.co.kr/ ▶ 게시판 ▶'제이빌딩_S-Curve'파일 확인)

▼ 그림 3-17

	A	B	C	D	E	F
1	Activity ID	Activity Na…	Budgeted Units	Spreadsheet Field	2026-01-01	2026-02-01
2	Total		900,000,000	Remaining Early Units	12,991,491	9,474,170
3	Total		900,000,000	Remaining Late Units	12,991,491	9,474,170
4	JBA01010	건축,골조공사,공통_가설공사	7,036,865	Remaining Early Units		
5	JBA01010	건축,골조공사,공통_가설공사	7,036,865	Remaining Late Units		
6	JBA01020	건축,골조공사,FT층_버림콘크리트공사	183,659	Remaining Early Units		
7	JBA01020	건축,골조공사,FT층_버림콘크리트공사	183,659	Remaining Late Units		
8	JBA01030	건축,골조공사,FT층_철근콘크리트공사	11,826,056	Remaining Early Units		
9	JBA01030	건축,골조공사,FT층_철근콘크리트공사	11,826,056	Remaining Late Units		
10	JBA01040	건축,골조공사,B1층_철근콘크리트공사	60,866,310	Remaining Early Units		
11	JBA01040	건축,골조공사,B1층_철근콘크리트공사	60,866,310	Remaining Late Units		
12	JBA01050	건축,골조공사,1층_철근콘크리트공사	27,800,138	Remaining Early Units		
13	JBA01050	건축,골조공사,1층_철근콘크리트공사	27,800,138	Remaining Late Units		
14	JBA01060	건축,골조공사,2층_철근콘크리트공사	24,201,673	Remaining Early Units		
15	JBA010…	건축,골조공사,2층_철근콘크리트공사	24,201,673	Remaining Late Units		
16	JBA010…	건축,골조공사,3층_철근콘크리트공사	24,201,673	Remaining Early Units		
17	JBA01070	건축,골조공사,3층_철근콘크리트공사	24,201,673	Remaining Late Units		

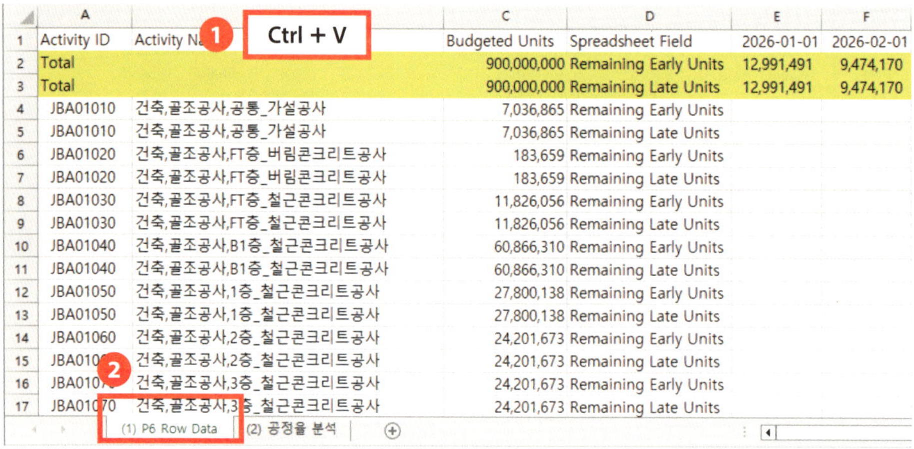

■ **공정율 분석시트 생성**

'(2) 공정율 분석' 시트를 생성하여 P6 Row Data에 Total 행에 있는 'Remaining Early Units'와 'Remaining Late Units'를 이용하여 'Remaining Target Units(=(Early Units + Late Units) ÷2)'을 구한 후 이를 통해 월별 공정율과 누계 공정율을 구합니다.

(※ http://www.jhvc.co.kr/ ▶ 게시판 ▶'제이빌딩_S-Curve'파일 확인)

▼ 그림 3-18

	A	B	C	D	E	F	G	H	I
1	Activity ID	Activity Name	Budgeted Units	Spreadsheet Field	2026-01-01	2026-02-01	2026-03-01	2026-04-01	2026-05-01
2	Total		900,000,000	Remaining Early Units	12,991,491	9,474,170	66,715,874	85,940,596	84,387,286
3	Total		900,000,000	Remaining Late Units	12,991,491	9,474,170	56,906,770	82,693,491	83,664,373
5	JBA01010	건축,골조공사,공통_가설공사	7,036,865	Remaining Late Units			980,547	1,268,943	1,153,584
6	JBA01020	건축,골조공사,FT층_버림콘크리트공사	183,659	Remaining Early Units			183,659		
7	JBA01020	건축,골조공사,FT층_버림콘크리트공사	183,659	Remaining Late Units			183,659		
8	JBA01030	건축,골조공사,FT층_철근콘크리트공사	11,826,056	Remaining Early Units			11,826,056		
9	JBA01030	건축,골조공사,FT층_철근콘크리트공사	11,826,056	Remaining Late Units			11,826,056		
10	JBA01040	건축,골조공사,B1층_철근콘크리트공사	60,866,310	Remaining Early Units			35,505,348	25,360,963	
11	JBA01040	건축,골조공사,B1층_철근콘크리트공사	60,866,310	Remaining Late Units			35,505,348	25,360,963	

	B	C	D	E	F	G	H	I	J	K	L	M
1	구분	2026-01-01	2026-02-01	2026-03-01	2026-04-01	2026-05-01	2026-06-01	2026-07-01	2026-08-01	2026-09-01	2026-10-01	합계
2	…aining Early Units	12,991,491	9,474,170	66,715,874	85,940,596	84,387,286	117,128,143	153,355,180	254,638,505	105,519,519	9,849,236	900,000,000
3	…ining Late Units	12,991,491	9,474,170	56,906,770	82,693,491	83,664,373	75,618,234	38,870,170	151,932,748	372,351,003	15,497,550	900,000,000
4	…aining Target Units	12,991,491	9,474,170	61,811,322	84,317,044	84,025,830	96,373,189	96,112,675	203,285,627	238,935,261	12,673,393	900,000,000
6		1월	2월	3월	4월	5월	6월	7월	8월	9월	10월	
7	Early_월별 공정율	1.4%	1.1%	7.4%	9.5%	9.4%	13.0%	17.0%	28.3%	11.7%	1.1%	
8	Early_누계 공정율	1.44%	2.50%	9.91%	19.46%	28.83%	41.85%	58.89%	87.18%	98.91%	100.00%	
9	Late_월별 공정율	1.4%	1.1%	6.3%	9.2%	9.3%	8.4%	4.3%	16.9%	41.4%	1.7%	
10	Late_누계 공정율	1.44%	2.50%	8.82%	18.01%	27.30%	35.71%	40.02%	56.91%	98.28%	100.00%	
11	Target_월별 공정율	1.4%	1.1%	6.9%	9.4%	9.3%	10.7%	10.7%	22.6%	26.5%	1.4%	
12	Tartget_누계 공정율	1.44%	2.50%	9.36%	18.73%	28.07%	38.78%	49.46%	72.04%	98.59%	100.00%	

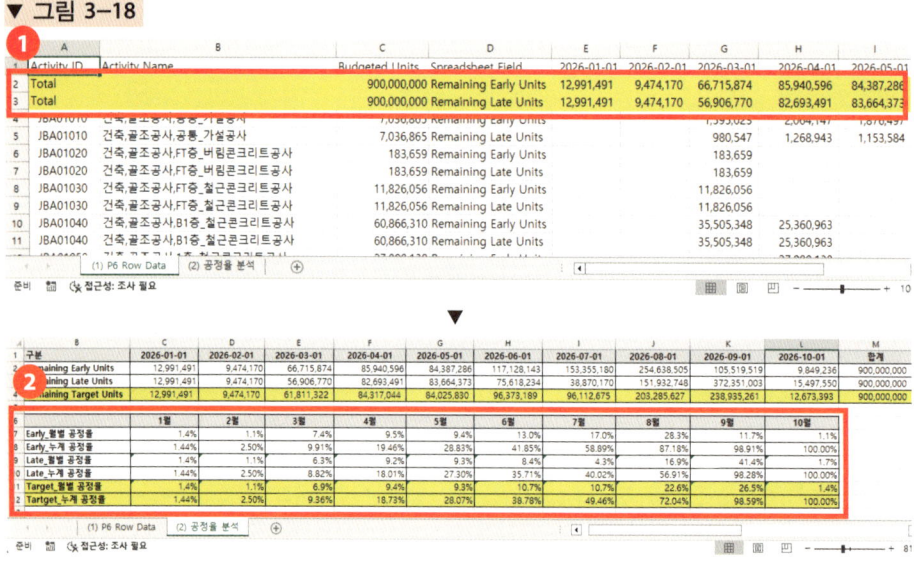

■ S-Curve 생성 (1)

작성한 공정율 분석데이터를 엑셀에 차트 기능을 이용하여 S-Curve를 생성하기 위해 공정율 데이터를 블록 설정한 후, 엑셀 메뉴 Bar [삽입] - [추천차트]를 클릭합니다.

▼ 그림 3-19

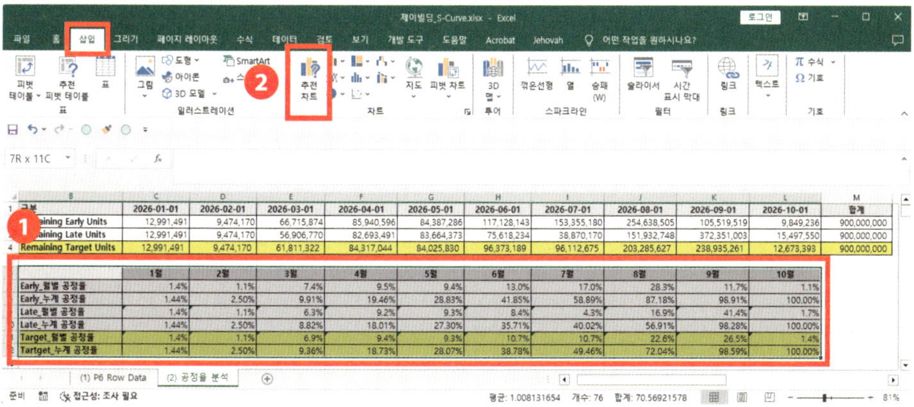

■ S-Curve 생성 (2)

차트 삽입 대화상자가 나오면 혼합 [Tab]을 클릭한 후 월별 공정율은 '묶은 세로 막대형'과 보조 축 Type을 지정하고 누계 공정율은 '꺾은선형' Type을 지정한 후 확인 버튼을 클릭합니다.

▼ 그림 3-20

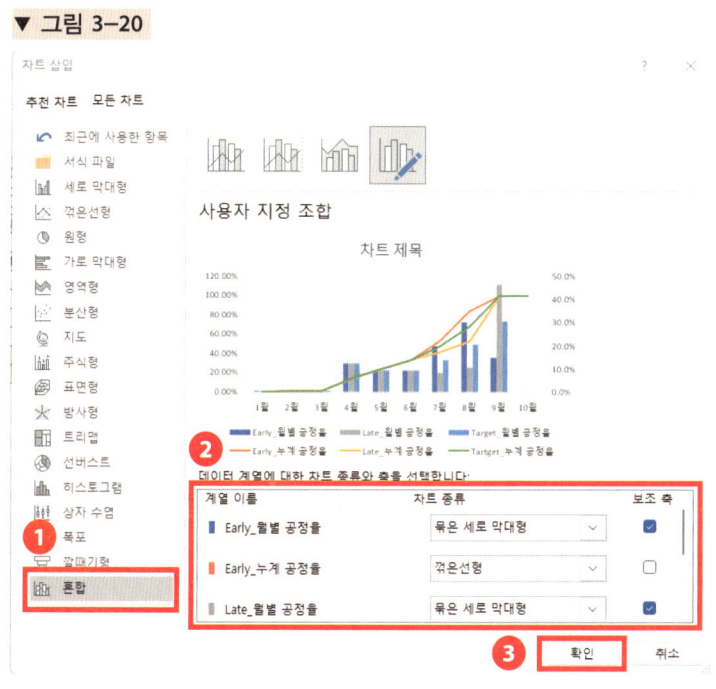

2. S-Curve 작성하기   213

■ **S-Curve 생성 (3)**

차트 제목을 '제이빌딩 S-Curve'로 바꿔주고 주축과 보조축의 최댓값을 전부 100%로 변경합니다. 아울러 데이터 레이블을 추가하여 차트에서 데이터를 확인할 수 있게 합니다.

▼ 그림 3-21

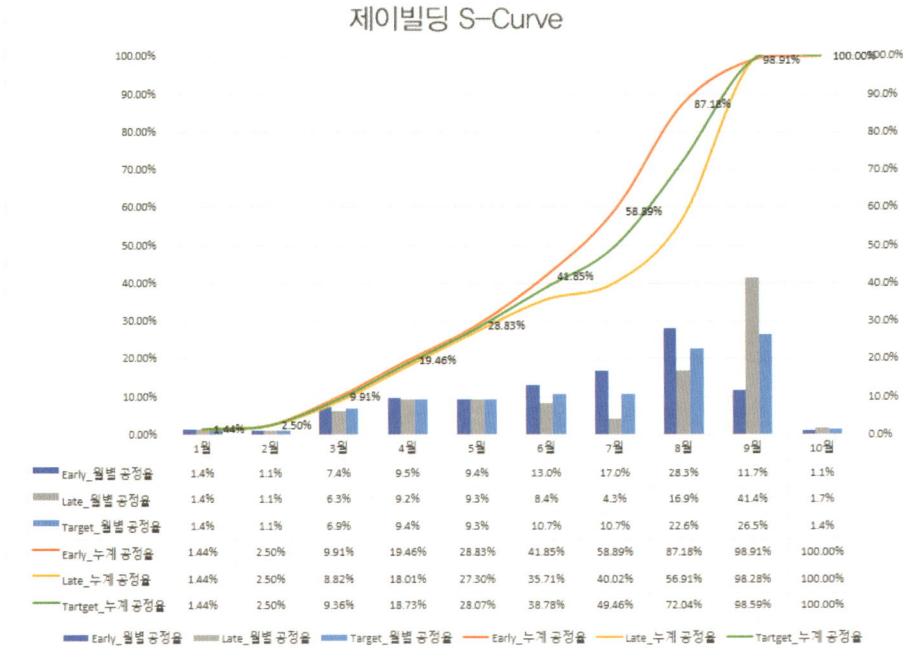

부록

부록 #1 제이빌딩 도면

1. 평면도

▼ B1층 평면도

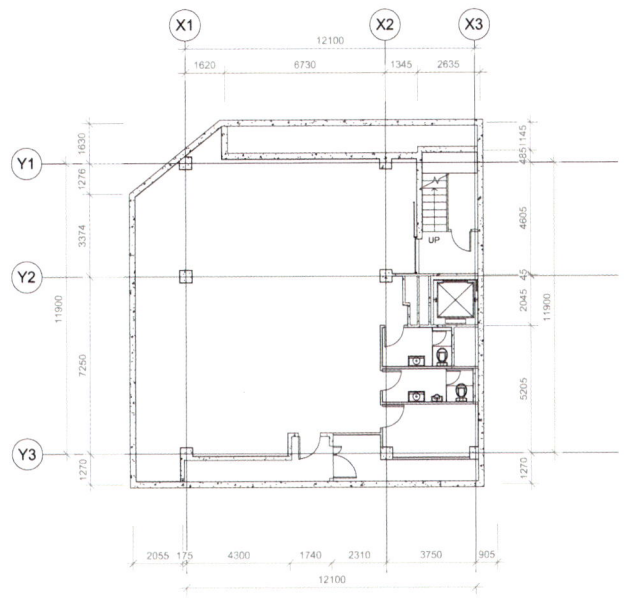

▼ 1층 평면도

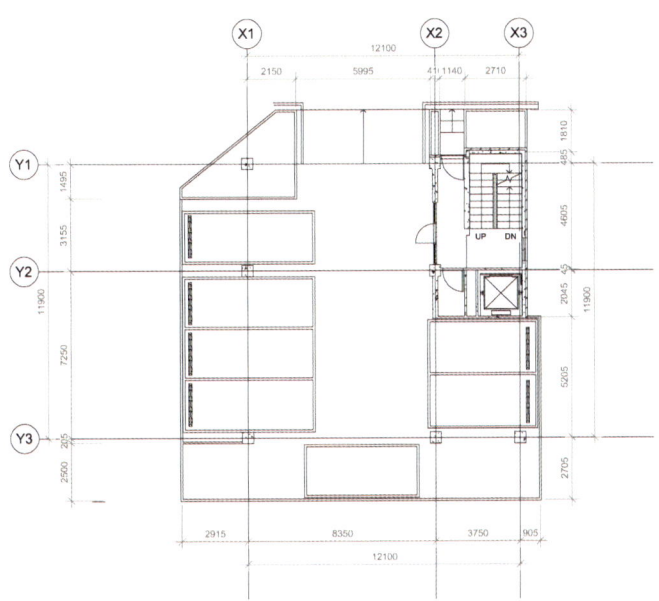

▼ 2층 평면도

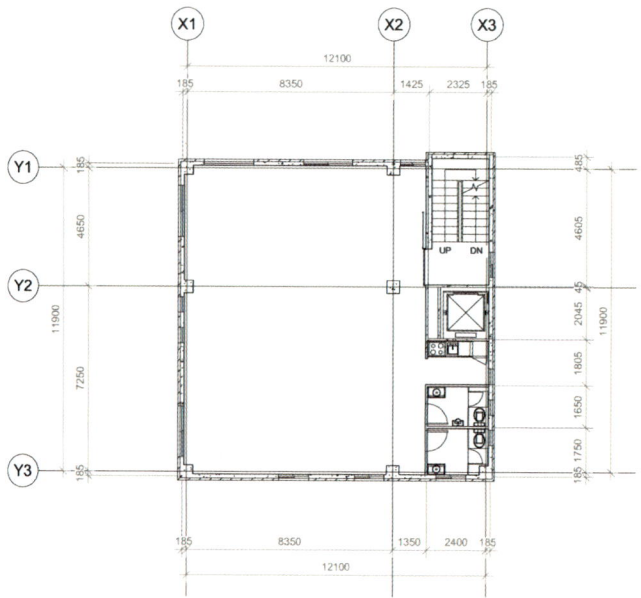

▼ 3층 평면도

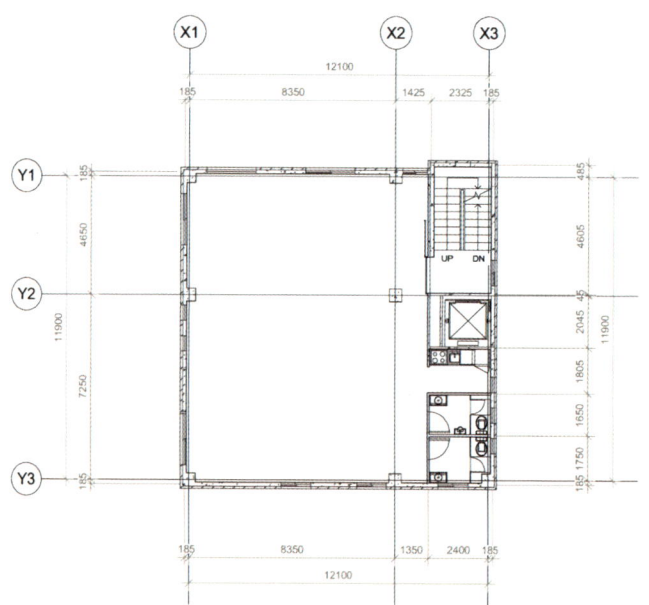

▼ 4층 평면도

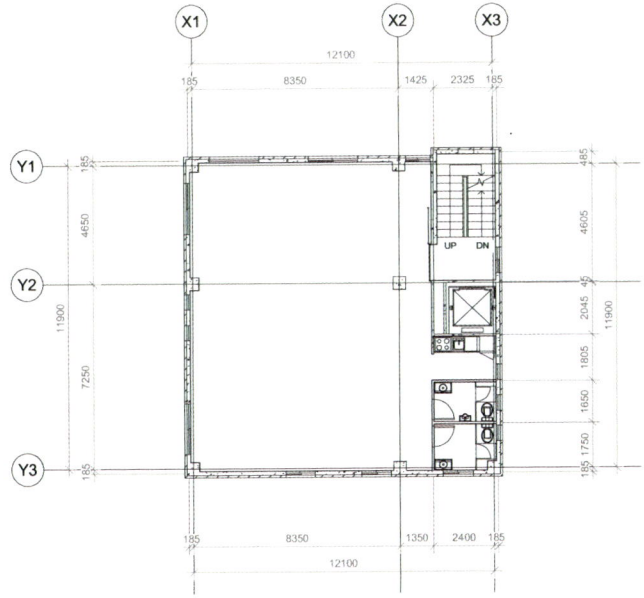

▼ 5층 평면도

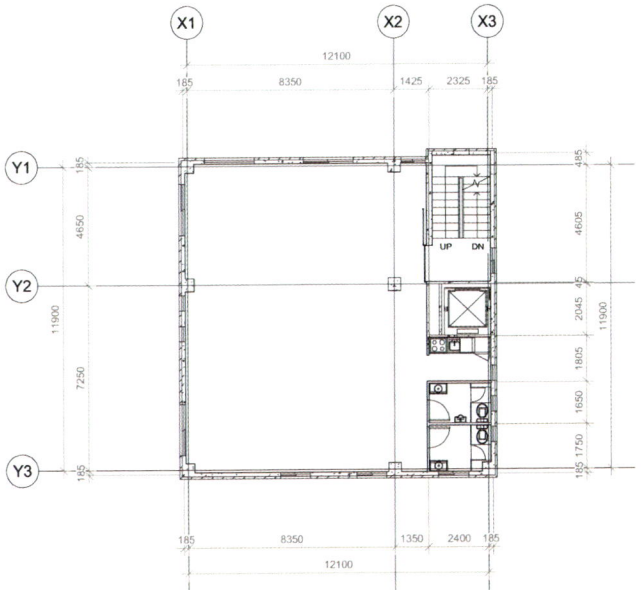

▼ PH층 평면도

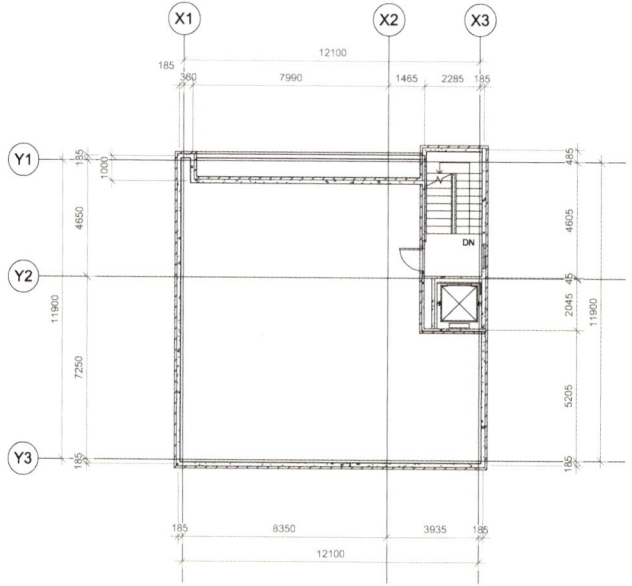

▼ 기계실 평면도

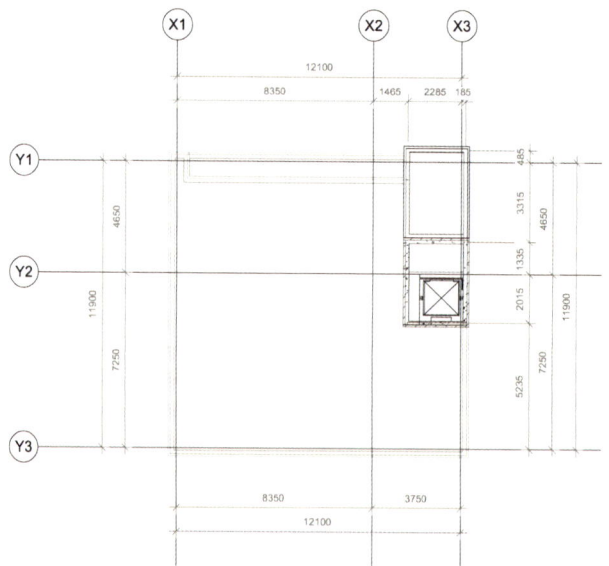

2. 입면도

▼ 동측면도

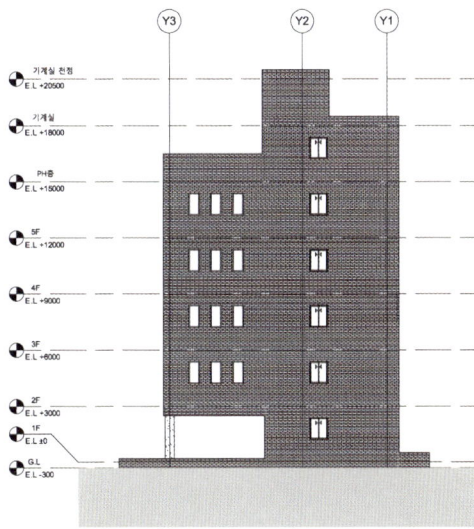

▼ 서측면도

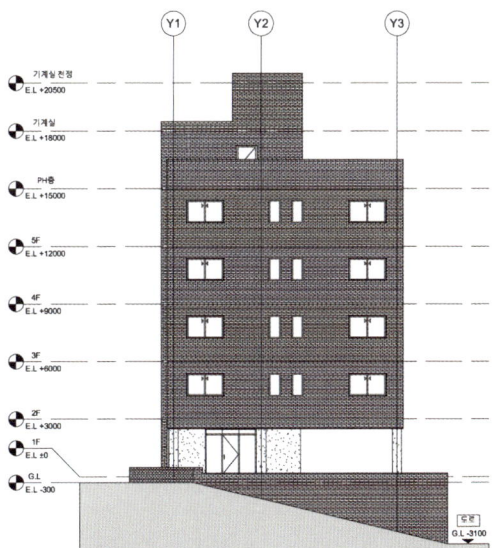

▼ 남측면도

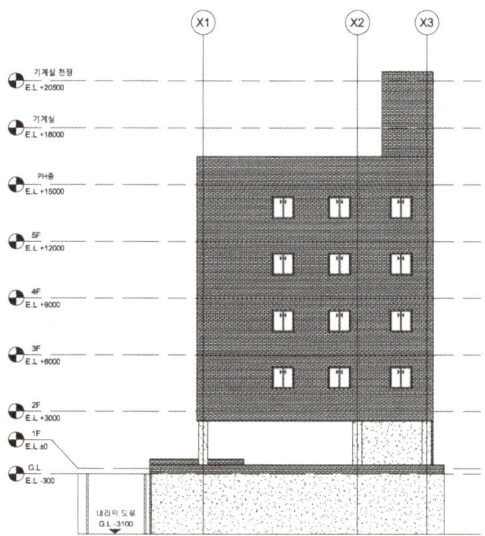

▼ 북측면도

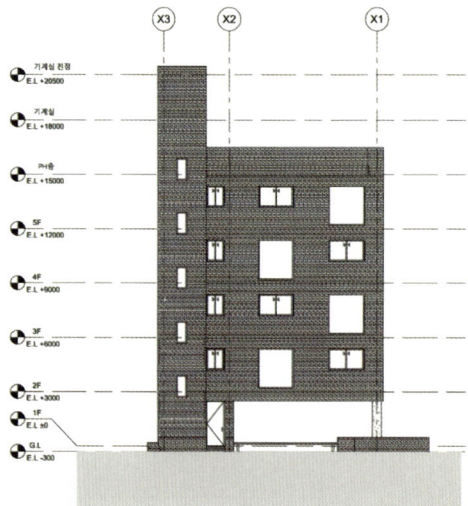

3. (종)단면도

▼ (종)단면도

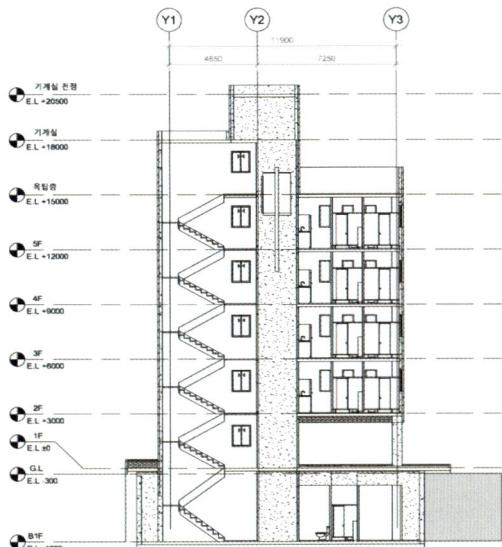

부록 #2　제이빌딩 내역서

명 칭	규 격	단위	수 량	직접자재비 단가	직접자재비 금액	직접노무비 단가	직접노무비 금액	경비 단가	경비 금액	합계 단가	합계 금액
A.간접비											
간접비		식	1.0		-			74,000,000	74,000,000	74,000,000	74,000,000
B.가설공사											
컨테이너가설사무소	6*2.4*2.6m, 7개월	동	1.0	509,732	509,732	194,252	194,252	259,238	259,238	963,222	963,222
컨테이너가설창고	6*2.4*2.6m, 7개월	동	1.0	504,932	504,932	194,252	194,252	217,978	217,978	917,162	917,162
가설휀스	EGI 2.4M	M	60.0	1,800	108,000			64,420	3,865,200	66,220	3,973,200
강관동바리(벽식구조)	6개월 4.2M이하	M2	265.0	1,453	385,045	6,988	1,851,820		-	8,441	2,236,865
강관비계(쌍줄)	10M이하 8개월(발판포함)	M2	600.0	3,500	2,100,000	4,500	2,700,000		-	8,000	4,800,000
준공청소		식	1.0			2,000,000	2,000,000	2,400	2,400	2,002,400	2,002,400
C.토공사											
터파기	자갈(호트러진상태), 백호0.7㎥	M3	1,063.2	674	716,597	1,229	1,306,673	974	1,035,557	2,877	3,058,826
되메우고다지기	(백호0.7M3+램머80KG)다짐30CM	M3	212.6	407	86,544	1,500	318,960	450	95,688	2,357	501,192
D.철근콘크리트공사											
방습필름설치	바닥 0.03mm*2겹	M3	53.2	372	19,776	850	45,186		-	1,222	64,962
기초지정(잡석지정)	소운반, 고르기 및 다짐포함	M3	17.0	635	10,795	5,716	97,172	931	15,827	7,282	118,697
버림 레미콘	25-180-8	M3	4.0	85,620	342,480				-	85,620	342,480
버림 펌프카배관타설(무근,25/20)	50㎥미만, 슬럼프8-12	M3	4.0	1,236	4,944	17,333	69,332	3,000	12,000	21,569	86,276
기초 레미콘	25-210-15	M3	15.0	91,490	1,372,350				-	91,490	1,372,350
기초 이형철근	HD-13 SD35-40	TON	9.5	1,035,000	9,832,500				-	1,035,000	9,832,500
기초 펌프카봉타설(철근,25/20)	300㎥이상,슬럼프15	M3	15.0	577	8,655	10,852	162,780	1,401	21,015	12,830	192,450
B1층 레미콘	25-240-15	M3	166.9	95,390	15,920,591				-	95,390	15,920,591
B1층 펌프카봉타설(철근,25/20)	300㎥이상,슬럼프15	M3	178.4	577	102,936	10,852	1,935,996	1,401	249,938	12,830	2,288,872
B1층 합판거푸집	3회	M2	85.2	9,074	773,104	23,099	1,968,034		-	32,173	2,741,139
B1층 합판거푸집	4회	M2	22.3	7,893	176,013	19,617	437,459		-	27,510	613,473
B1층 유로폼	벽	M2	408.0	2,881	1,175,448	20,665	8,431,320		-	23,546	9,606,768
B1층 이형철근	HD-10 SD35-40	TON	2.2	1,035,000	2,277,000				-	1,035,000	2,277,000
B1층 이형철근	HD-13 SD35-40	TON	11.4	1,035,000	11,799,000				-	1,035,000	11,799,000
B1층 이형철근	HD-19 SD35-40	TON	3.7	1,035,000	3,829,500				-	1,035,000	3,829,500
B1층 철근가공조립	간단(미할증)	TON	17.3	25,000	432,500	656,501	11,357,467		-	681,501	11,789,967
1층 레미콘	25-240-15	M3	57.7	95,390	5,504,003				-	95,390	5,504,003
1층 펌프카봉타설(철근,25/20)	300㎥이상,슬럼프15	M3	57.7	577	33,292	10,852	626,160	1,401	80,837	12,830	740,291
1층 합판거푸집	3회	M2	36.9	9,074	334,830	23,099	852,353		-	32,173	1,187,183
1층 합판거푸집	4회	M2	10.7	7,893	84,455	19,617	209,901		-	27,510	294,357
1층 유로폼	벽	M2	252.1	2,881	726,300	20,665	5,209,646		-	23,546	5,935,946
1층 이형철근	HD-10 SD35-40	TON	1.1	1,035,000	1,138,500				-	1,035,000	1,138,500
1층 이형철근	HD-13 SD35-40	TON	4.7	1,035,000	4,864,500				-	1,035,000	4,864,500
1층 이형철근	HD-19 SD35-40	TON	2.0	1,035,000	2,070,000				-	1,035,000	2,070,000
1층 철근가공조립	간단(미할증)	TON	8.9	25,000	222,500	656,501	5,842,858		-	681,501	6,065,358
2층 레미콘	25-240-15	M3	49.9	95,390	4,759,961				-	95,390	4,759,961
2층 펌프카봉타설(철근,25/20)	300㎥이상,슬럼프15	M3	49.9	577	28,792	10,852	541,514	1,401	69,909	12,830	640,217
2층 합판거푸집	3회	M2	31.9	9,074	289,460	23,099	736,858		-	32,173	1,026,318
2층 합판거푸집	4회	M2	9.2	7,893	72,615	19,617	180,476		-	27,510	253,092
2층 유로폼	벽	M2	218.0	2,881	628,058	20,665	4,504,970		-	23,546	5,133,028
2층 이형철근	HD-10 SD35-40	TON	1.0	1,035,000	1,035,000				-	1,035,000	1,035,000
2층 이형철근	HD-13 SD35-40	TON	4.1	1,035,000	4,243,500				-	1,035,000	4,243,500
2층 이형철근	HD-19 SD35-40	TON	1.8	1,035,000	1,863,000				-	1,035,000	1,863,000
2층 철근가공조립	간단(미할증)	TON	7.7	25,000	192,500	656,501	5,055,057		-	681,501	5,247,557
3층 레미콘	25-240-15	M3	49.9	95,390	4,759,961				-	95,390	4,759,961
3층 펌프카봉타설(철근,25/20)	300㎥이상,슬럼프15	M3	49.9	577	28,792	10,852	541,514	1,401	69,909	12,830	640,217
3층 합판거푸집	3회	M2	31.9	9,074	289,460	23,099	736,858		-	32,173	1,026,318
3층 합판거푸집	4회	M2	9.2	7,893	72,615	19,617	180,476		-	27,510	253,092
3층 유로폼	벽	M2	218.0	2,881	628,058	20,665	4,504,970		-	23,546	5,133,028
3층 이형철근	HD-10 SD35-40	TON	1.0	1,035,000	1,035,000				-	1,035,000	1,035,000
3층 이형철근	HD-13 SD35-40	TON	4.1	1,035,000	4,243,500				-	1,035,000	4,243,500
3층 이형철근	HD-19 SD35-40	TON	1.8	1,035,000	1,863,000				-	1,035,000	1,863,000
3층 철근가공조립	간단(미할증)	TON	7.7	25,000	192,500	656,501	5,055,057		-	681,501	5,247,557
4층 레미콘	25-240-15	M3	49.9	95,390	4,759,961				-	95,390	4,759,961
4층 펌프카봉타설(철근,25/20)	300㎥이상,슬럼프15	M3	49.9	577	28,792	10,852	541,514	1,401	69,909	12,830	640,217
4층 합판거푸집	3회	M2	31.9	9,074	289,460	23,099	736,858		-	32,173	1,026,318
4층 합판거푸집	4회	M2	9.2	7,893	72,615	19,617	180,476		-	27,510	253,092

명 칭	규 격	단위	수 량	직접자재비 단가	직접자재비 금액	직접노무비 단가	직접노무비 금액	경비 단가	경비 금액	합계 단가	합계 금액
4층 유로폼	벽	M2	218.0	2,881	628,058	20,665	4,504,970	-	-	23,546	5,133,028
4층 이형철근	HD-10 SD35-40	TON	1.0	1,035,000	1,035,000			-	-	1,035,000	1,035,000
4층 이형철근	HD-13 SD35-40	TON	4.1	1,035,000	4,243,500			-	-	1,035,000	4,243,500
4층 이형철근	HD-19 SD35-40	TON	1.8	1,035,000	1,863,000			-	-	1,035,000	1,863,000
4층 철근가공조립	간단(미철증)	TON	7.7	25,000	192,500	656,501	5,055,057	-	-	681,501	5,247,557
5층 레미콘	25-240-15	M3	49.9	95,390	4,759,961			-	-	95,390	4,759,961
5층 펌프카붐타설(철근,25/20)	300m²이상,슬럼프15	M3	49.9	577	28,792	10,852	541,514	1,401	69,909	12,830	640,217
5층 합판거푸집	3회	M2	31.9	9,074	289,460	23,099	736,858	-	-	32,173	1,026,318
5층 합판거푸집	4회	M2	9.2	7,893	72,615	19,617	180,476	-	-	27,510	253,092
5층 유로폼	벽	M2	218.0	2,881	628,058	20,665	4,504,970	-	-	23,546	5,133,028
5층 이형철근	HD-10 SD35-40	TON	1.0	1,035,000	1,035,000			-	-	1,035,000	1,035,000
5층 이형철근	HD-13 SD35-40	TON	4.1	1,035,000	4,243,500			-	-	1,035,000	4,243,500
5층 이형철근	HD-19 SD35-40	TON	1.8	1,035,000	1,863,000			-	-	1,035,000	1,863,000
5층 철근가공조립	간단(미철증)	TON	7.7	25,000	192,500	656,501	5,055,057	-	-	681,501	5,247,557
옥탑층 레미콘	25-240-15	M3	39.5	95,390	3,767,905			-	-	95,390	3,767,905
옥탑층 펌프카붐타설(철근,25/20)	300m²이상,슬럼프15	M3	39.5	577	22,791	10,852	428,654	1,401	55,339	12,830	506,785
옥탑층 합판거푸집	3회	M2	25.2	9,074	228,664	23,099	582,094	-	-	32,173	810,759
옥탑층 합판거푸집	4회	M2	7.3	7,893	57,618	19,617	143,204	-	-	27,510	200,823
옥탑층 유로폼	벽	M2	172.6	2,881	497,260	20,665	3,566,779	-	-	23,546	4,064,039
옥탑층 이형철근	HD-10 SD35-40	TON	0.8	1,035,000	828,000			-	-	1,035,000	828,000
옥탑층 이형철근	HD-13 SD35-40	TON	3.2	1,035,000	3,312,000			-	-	1,035,000	3,312,000
옥탑층 이형철근	HD-19 SD35-40	TON	1.4	1,035,000	1,449,000			-	-	1,035,000	1,449,000
옥탑층 철근가공조립	간단(미철증)	TON	6.1	25,000	152,500	656,501	4,004,656	-	-	681,501	4,157,156
E.조적공사											
외장 벽돌	아이보리 후레싱 190*90*57	매	20,300.0	880	17,864,000					880	17,864,000
외장벽돌 치장쌓기	아이보리 후레싱 190*90*57	매	20,300.0			1,950	39,585,000	180	3,654,000	2,130	43,239,000
발수제도포	수용성	식	0.5	500,000	250,000	500,000	250,000			1,000,000	500,000
B1층 시멘트벽돌		매	200.0	87	17,400		-			87	17,400
2층 시멘트벽돌		매	200.0	87	17,400		-			87	17,400
3층 시멘트벽돌		매	200.0	87	17,400		-			87	17,400
4층 시멘트벽돌		매	200.0	87	17,400		-			87	17,400
5층 시멘트벽돌		매	200.0	87	17,400		-			87	17,400
B1층 시멘트벽돌쌓기		매	200.0		-	285	57,000			285	57,000
2층 시멘트벽돌쌓기		매	200.0		-	285	57,000			285	57,000
3층 시멘트벽돌쌓기		매	200.0		-	285	57,000			285	57,000
4층 시멘트벽돌쌓기		매	200.0		-	285	57,000			285	57,000
5층 시멘트벽돌쌓기		매	200.0		-	285	57,000			285	57,000
F.타일공사											
B1층 화장실 타일	타일,수전,위생기 외	개소	2.0	1,570,000	3,140,000	60,000	120,000		-	1,630,000	3,260,000
B1층 기타 타일	탕비실벽체	개소	1.0	68,000	68,000	60,000	60,000			128,000	128,000
B1층 데코타일	Barro Terrazo 3993	박스	33.0	40,000	1,320,000	5,000	165,000	1,000	33,000	46,000	1,518,000
2층 화장실 타일	타일,수전,위생기 외	개소	2.0	1,570,000	3,140,000	60,000	120,000		-	1,630,000	3,260,000
2층 기타 타일	탕비실벽체	개소	1.0	68,000	68,000	60,000	60,000			128,000	128,000
2층 데코타일	Barro Terrazo 3993	박스	29.0	40,000	1,160,000	5,000	145,000	1,000	29,000	46,000	1,334,000
3층 화장실 타일	타일,수전,위생기 외	개소	2.0	1,570,000	3,140,000	60,000	120,000		-	1,630,000	3,260,000
3층 기타 타일	탕비실벽체	개소	1.0	68,000	68,000	60,000	60,000			128,000	128,000
3층 데코타일	Barro Terrazo 3993	박스	29.0	40,000	1,160,000	5,000	145,000	1,000	29,000	46,000	1,334,000
4층 화장실 타일	타일,수전,위생기 외	개소	2.0	1,570,000	3,140,000	60,000	120,000		-	1,630,000	3,260,000
4층 기타 타일	탕비실벽체	개소	1.0	68,000	68,000	60,000	60,000			128,000	128,000
4층 데코타일	Barro Terrazo 3993	박스	29.0	40,000	1,160,000	5,000	145,000	1,000	29,000	46,000	1,334,000
5층 화장실 타일	타일,수전,위생기 외	개소	2.0	1,570,000	3,140,000	60,000	120,000		-	1,630,000	3,260,000
5층 기타 타일	탕비실벽체	개소	1.0	68,000	68,000	60,000	60,000			128,000	128,000
5층 데코타일	Barro Terrazo 3993	박스	29.0	40,000	1,160,000	5,000	145,000	1,000	29,000	46,000	1,334,000
G.방수공사											
B1층 시멘트액체방수	1종	M2	13.9	2,150	29,885	4,290	59,631		-	6,440	89,516
2층 시멘트액체방수	1종	M2	13.9	2,150	29,885	4,290	59,631		-	6,440	89,516
3층 시멘트액체방수	1종	M2	13.9	2,150	29,885	4,290	59,631		-	6,440	89,516
4층 시멘트액체방수	1종	M2	13.9	2,150	29,885	4,290	59,631		-	6,440	89,516
5층 시멘트액체방수	1종	M2	13.9	2,150	29,885	4,290	59,631		-	6,440	89,516
옥상층 우레탄방수	1종	M2	157.2	2,150	337,980	4,290	674,388		-	6,440	1,012,368
H.금속공사											
계단난간	12T,9T 평철	M	37.6	59,000	2,218,400	65,000	2,444,000	-	-	124,000	4,662,400
선홈통	0.5T 금속시트	M	30.0	5,000	150,000	6,000	180,000	-	-	11,000	330,000

명 칭	규 격	단위	수 량	직접자재비 단가	직접자재비 금액	직접노무비 단가	직접노무비 금액	경비 단가	경비 금액	합계 단가	합계 금액
I.미장공사											
B1층 모르타르바름		M2	680.9	2,190	8,803,800	4,020	16,160,400	100	402,000	6,310	4,296,479
B1층 경량기포CONC	바닥 타설	M2	150.8	85	12,818	5,147	776,167	2,880	434,304	8,112	1,223,289
2층 모르타르바름		M2	662.9	2,190	8,803,800	4,020	16,160,400	100	402,000	6,310	4,182,899
2층 경량기포CONC	바닥 타설	M2	130.6	85	11,096	5,147	671,940	2,880	375,984	8,112	1,059,021
2층 복도,계단바닥	에폭시 라이닝	M2	83.7	11,000	920,150	14,000	1,171,100			25,000	2,091,250
3층 모르타르바름		M2	662.9	2,190	8,803,800	4,020	16,160,400	100	402,000	6,310	4,182,899
3층 경량기포CONC	바닥 타설	M2	130.6	85	11,096	5,147	671,940	2,880	375,984	8,112	1,059,021
3층 복도,계단바닥	에폭시 라이닝	M2	83.7	11,000	920,150	14,000	1,171,100			25,000	2,091,250
4층 모르타르바름		M2	662.9	2,190	8,803,800	4,020	16,160,400	100	402,000	6,310	4,182,899
4층 경량기포CONC	바닥 타설	M2	130.6	85	11,096	5,147	671,940	2,880	375,984	8,112	1,059,021
4층 복도,계단바닥	에폭시 라이닝	M2	83.7	11,000	920,150	14,000	1,171,100			25,000	2,091,250
5층 모르타르바름		M2	662.9	2,190	8,803,800	4,020	16,160,400	100	402,000	6,310	4,182,899
5층 경량기포CONC	바닥 타설	M2	130.6	85	11,096	5,147	671,940	2,880	375,984	8,112	1,059,021
5층 복도,계단바닥	에폭시 라이닝	M2	83.7	11,000	920,150	14,000	1,171,100			25,000	2,091,250
J.창호및유리공사											
B1층 방화문	1200*2100	개	1.0	150,000	150,000	72,000	72,000	24,630	24,630	246,630	246,630
B1층 화장실용 도어	900*2100	개	3.0	180,000	540,000	66,000	198,000	14,130	42,390	260,130	780,390
1층 주출입구문	S.ST 1800*2300	개	1.0	880,000	880,000	210,000	210,000		-	1,090,000	1,090,000
1층 도어록	디지털 도어락	개	3.0	148,000	444,000	18,000	54,000			166,000	498,000
1층 Fix Project		개	1.0	300,000	300,000	3,450	3,450			303,450	303,450
2층 시스템 FIX BR70	2000 x 2000	개	1.0	1,940,000	1,940,000		-	100,000	100,000	2,040,000	2,040,000
2층 3중 유리유리	39T 로이	개	1.0	1,240,000	1,240,000		-	100,000	100,000	1,340,000	1,340,000
2층 BF225 이중창	22T 로이	개	12.0	450,000	5,400,000		-			450,000	5,400,000
2층 Fix Project		개	4.0	300,000	1,200,000	3,450	13,800			303,450	1,213,800
2층 방화문	1200*2100	개	1.0	150,000	150,000	72,000	72,000	24,630	24,630	246,630	246,630
2층 화장실용 도어	900*2100	개	2.0	180,000	360,000	66,000	132,000	14,130	28,260	260,130	520,260
3층 시스템 FIX BR70	2000 x 2000	개	1.0	1,940,000	1,940,000		-	100,000	100,000	2,040,000	2,040,000
3층 3중 유리유리	39T 로이	개	1.0	1,240,000	1,240,000		-	100,000	100,000	1,340,000	1,340,000
3층 BF225 이중창	22T 로이	개	12.0	450,000	5,400,000		-			450,000	5,400,000
3층 Fix Project		개	4.0	300,000	1,200,000	3,450	13,800			303,450	1,213,800
3층 방화문	1200*2100	개	1.0	150,000	150,000	72,000	72,000	24,630	24,630	246,630	246,630
3층 화장실용 도어	900*2100	개	2.0	180,000	360,000	66,000	132,000	14,130	28,260	260,130	520,260
4층 시스템 FIX BR70	2000 x 2000	개	1.0	1,940,000	1,940,000		-	100,000	100,000	2,040,000	2,040,000
4층 3중 유리유리	39T 로이	개	1.0	1,240,000	1,240,000		-	100,000	100,000	1,340,000	1,340,000
4층 BF225 이중창	22T 로이	개	12.0	450,000	5,400,000		-			450,000	5,400,000
4층 Fix Project		개	4.0	300,000	1,200,000	3,450	13,800			303,450	1,213,800
4층 방화문	1200*2100	개	1.0	150,000	150,000	72,000	72,000	24,630	24,630	246,630	246,630
4층 화장실용 도어	900*2100	개	2.0	180,000	360,000	66,000	132,000	14,130	28,260	260,130	520,260
5층 시스템 FIX BR70	2000 x 2000	개	1.0	1,940,000	1,940,000		-	100,000	100,000	2,040,000	2,040,000
5층 3중 유리유리	39T 로이	개	1.0	1,240,000	1,240,000		-	100,000	100,000	1,340,000	1,340,000
5층 BF225 이중창	22T 로이	개	12.0	450,000	5,400,000		-			450,000	5,400,000
5층 Fix Project		개	4.0	300,000	1,200,000	3,450	13,800			303,450	1,213,800
5층 방화문	1200*2100	개	2.0	150,000	300,000	72,000	144,000	24,630	49,260	246,630	493,260
5층 화장실용 도어	900*2100	개	2.0	180,000	360,000	66,000	132,000	14,130	28,260	260,130	520,260
전층 시스템 도어락	지문인식+RF	개	4.0	1,050,000	4,200,000	33,000	132,000			1,083,000	4,332,000
K.도장공사											
B1층 지정도장 스프레이	전층내부천정/수성페인트	M2	289.8	1,513	438,467	5,000	1,449,000		-	6,513	1,887,467
B1층 비닐 페인트 로우러칠	내부벽체 2회 1급	M2	442.5	1,513	669,502	3,000	1,327,500			4,513	1,997,002
1층 지정도장 스프레이	전층내부천정/수성페인트	M2	241.5	1,513	365,389	5,000	1,207,500			6,513	1,572,889
1층 비닐 페인트 로우러칠	내부벽체 2회 1급	M2	368.8	1,513	557,933	3,000	1,106,280			4,513	1,664,213
1층 조합 페인트	철재면 3회 1급	M2	16.8	2,000	33,600	4,000	67,200			6,000	100,800
2층 지정도장 스프레이	전층내부천정/수성페인트	M2	281.8	1,513	426,287	5,000	1,408,750			6,513	1,835,037
2층 비닐 페인트 로우러칠	내부벽체 2회 1급	M2	430.2	1,513	650,922	3,000	1,290,660			4,513	1,941,582
2층 조합 페인트	철재면 3회 1급	M2	19.6	2,000	39,200	4,000	78,400			6,000	117,600
3층 지정도장 스프레이	전층내부천정/수성페인트	M2	281.8	1,513	426,287	5,000	1,408,750			6,513	1,835,037
3층 비닐 페인트 로우러칠	내부벽체 2회 1급	M2	430.2	1,513	650,922	3,000	1,290,660			4,513	1,941,582
3층 조합 페인트	철재면 3회 1급	M2	19.6	2,000	39,200	4,000	78,400			6,000	117,600
4층 지정도장 스프레이	전층내부천정/수성페인트	M2	281.8	1,513	426,287	5,000	1,408,750			6,513	1,835,037
4층 비닐 페인트 로우러칠	내부벽체 2회 1급	M2	430.2	1,513	650,922	3,000	1,290,660			4,513	1,941,582
4층 조합 페인트	철재면 3회 1급	M2	19.6	2,000	39,200	4,000	78,400			6,000	117,600
5층 지정도장 스프레이	전층내부천정/수성페인트	M2	281.8	1,513	426,287	5,000	1,408,750			6,513	1,835,037
5층 비닐 페인트 로우러칠	내부벽체 2회 1급	M2	430.2	1,513	650,922	3,000	1,290,660			4,513	1,941,582
5층 조합 페인트	철재면 3회 1급	M2	19.6	2,000	39,200	4,000	78,400			6,000	117,600

명 칭	규 격	단위	수량	직접자재비		직접노무비		경 비		합 계	
				단 가	금 액	단 가	금 액	단 가	금 액	단 가	금 액
주차장 차선도색작업		식	1.0	300,000	300,000	500,000	500,000	-	-	800,000	800,000
L.수장공사											
B1층 걸레받이	라바베리스	M	309.6	1,000	309,600	1,000	309,600	-	-	2,000	619,200
B1층 비드법보온판2종 2호(벽/천정/바닥)		M2	426.2	25,400	10,825,480	4,000	1,704,800	-	-	29,400	12,530,280
1층 걸레받이	라바베리스	M	258.0	1,000	258,000	1,000	258,000	-	-	2,000	516,000
1층 비드법보온판2종 2호(벽/천정/바닥)		M2	355.2	25,400	9,021,318	4,000	1,420,680	-	-	29,400	10,441,998
2층 걸레받이	라바베리스	M	301.0	1,000	301,000	1,000	301,000	-	-	2,000	602,000
2층 비드법보온판2종 2호(벽/천정/바닥)		M2	414.4	25,400	10,524,871	4,000	1,657,460	-	-	29,400	12,182,331
3층 걸레받이	라바베리스	M	301.0	1,000	301,000	1,000	301,000	-	-	2,000	602,000
3층 비드법보온판2종 2호(벽/천정/바닥)		M2	414.4	27,400	11,353,601	4,000	1,657,460	-	-	31,400	13,011,061
4층 걸레받이	라바베리스	M	301.0	1,000	301,000	1,000	301,000	-	-	2,000	602,000
4층 비드법보온판2종 2호(벽/천정/바닥)		M2	414.4	25,400	10,524,871	4,000	1,657,460	-	-	29,400	12,182,331
5층 걸레받이	라바베리스	M	301.0	1,000	301,000	1,000	301,000	-	-	2,000	602,000
5층 비드법보온판2종 2호(벽/천정/바닥)		M2	414.4	25,400	10,524,871	4,000	1,657,460	-	-	29,400	12,182,331
지붕 비드법보온판2종 2호	T=220	M2	428.0	18,400	7,875,200	3,000	1,284,000	-	-	21,400	9,159,200
M.가구및집기공사											
B1층 헬스기구	벤치프레스 외	SET	1.0	49,000,000	49,000,000	1,008,644	1,008,644	1,000,000	1,000,000	51,008,644	51,008,644
2층 가구 및 집기등	책상,옷장,서랍장,의자	SET	15.0	1,500,000	22,500,000					1,500,000	22,500,000
3층 가구 및 집기등	책상,옷장,서랍장,의자	개소	7.0	6,630,000	46,410,000					6,630,000	46,410,000
4층 가구 및 집기등	책상,옷장,서랍장,의자	개소	7.0	6,630,000	46,410,000					6,630,000	46,410,000
5층 가구 및 집기등	책상,옷장,서랍장,의자	개소	7.0	6,630,000	46,410,000					6,630,000	46,410,000
N.폐기물처리											
폐자재처리수수료	폐콘크리트 등	TON	50.0					44,600	2,230,000	44,600	2,230,000
O.기타공사											
공용 사인물		식	1.0	150,000	150,000					150,000	150,000
1층 사인물		식	1.0	300,000	300,000					300,000	300,000
2층 사인물		식	1.0	300,000	300,000					300,000	300,000
3층 사인물		식	1.0	300,000	300,000					300,000	300,000
4층 사인물		식	1.0	300,000	300,000					300,000	300,000
5층 사인물		식	1.0	300,000	300,000					300,000	300,000
카 스토퍼	주차장	EA	20.0	30,000	600,000	20,000	400,000			50,000	1,000,000
P.부대토록및조경											
도로굴착 오,배수관로연결	지자체 등록업체	동	1.0	1,000,000	1,000,000	1,500,000	1,500,000			2,500,000	2,500,000
건물주위 포장공사	우수맨홀포함	식	1.0	1,200,000	1,200,000	1,500,000	1,500,000			2,700,000	2,700,000
소나무 식재	H4.0xW2.0xR15	주	4.0	981,862	3,927,448	84,745	338,980	7,471	29,884	1,074,078	4,296,312
영산홍 식재	H0.3xW0.4	주	20.0	3,610	72,200	1,351	27,020			4,961	99,220
금연 안내판	200x200	EA	1.0			138,000	138,000			138,000	138,000
조경물 설치		식	1.0	2,500,000	2,500,000			500,000	500,000	3,000,000	3,000,000
Q.설비공사											
B1층 위생설비배관		식	1.0	900,000	900,000	1,300,000	1,300,000			2,200,000	2,200,000
B1층 위생기구	양변기, 소변기 외	식	1.0	520,000	520,000					520,000	520,000
2층 위생설비배관		식	1.0	900,000	900,000	1,300,000	1,300,000			2,200,000	2,200,000
2층 위생기구	양변기, 샤워기	식	1.0	520,000	520,000					520,000	520,000
3층 위생설비배관		식	1.0	900,000	900,000	1,300,000	1,300,000			2,200,000	2,200,000
3층 위생기구	양변기, 샤워기	식	1.0	520,000	520,000					520,000	520,000
4층 위생설비배관		식	1.0	900,000	900,000	1,300,000	1,300,000			2,200,000	2,200,000
4층 위생기구	양변기, 샤워기	식	1.0	520,000	520,000					520,000	520,000
5층 위생설비배관		식	1.0	900,000	900,000	1,300,000	1,300,000			2,200,000	2,200,000
5층 위생기구	양변기, 샤워기	식	1.0	520,000	520,000					520,000	520,000
R.전기,통신공사											
B1층 전등,전열,통신배관, 배선		평	81.0	45,000	3,645,000	75,000	6,075,000			120,000	9,720,000
B1층 전등,전열,통신기구	(통신,등기구포함)	식	1.0	320,000	320,000	50,000	50,000	5,000	5,000	375,000	375,000
1층 전등,전열,통신배관, 배선		평	81.0	45,000	3,645,000	75,000	6,075,000			120,000	9,720,000
1층 전등,전열,통신기구	(통신,등기구포함)	식	1.0	320,000	320,000	50,000	50,000	5,000	5,000	375,000	375,000
2층 전등,전열,통신배관, 배선		평	81.0	45,000	3,645,000	75,000	6,075,000			120,000	9,720,000
2층 전등,전열,통신기구	(통신,등기구포함)	식	1.0	320,000	320,000	50,000	50,000	5,000	5,000	375,000	375,000
3층 전등,전열,통신배관, 배선		평	81.0	45,000	3,645,000	75,000	6,075,000			120,000	9,720,000
3층 전등,전열,통신기구	(통신,등기구포함)	식	1.0	320,000	320,000	50,000	50,000	5,000	5,000	375,000	375,000
4층 전등,전열,통신배관, 배선		평	81.0	45,000	3,645,000	75,000	6,075,000			120,000	9,720,000
4층 전등,전열,통신기구	(통신,등기구포함)	식	1.0	320,000	320,000	50,000	50,000	5,000	5,000	375,000	375,000
5층 전등,전열,통신배관, 배선		평	81.0	45,000	3,645,000	75,000	6,075,000			120,000	9,720,000
5층 전등,전열,통신기구	(통신,등기구포함)	식	1.0	320,000	320,000	50,000	50,000	5,000	5,000	375,000	375,000
											900,000,000

부록 # 3 예정공정표

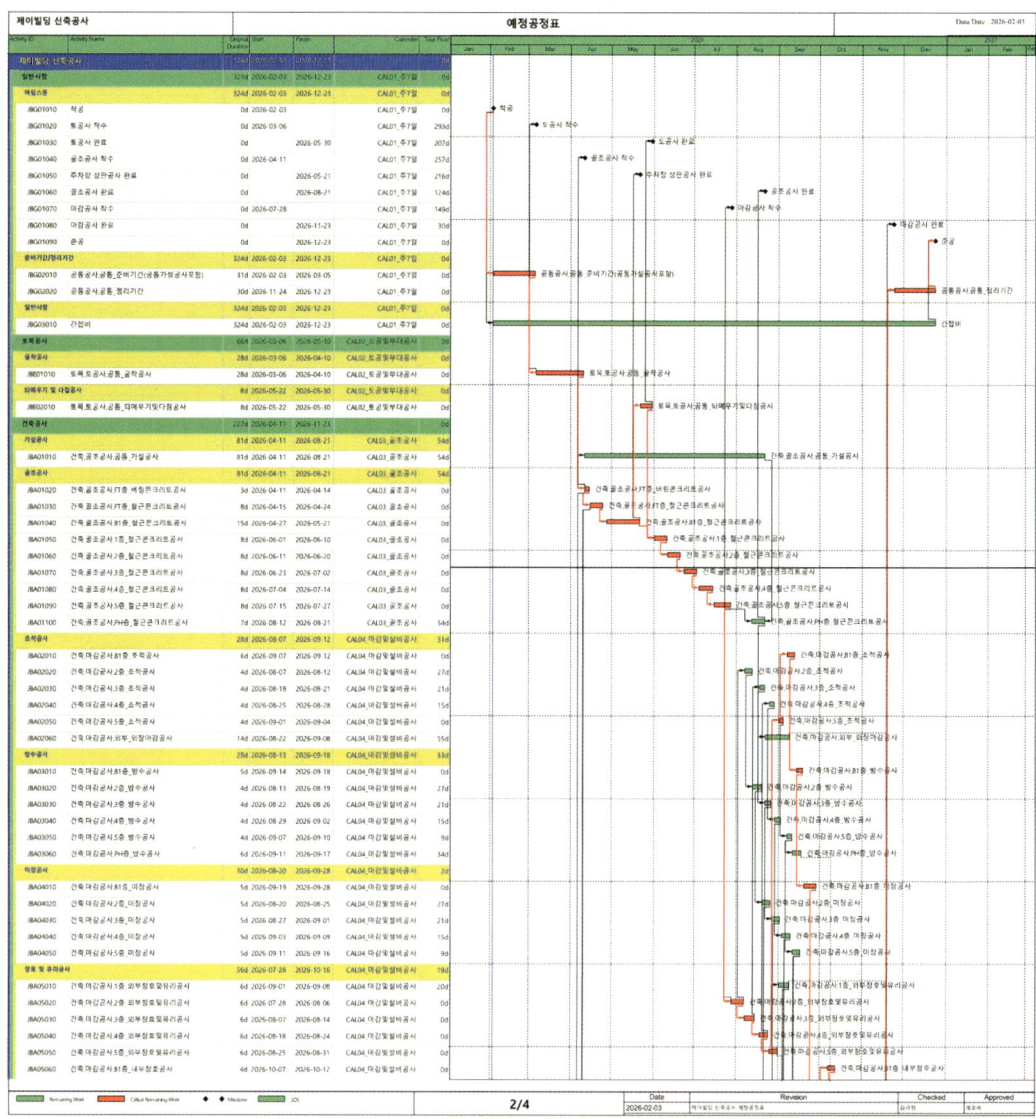

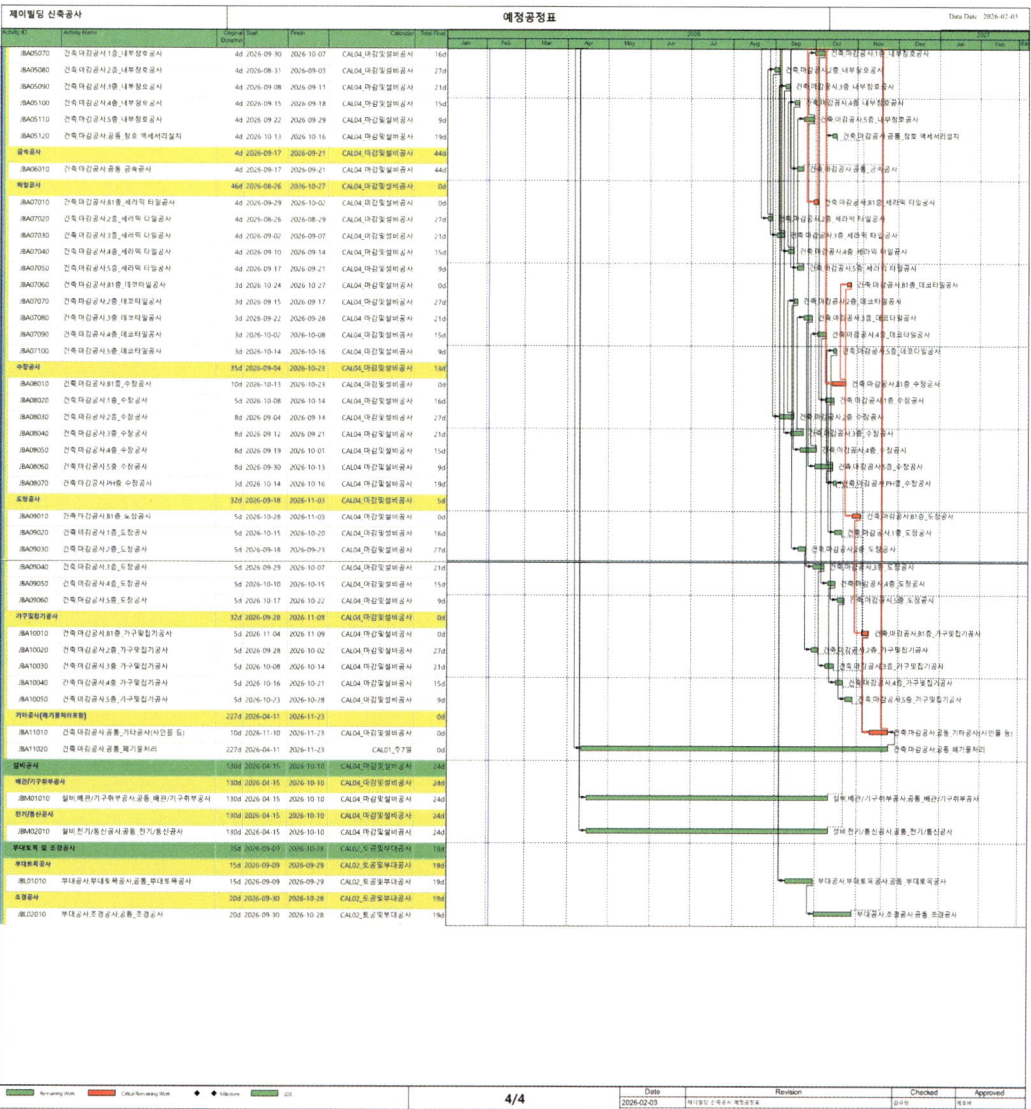